MEN'S ACCESSORIES MADE OF TAN LEATHER

手縫男生皮革小物

三悅文化

CONTENTS

目 次

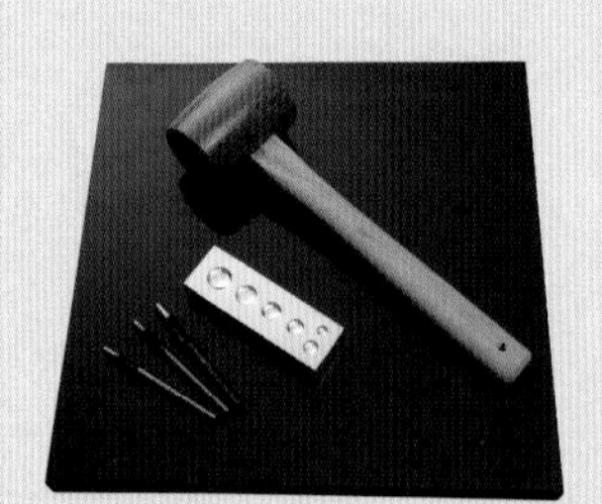

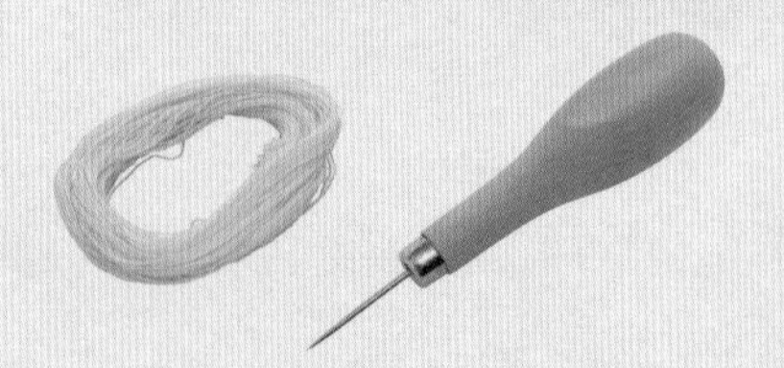

手縫男生皮革小物

如何製作鞣製革的小配件 24

TAN LEATHER

關於鞣製革

鞣製革，

是經過鞣質鞣製的堅硬皮革。

它的表面會隨著使用而經過磨擦，進而產生獨特的光澤。

然後在日曬之下一點一點的

轉變成所謂的「麥芽糖」般的顏色。

不論是構造精簡，還是硬派風格，

用鞣製革這種材料所製作出來的各種配件，

都可以得到不俗的外觀。

它是皮革工藝的基本，

同時也是最好的材料。

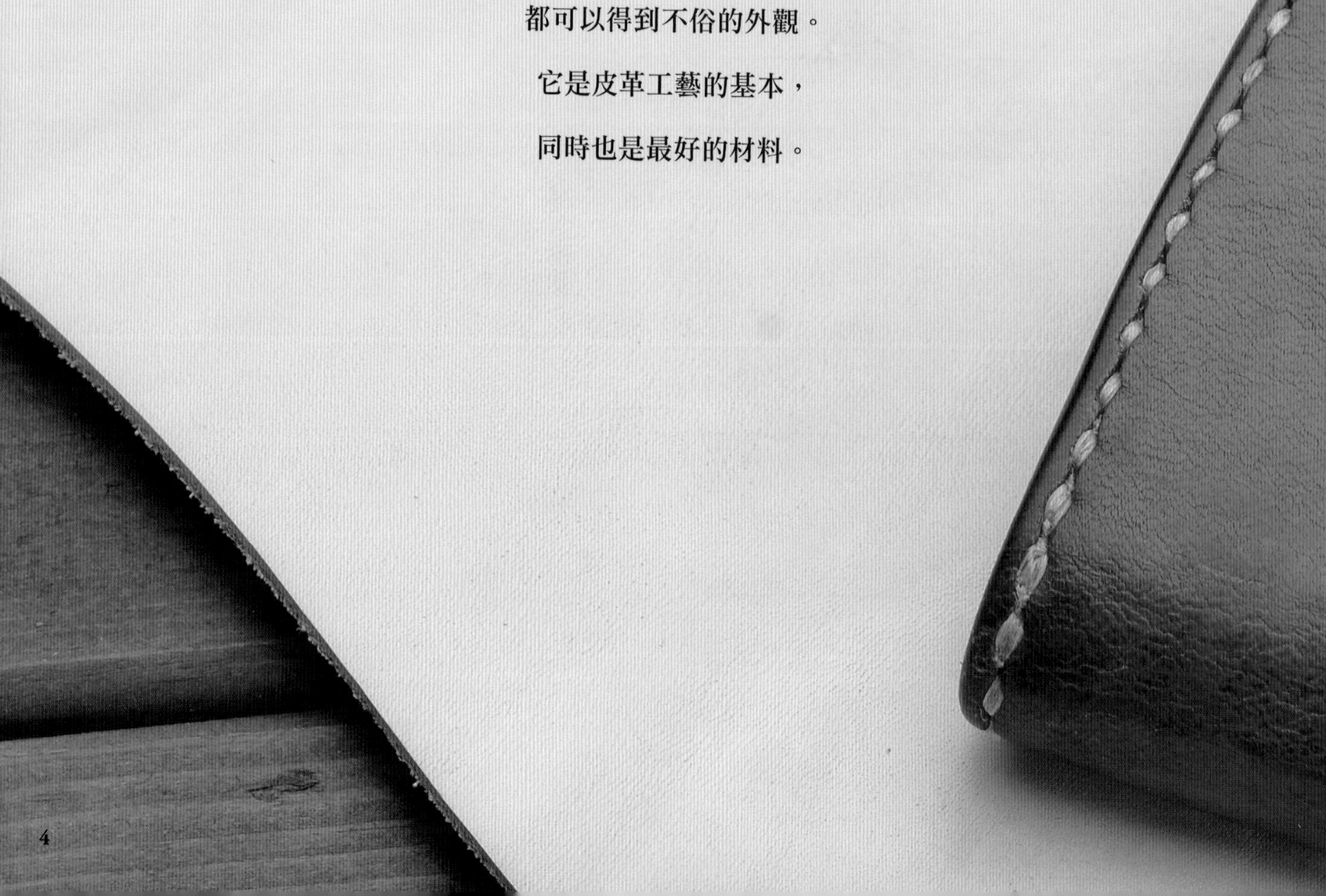

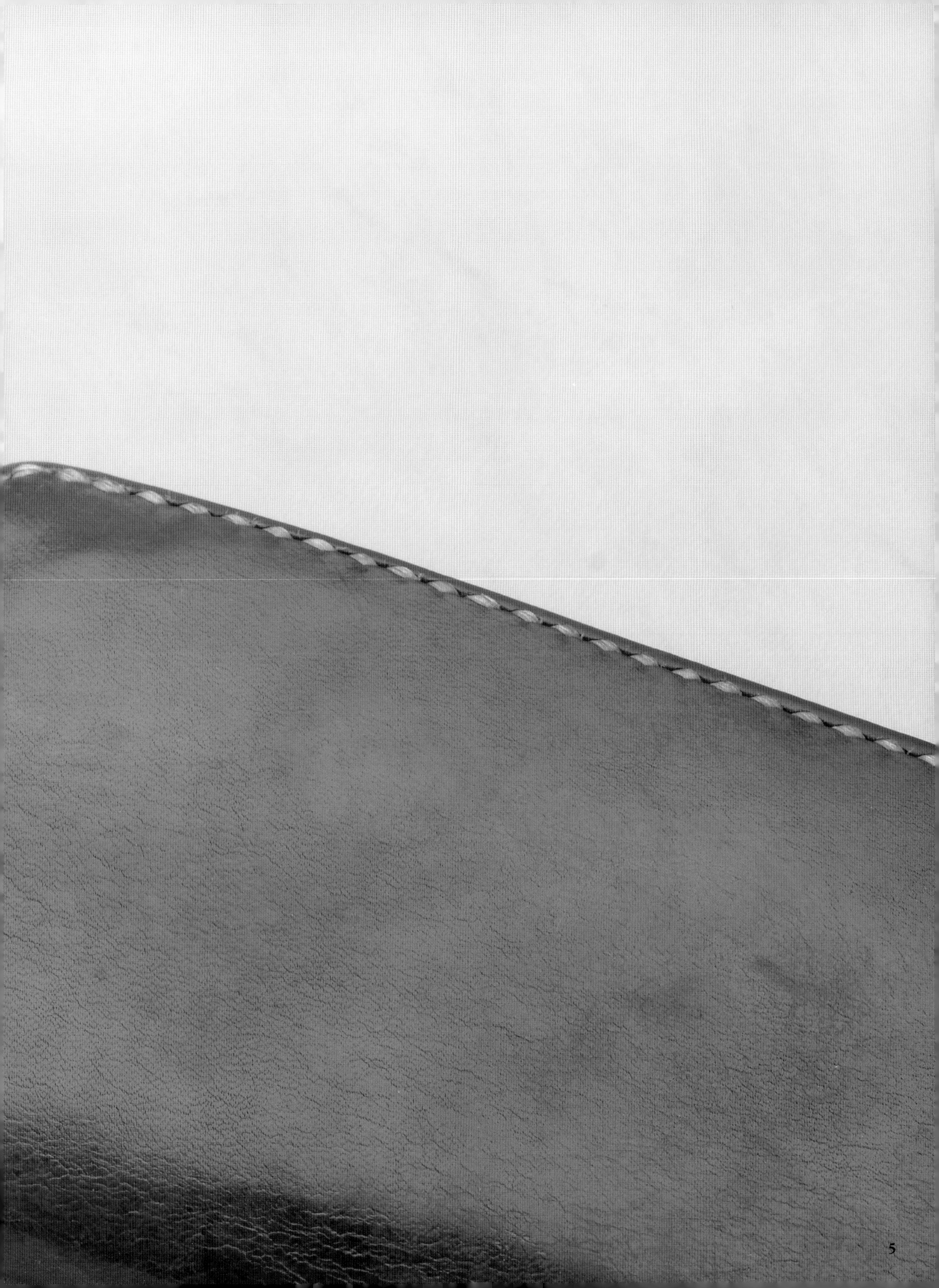

A B O U T　T A N　L E A T H E R

關於鞣製革

用鞣質鞣製完成之後，沒有經過其他任何處理的皮革，被稱為「鞣製革（Tan Leather）」。它也被稱為「馬鞍皮（Saddle Leather）」，同時會將染色、鞣製之後的皮革也一併稱之為鞣製革，涵蓋的範圍相當廣泛。在此介紹有關鞣製革的基本資料。

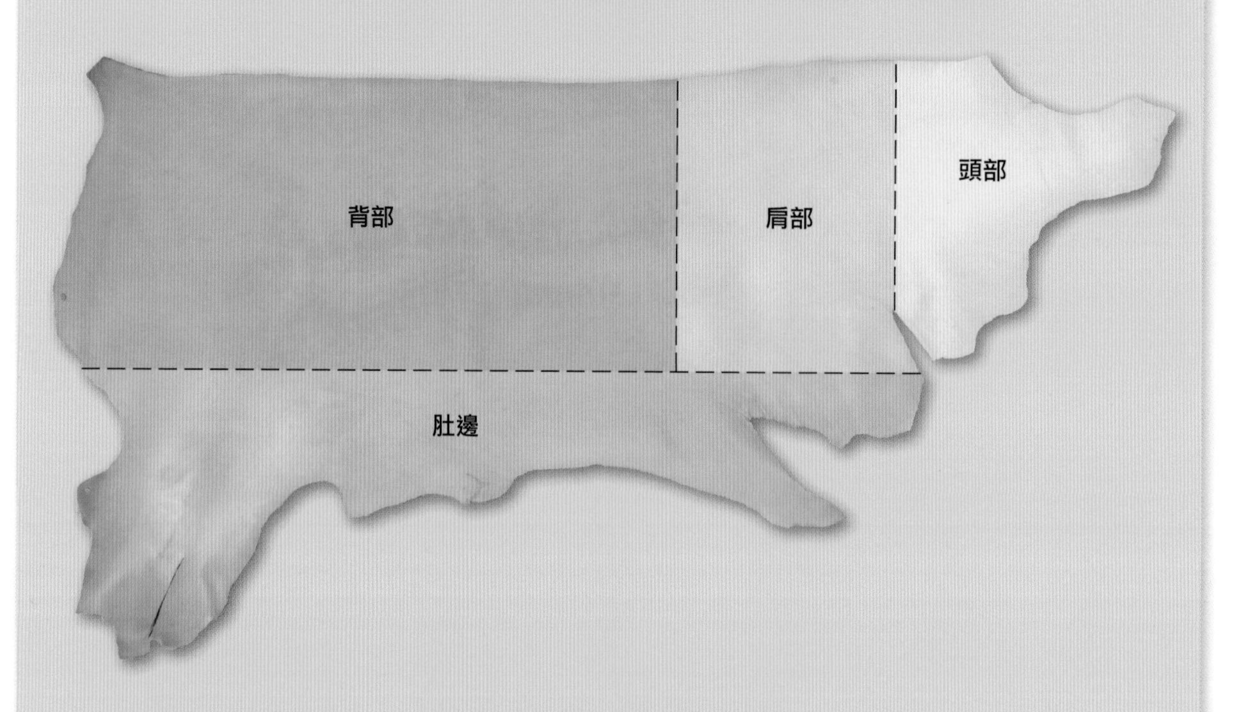

背部（Bend）

從背部到腹部的這個部分的皮革，稱為Bend。越是靠近背部，纖維密度就越是細膩、緊密，可以得到堅韌且品質良好的皮革。用這個部位製作的鞣製革，擁有最佳的品質。纖維的走向順著背部脊椎筆直延伸出去，因此靠近背部的部分適合用來當作皮帶的材料。如果希望作品的外觀可以盡善盡美，首先要選擇背部的皮革來當作材料。

肚邊（Belly）

相當於腹部的皮革。越是往下纖維就越是粗糙，用來製作比較不需要強度的零件或是內裡。切割之後進行販賣的皮革，會以垂直來切成半裁（上方照片，長邊為垂直），其中一邊為背部，另外一邊為肚邊。因此購買一張切好的皮革，並非整張都擁有均一的品質，將零件切割下來的時候必須要考慮到這點。

肩部（Shoulder）

相當於肩部的皮革。跟背部相比運動量較大，因此纖維較粗，質感也比較柔軟。被稱為「虎斑」的獨特皺紋，就是來自這個部位。擁有獨特的氣氛，受到某些人的喜愛。跟背部還有肚邊相比，一張半裁所擁有的肩部皮革面積不大，比較不容易取得。要是注重皮革所呈現出來的表情，可以選擇這個部位來嘗試看看。

頭部（Head）

就如同名稱一般，來自頭部的皮革稱為Head。纖維密度較低、強度較弱，跟肚邊一樣，用在比較不需要強度的零件或是內裡等部位。另外也常常被當作小張皮革來販賣。如果購買一整張半裁的皮革，則跟肩部一樣，可以活用在需要質感的配件上。

皮革大小的單位是「DS」

「DS」是用來標示皮革大小的單位。1DS等於10cm×10cm的100cm²，皮革的價格會用1DS的單價乘以DS的數量來計算。也就是說1DS為100日元的皮革，大小如果是200DS，價格就是20,000日元。一張半裁的牛皮，平均尺寸大約是250～300DS。

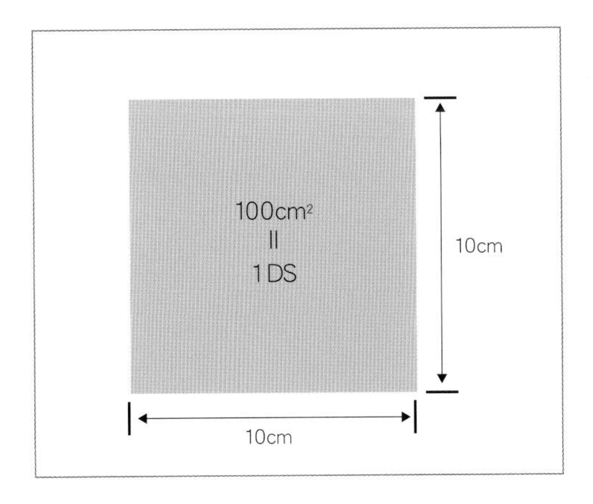

銀面與床面

皮革的表面稱為「銀面」，背面稱為「床面」。銀面是動物身體外側的那面，床面則是內側那面，一般會讓銀面成為作品的表面。只經過鞣製處理的鞣製革，銀面很容易就吸收污垢跟油脂，使用時必須充分的注意。有人甚至會在處理的時候戴上薄薄的手套。

鞣製革要等熟化之後才算完成

鞣製革會在日光或燈光之下慢慢的轉變成茶褐色，也會在手的油脂或是摩擦等影響之下讓顏色加深。這種現象稱為熟化（Aging），是鞣製革這種素材最有趣的特徵。此外也會透過磨擦讓表面出現光澤、細小的傷口因為磨擦而消失、表面的傷痕融入主體之中形成一種韻味。經過這些過程，會讓鞣製革得到所謂的「麥芽糖」般的顏色。

有關油

牛腳油常常被用在鞣製革的保養跟維護之中。牛腳油是擁有高滲透性的動物油，塗在皮革的表面可以讓顏色加深，讓皮革烘烤的色澤得到更進一步的深度。要注意不可以塗太多。上油的時候拿起一片羊毛塊來沾上少許的油，輕輕撫摸皮革的表面即可。

鞣製革的皮革配件

照片＝柴田 雅人 Photographed by Masato Shibata

平板電腦的皮套 ｜ p.68

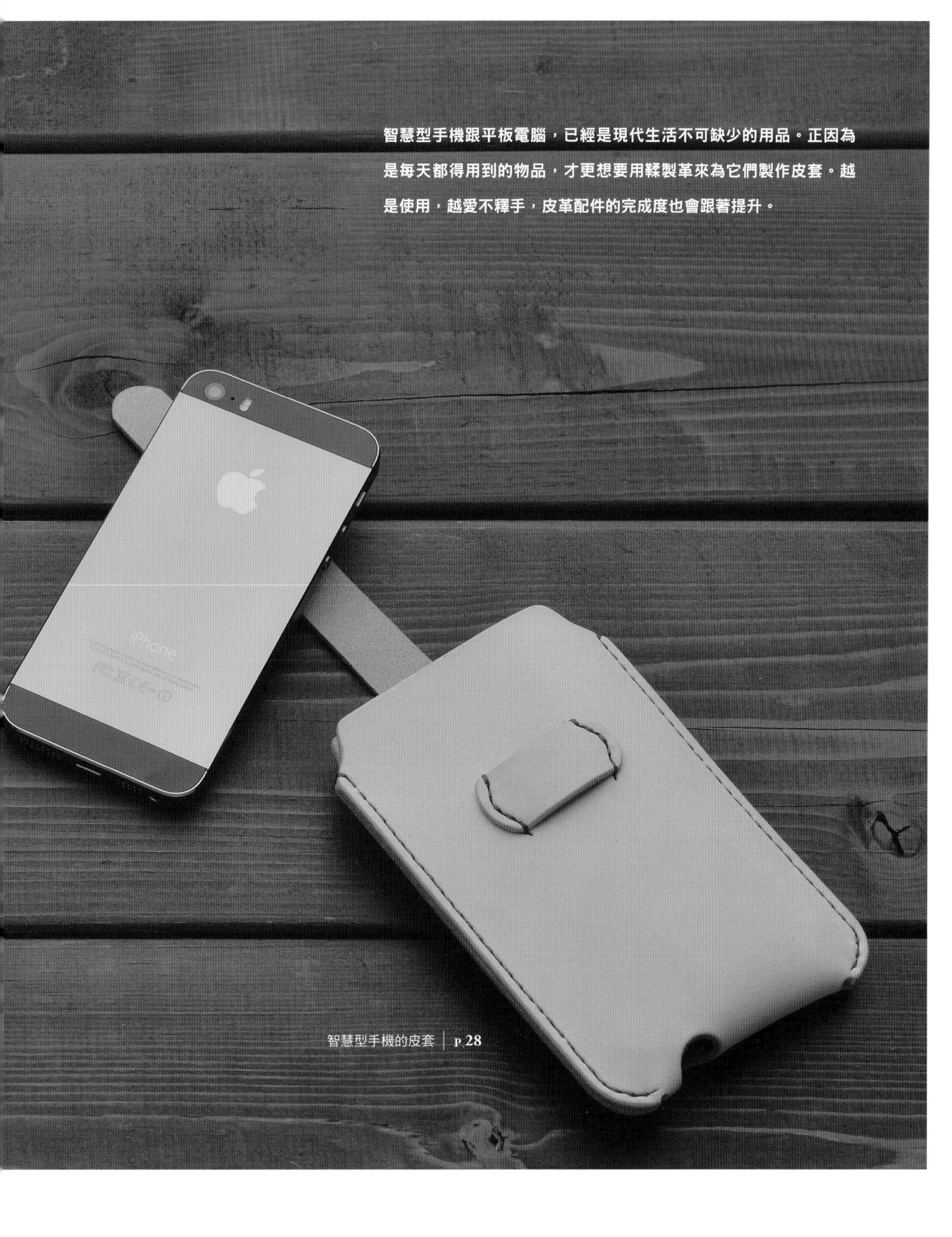

智慧型手機跟平板電腦，已經是現代生活不可缺少的用品。正因為是每天都得用到的物品，才更想要用鞣製革來為它們製作皮套。越是使用，越愛不釋手，皮革配件的完成度也會跟著提升。

智慧型手機的皮套 | P.28

長型皮夾 P.94

手環 | P.40

假日的時候將手錶拿下，戴上皮製的手環。企業家必備的外表華麗的錢包，也換成鞣製革的長型皮夾，讓所有一切從日常之中解放出來。鞣製革或許就是擁有這種解放的效果。每一次放假拿出來使用，色澤就產生些許的變化，這也是使用皮革配件才有辦法培養的樂趣。

兩折的皮夾 ｜ P.142

相機包 | P.118

不論在哪個時代，相機都是男人的最愛。如果購買新的相機，當然會想製作專用的相機包來進行搭配。另外製作一個剛好放得進去的兩折的皮夾，跟相機一起擺到相機包內，出外將季節保存到相框之中。將多餘的物品全都放下，以輕便的打扮展開行動。

製作所需要的基本技巧

在此介紹開始製作時所需要的基本技巧。基本的製作流程為①將紙型畫到皮革上面的「**畫線**」、②從皮革上面將零件分割出來的「**裁切**」、③對皮革內側進行研磨的「**床面處理**」、④對皮革的切邊進行研磨的「**切邊處理**」、⑤將零件貼在一起的「**貼合**」、⑥開出讓縫線穿過之縫孔的「**開出縫孔**」、⑦用線縫起來的「**縫合**」、⑧對縫好的切邊進行研磨的「**完成的切邊處理**」等8個步驟。另外也會介紹皮夾常常會用到的「**金屬配件的裝設方法**」。

取材協助=CRAFT社

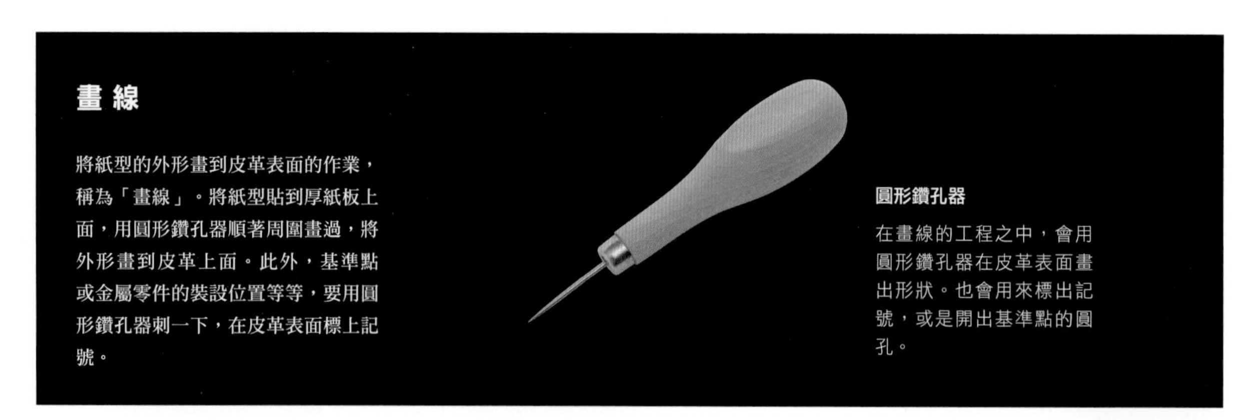

畫線

將紙型的外形畫到皮革表面的作業，稱為「畫線」。將紙型貼到厚紙板上面，用圓形鑽孔器順著周圍畫過，將外形畫到皮革上面。此外，基準點或金屬零件的裝設位置等等，要用圓形鑽孔器刺一下，在皮革表面標上記號。

圓形鑽孔器

在畫線的工程之中，會用圓形鑽孔器在皮革表面畫出形狀。也會用來標出記號，或是開出基準點的圓孔。

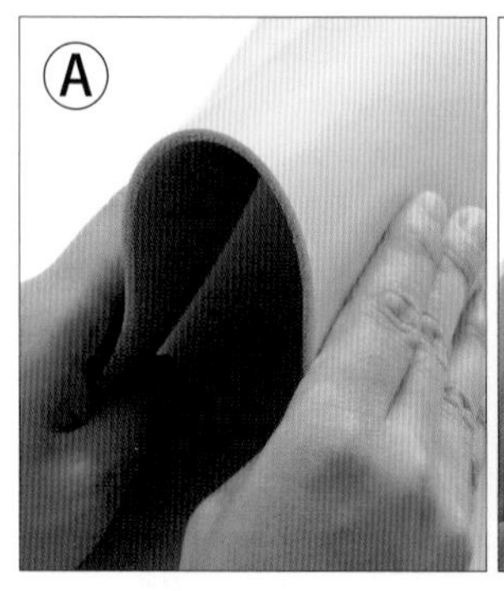

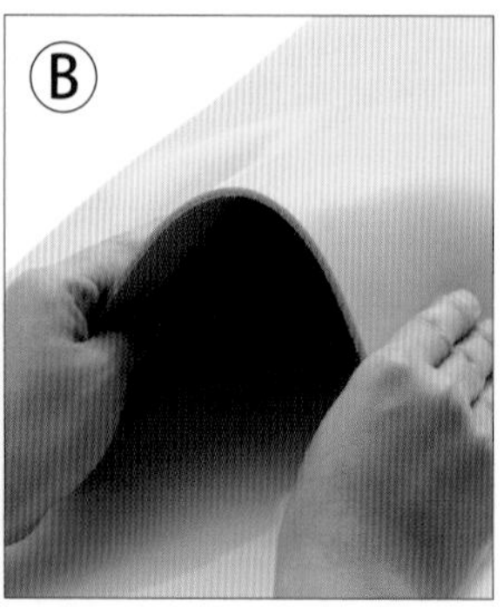

01
為了以適當的方向將零件切割下來，首先要確認皮革纖維的方向。容易彎曲的**A**是比較容易延伸的方向，不容易彎曲的**B**是比較不容易延伸的方向。考慮到這點，對照作品彎曲或是開合的方向，來將零件切割下來。

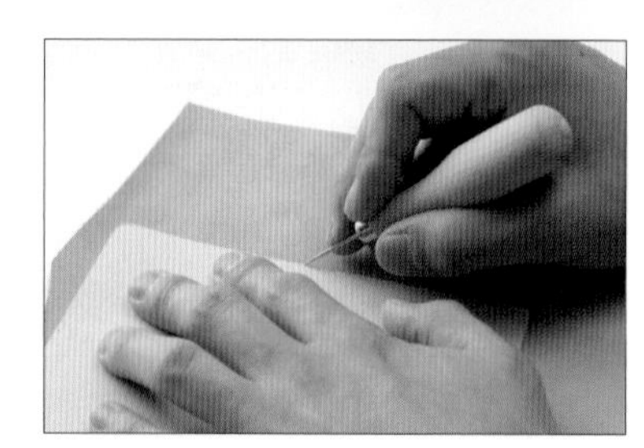

02 用圓形鑽孔器順著紙型周圍畫過，將紙型的外形畫到皮革表面。

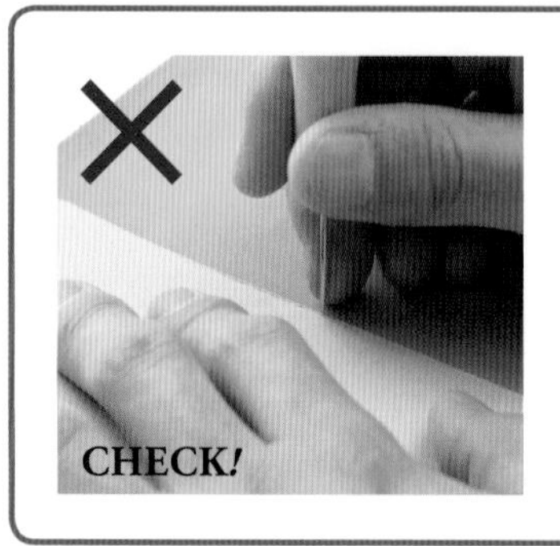

畫線的時候如果圓形鑽孔器太過垂直，會刺進皮革表面而無法順利的畫出線條，必須注意拿的角度。

03
基準點的孔，從紙型上面刺入，在皮革表面標出記號。

裁切

按照表面所畫出來的形狀，對皮革進行切割。切割皮革所使用的工具，有美工刀、裁皮刀、替刃式裁皮刀、皮革切割刀等各式各樣的款式存在，本書主要會使用替刃式裁皮刀。進行裁切的時候，必須墊上右方這種塑膠板等裁切用的墊子。

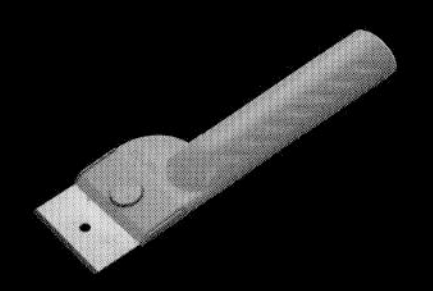

替刃式裁皮刀

適合用來裁切皮革的刀具。鈍掉的刀片可以更換。

塑膠板

裁切的時候鋪在下方的墊子。可以讓刀刃壓進去，確實的將皮革切斷。

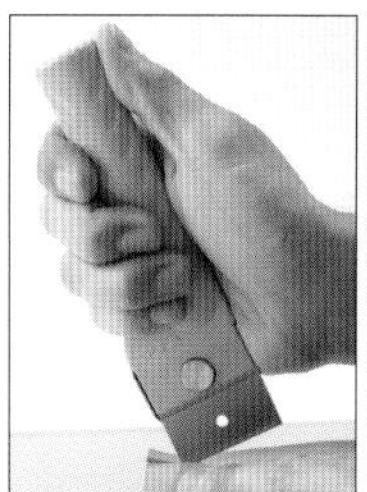

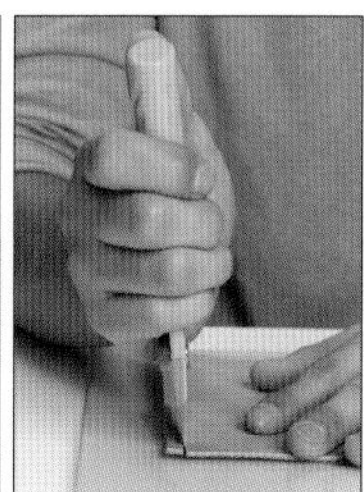

01 替刃式裁皮刀的正確握法。因為是單刃，拿的時候要讓柄稍微往外倒下，讓刀刃可以筆直的對準切口。

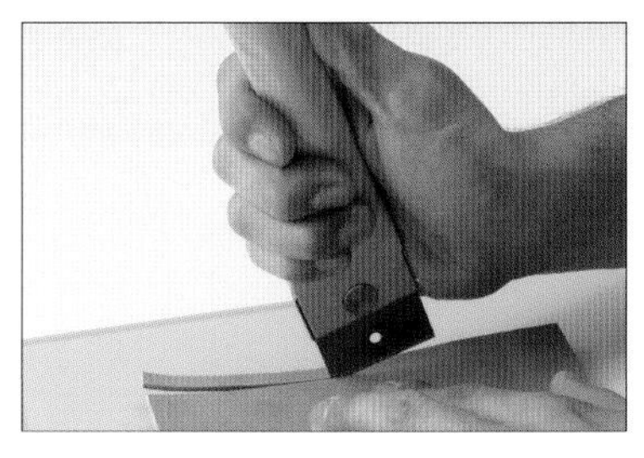

02 以直線切割的時候，盡量使用整個刀刃，線比較不容易歪斜。

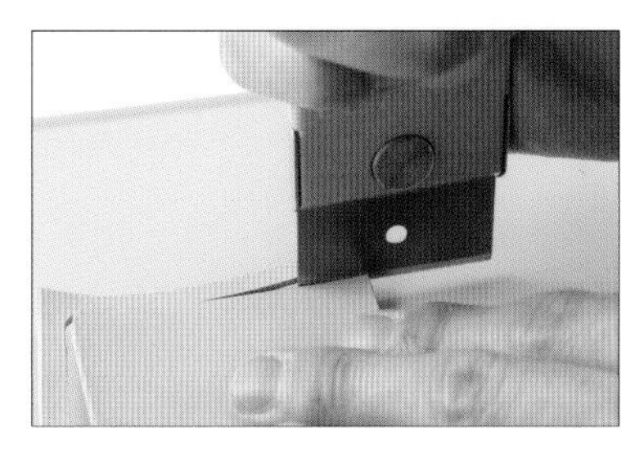

03 切割結束的部分，讓刀刃往自己這邊倒下來壓斷。

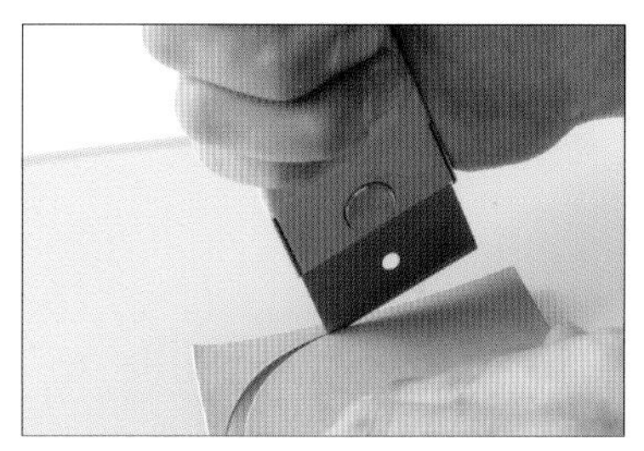

04 弧形的部分將裁皮刀壓上，以刀刃角落的部分來進行切割。將裁皮刀穩住只讓皮革轉動，切割起來會比較順利。

床面處理

皮革內側的床面直接拿來使用的話，會因為散亂的纖維讓毛草豎起來。如果沒有貼上內裡，必須塗上專用的床面處理劑來磨過。床面完成劑沾到銀面會形成斑點，作業的時候請多加注意。

床面完成劑

代表性的床面處理劑。用來研磨床面與切邊。

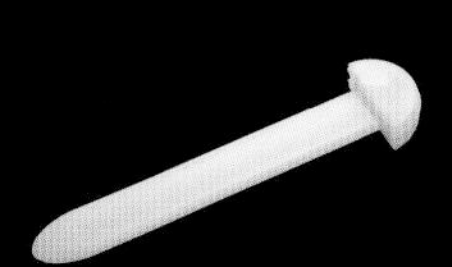

三用磨緣器

用來研磨床面或是切邊，多功能的研磨工具。

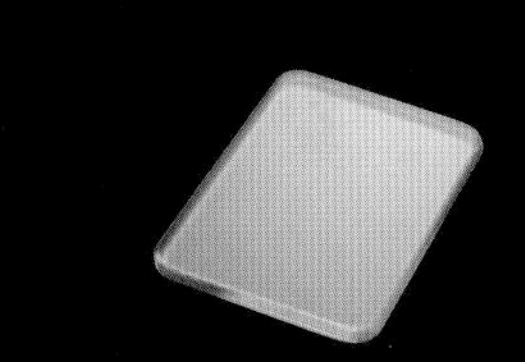

玻璃板

適合用來研磨比較大的面積，轉角磨成圓弧的皮革工藝用的玻璃板。

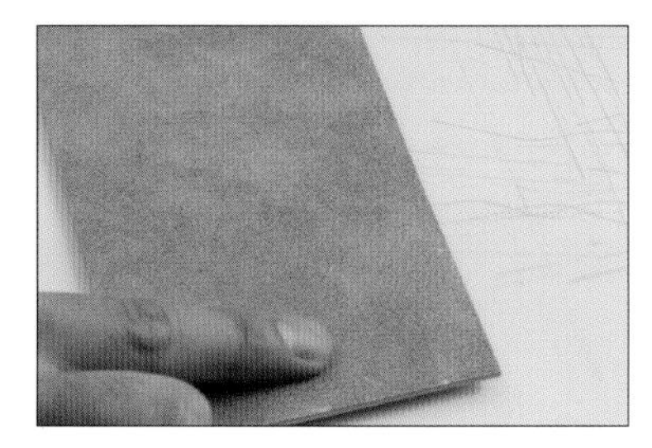

01 用手指沾上適量的床面完成劑來塗到床面上。

02 在床面完成劑乾掉之前，用三用磨緣器的抹刀部分，磨到出現光澤為止。

03 比較大的面積可以使用玻璃板，這樣不但可以提高效率，磨起來也會比較漂亮。

切邊處理

切邊後皮革的切口，要先將形狀整理到位再來進行研磨。整理形狀的時候，厚度如果在1.6mm以上，要先用削邊器將切邊削過，再用研磨片將形狀整理好，如果厚度低於1.6mm的話，則直接用研磨片將形狀整理到位。

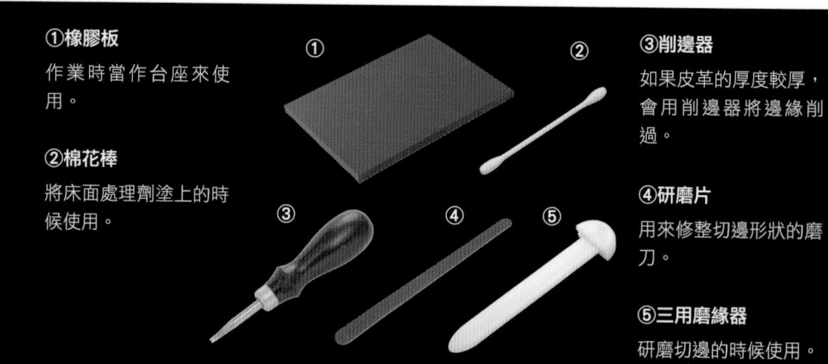

①橡膠板
作業時當作台座來使用。

②棉花棒
將床面處理劑塗上的時候使用。

③削邊器
如果皮革的厚度較厚，會用削邊器將邊緣削過。

④研磨片
用來修整切邊形狀的磨刀。

⑤三用磨緣器
研磨切邊的時候使用。

01 用削邊器將銀面一方的菱邊削掉。刀刃的寬度1號為0.8mm、2號為1.0mm，要配合皮革的厚度來使用。

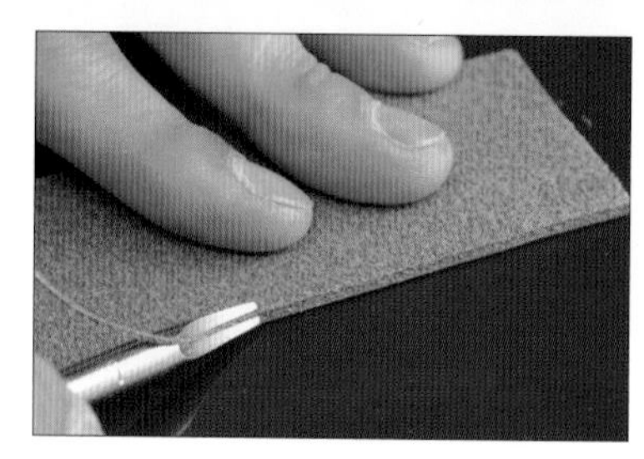

02 床面一方的菱邊也削掉。

03 用研磨片將切邊的形狀磨好。最後要將切邊整理成圓頂狀。

04 用棉花棒將床面完成劑塗到切邊上面。注意不要滲到銀面上。

05 從床面那邊開始，用三用磨緣器的抹刀，以傾斜的角度來進行研磨，接著從銀面那邊以一樣的方式磨過。

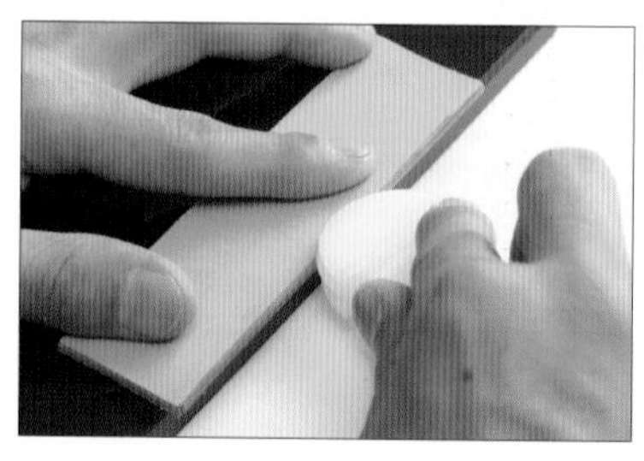

06 最後用三用磨緣器的溝道，以橫向進行研磨。配合皮革的厚度來選擇不同的溝道。

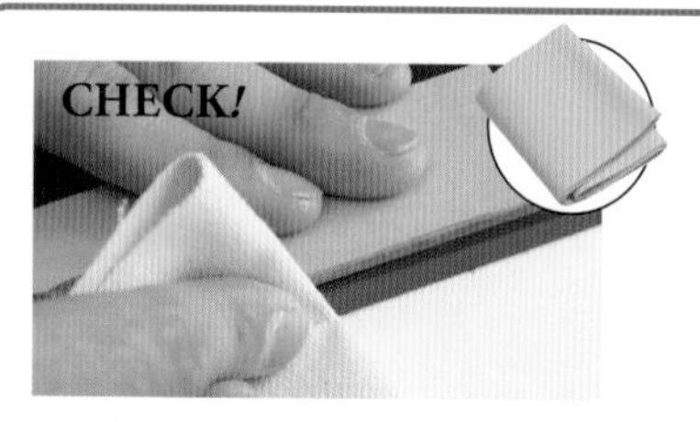

只要掌握好訣竅，也可以用帆布磨出漂亮的切邊。利用橡膠板的角落，用力的進行研磨。

木製修邊器，是用木材製造的研磨工具，使用方法跟三用磨緣器相同，研磨的時候使力起來會更加容易。

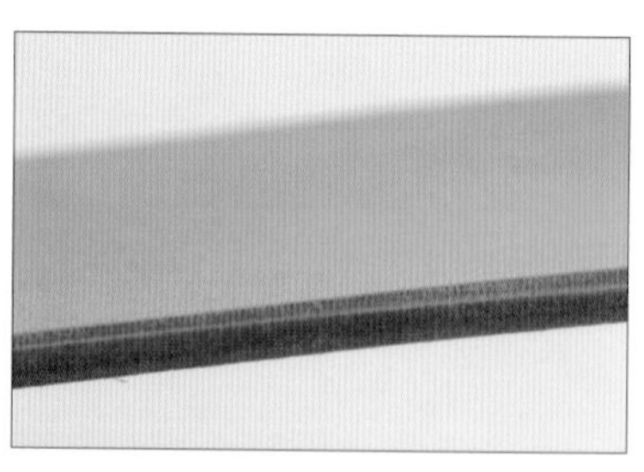

07 完成之後的切邊。得到光澤的同時，也抑制毛草的出現。

貼合

零件的貼合，會使用黏合劑來進行作業。本書選擇的黏合劑是乙酸乙烯酯的濃度膠，以及合成橡膠類的DIABOND。基本上皮革之間進行貼合的時候會使用濃度膠，皮革與不同素材進行貼合的時候會使用DIABOND。

濃度膠
基本會使用的黏合劑。貼合時先塗在兩個面上，乾掉前貼在一起的類型。

DIABOND
塗在貼合的兩個面上，乾燥到不會黏手之後貼在一起。

上膠片
用來塗抹黏合劑的抹刀，可以迅速且薄薄的將黏合劑塗上。

研磨片
用來將貼合的部位刮亂，或是將貼在一起的切邊磨齊。

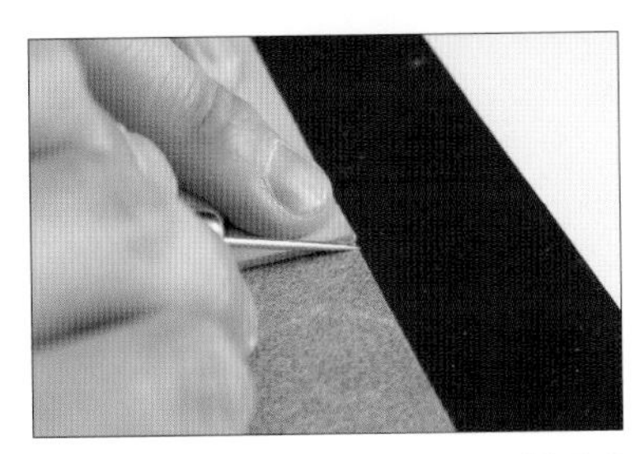

01 按照零件貼合的位置，用圓形鑽孔器在貼合的位置標上記號。

02 一直到**01**標上記號的部分，都是零件貼合的範圍，距離邊緣3mm的寬度，用研磨片來將表面刮亂。

03 將貼合的兩個零件都刮亂，在兩個零件都塗上一層薄薄的黏合劑（在此是讓兩片皮革貼合，因此使用濃度膠）。

04 將零件的邊緣對齊來進行貼合。必須注意的是濃度膠可以重新再貼一次，DIABOND則沒有辦法。

05 貼合的部位，用三用磨緣器推過來壓緊。一直到濃度膠乾掉之前都不要去觸摸。

06 將零件貼到銀面的時候，一樣要用研磨片將表面刮亂。

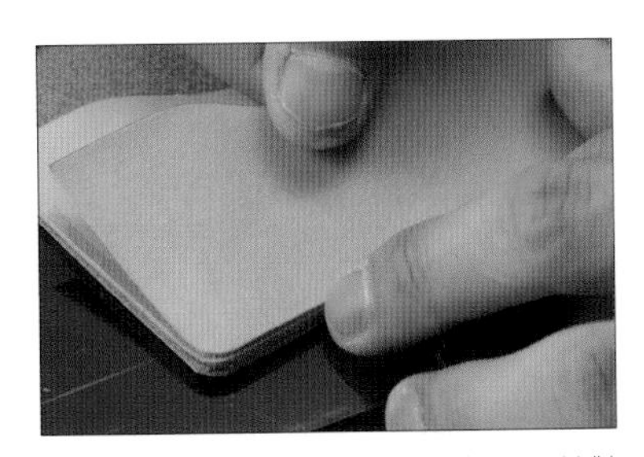

07 將黏合劑塗到兩邊的貼合範圍，並對齊零件邊緣進行貼合。貼的時候如果沒有將銀面刮亂，則比較容易剝落。

08 用研磨片將貼合部位的切邊磨平，將高低落差去除。

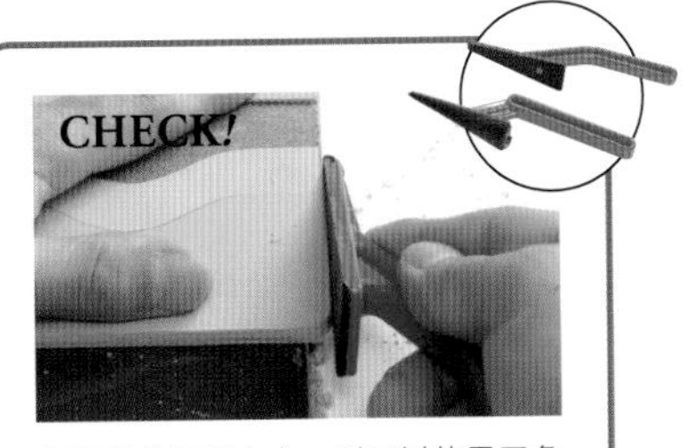

高低落差如果太大，則可以使用三角研磨器，可以得到比研磨片更好的效率。

開出縫孔

在貼合的部分開出讓縫線穿過的縫孔。開出縫孔的時候會使用菱斬這種工具，菱斬的刀刃與刀刃之間的間隔（Pitch）會改變線跡給人的印象，建議選擇2～2.5㎜的間隔。此外，基準點的孔必須使用圓形鑽孔器來開孔。

①三用磨緣器
用來畫出縫線。

②間距規
可以畫出精準的縫線。

③挖溝器
用來在較厚的皮革刻出縫線。

④菱斬
用來敲出縫孔的工具。

⑤圓形鑽孔器
用來開出基準點的孔。

⑥橡膠板
敲出縫孔時墊在下方的台座。

⑦毛氈墊
作業時墊在底部來消音。

⑧木槌
用來敲打菱斬。

畫出縫線

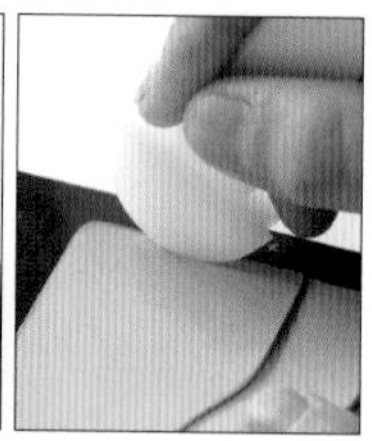

01 用三用磨緣器的3mm寬的溝道來畫出縫線。正面跟背面都要畫上。

02 皮革的厚度如果是1.6mm以上，要用挖溝器在銀面刻出縫線。刀刃調整到3mm寬。

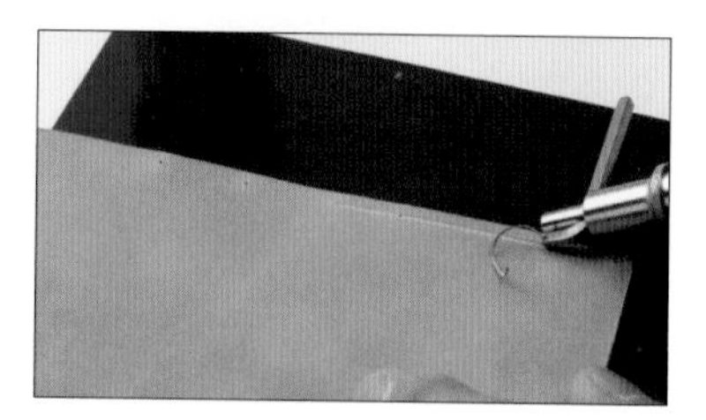

03 讓挖溝器維持一定的角度，刻出成為縫線的溝道。

開出縫孔

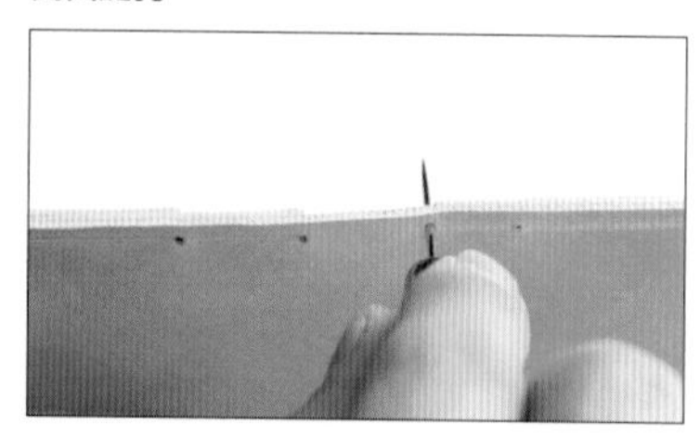

01 手縫的「起點」跟「終點」、「轉角」、「高低落差的邊緣」等被稱為基準點，要先用圓形鑽孔器來開孔。

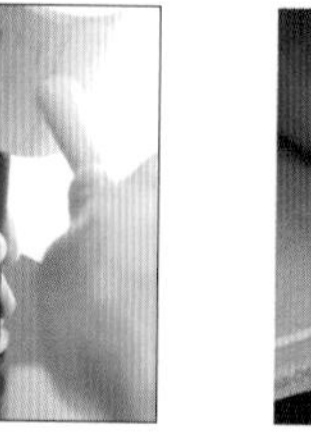

02 菱斬要用垂直的角度抵住皮革，從正上方用木槌敲下來刺進皮革內。

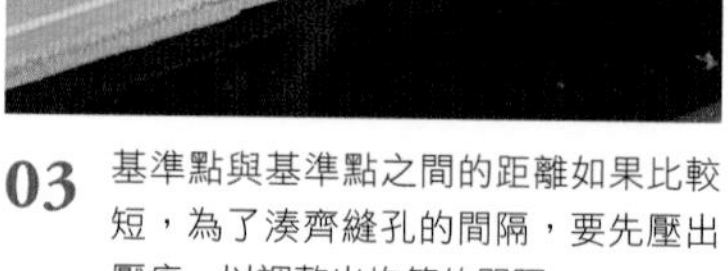

03 基準點與基準點之間的距離如果比較短，為了湊齊縫孔的間隔，要先壓出壓痕，以調整出均等的間隔。

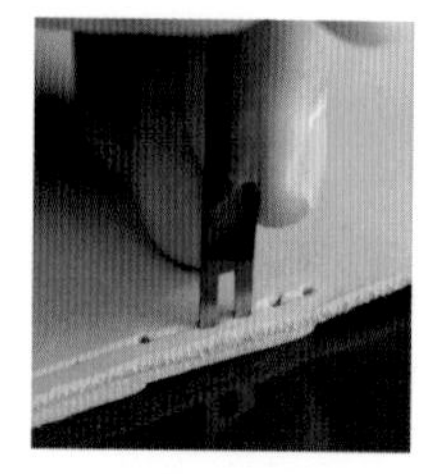

04 運用1根刀刃、2根刀刃的菱斬，在基準點之間開出縫孔。

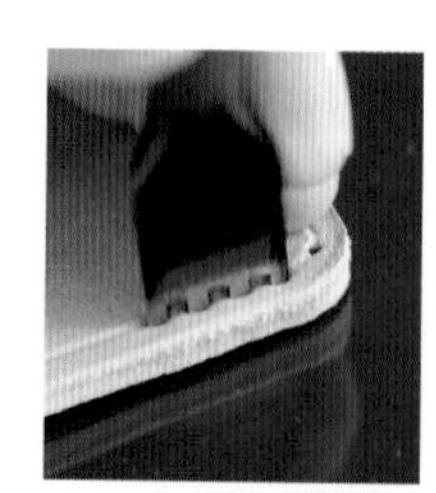

05 直線的部分，用4根刀刃的菱斬來開出縫孔。

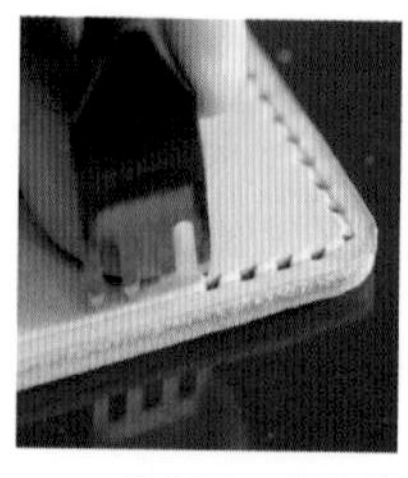

06 開出下一組縫孔時，讓菱斬的第1根刀刃壓在前一組縫孔的最末孔。

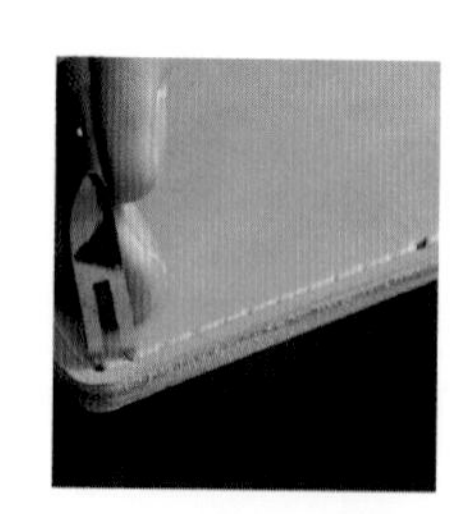

07 距離下一個基準點大約10孔的距離時，先壓出壓痕來調整間隔。

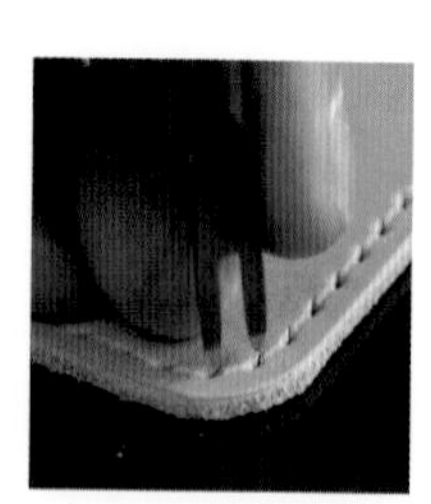

08 角落等弧形的部位，用2根或是1根刀刃的菱斬來開出縫孔。

縫合

讓縫線穿過縫孔來進行縫合。基本上會採用平縫這種從表面跟背面輪流讓線穿過去的縫法。要先讓麻線裹上蠟再來使用。縫線基本上要準備縫合距離4倍的長度，但如果皮革的厚度較厚，則會需要更長的線，請多加注意。

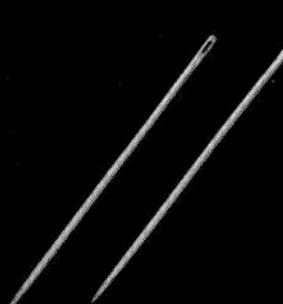

手縫針

手縫用的針。這是最常使用的「圓、細」的款式。

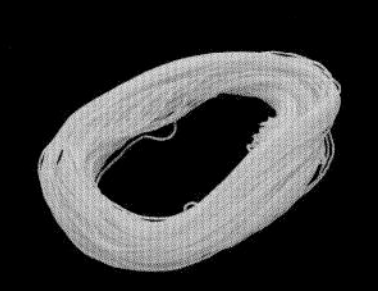

麻線

日製麻線ESCORT為代表，要先上蠟之後再來使用的縫線。

線蠟

用來將麻線上蠟的蠟塊。

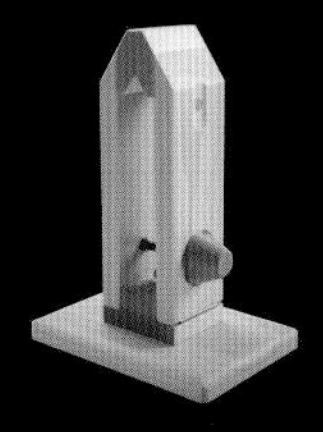

桌上型手縫固定夾

手縫所使用的固定夾之中，尺寸最小的款式。

準備縫線

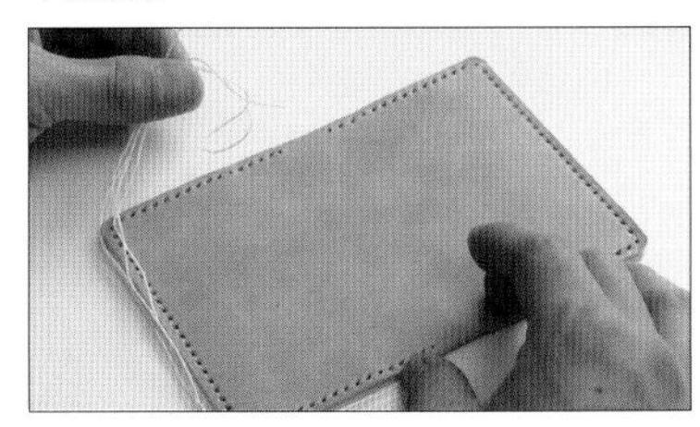

01 縫線要準備縫合距離4倍的長度，但也要隨著皮革的厚度來增加。

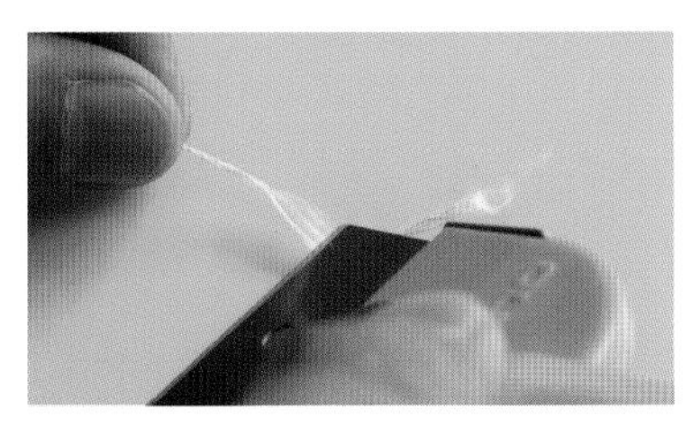

02 縫線兩端5cm左右的長度，用替刃式裁皮刀等刀刃來刮細，會比較容易穿過針孔。

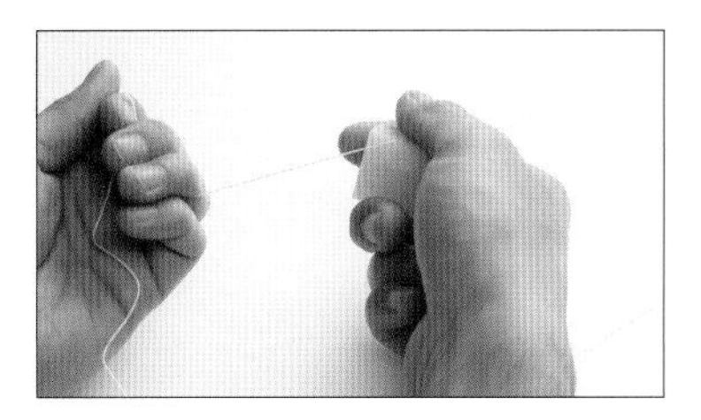

03 把線壓在線蠟上面來拉過幾次。這個動作稱為「上蠟」。

04 上蠟到用手捏住距離尾端10cm左右的位置，線也能自己豎立的程度。

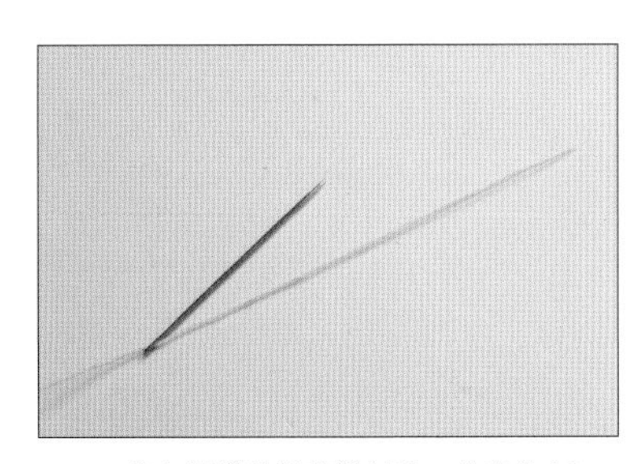

05 將上好蠟的線穿過針孔，拉出約10cm的長度。

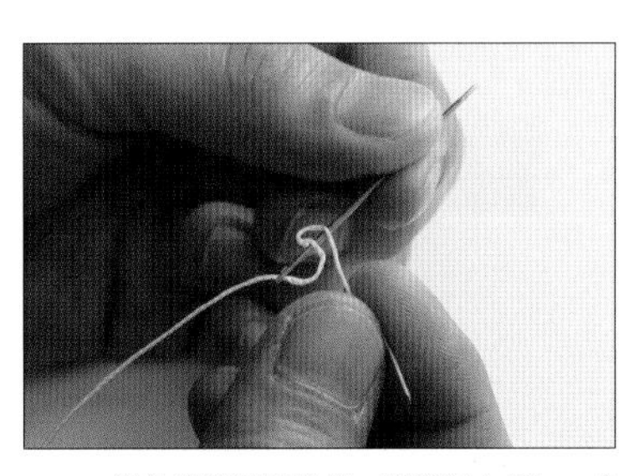

06 從針孔穿出來的線，刺到針上2次，成為照片內的狀態。

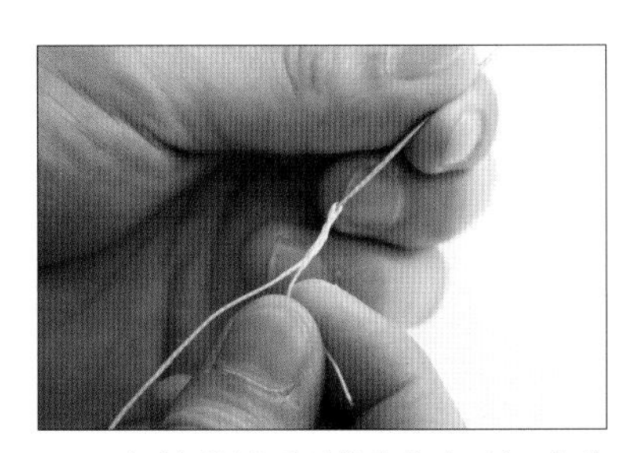

07 把刺到針上的線推往針孔那邊，將比較長的線拉緊，讓線縮短來進行固定。

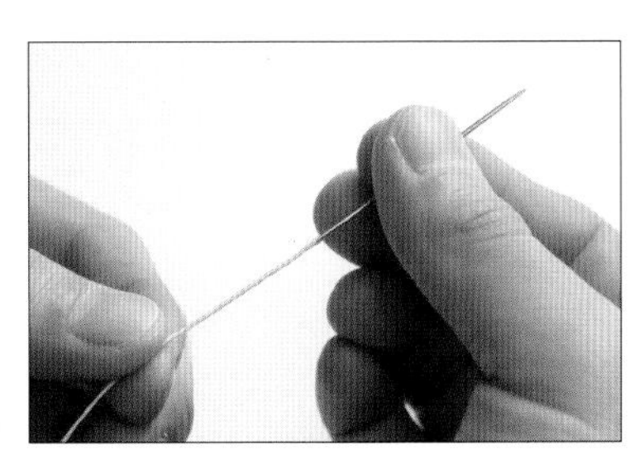

08 將2條線揉在一起整理成1條。

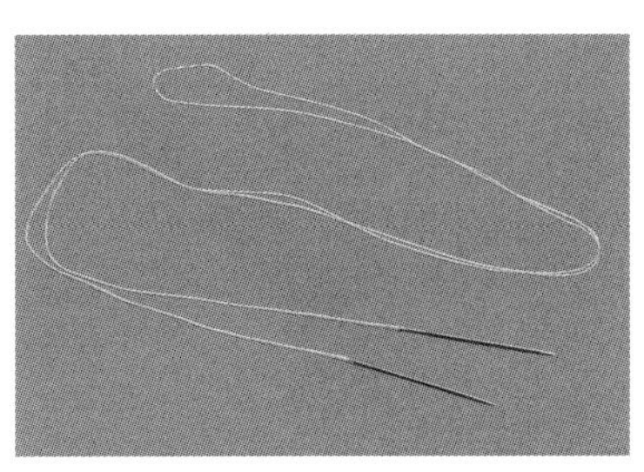

09 讓線的兩端都穿到針的上面，縫線的準備就算完成。

平縫的基本

01 如果使用麻線，要先回針2孔再來開始縫合，因此下針的時候要選擇第3孔來讓線穿過。

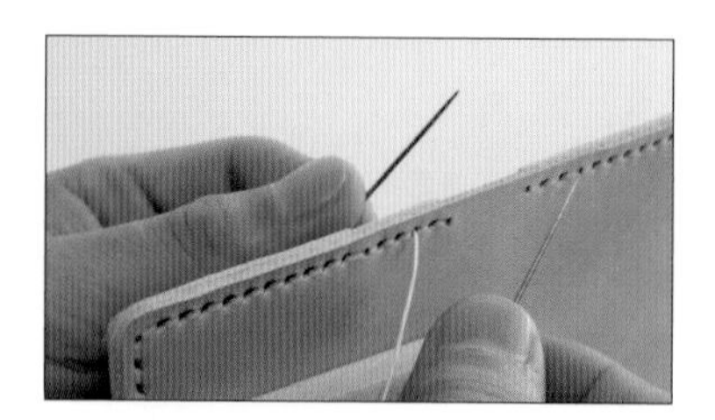

02 讓線穿過縫孔之後，將左右的線調整到同樣的長度。

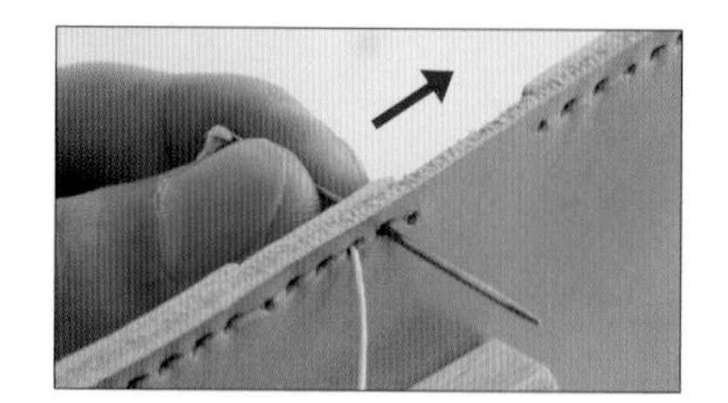

03 裝到手縫固定夾上面的時候，會讓作品的背面來到左邊，先從背面讓線穿過。

04 將右側的針疊到背面（左側）穿過的針的下方來拉過去。

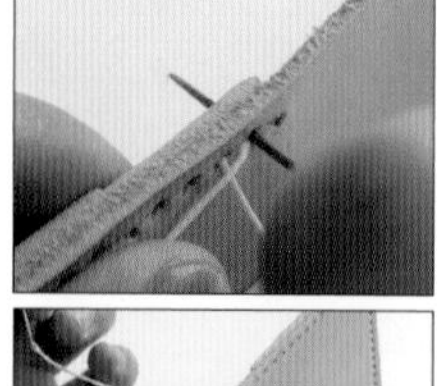

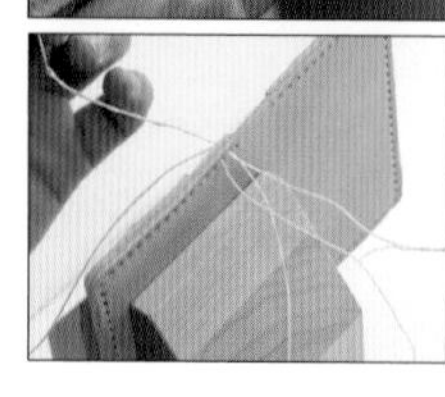

05 將右側的針刺進左側的針穿出來的那一孔。就這樣把線拉過去來拉緊。

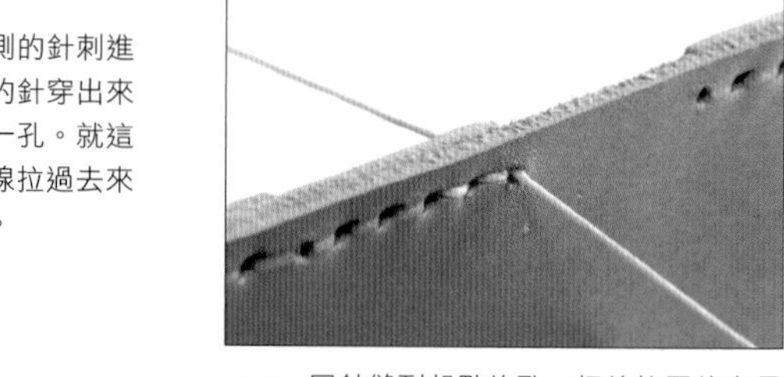

06 回針縫到起點的孔。把線拉緊的力量必須維持一定，讓每一道線跡得到同樣的外觀。

07 重複**04**跟**05**的步驟，往原本要縫合的方向（靠自己的一方）縫過去。

08 回針的部分會有雙重的縫線存在，注意要讓縫線併排，不可重疊。

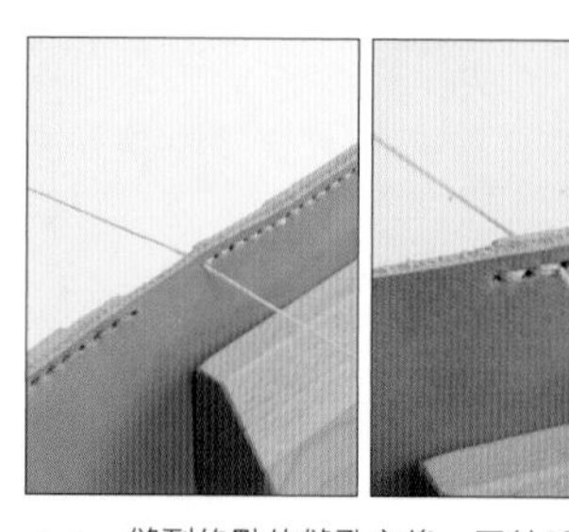

09 縫到終點的縫孔之後，回針2孔讓線來到左右兩側，進行收尾。

10 在盡可能靠近皮革表面的部份，將兩邊的線剪掉。

11 以這個狀態讓線進行收尾。把線剪掉的部分塗上少量的濃度膠，比較不容易鬆開。

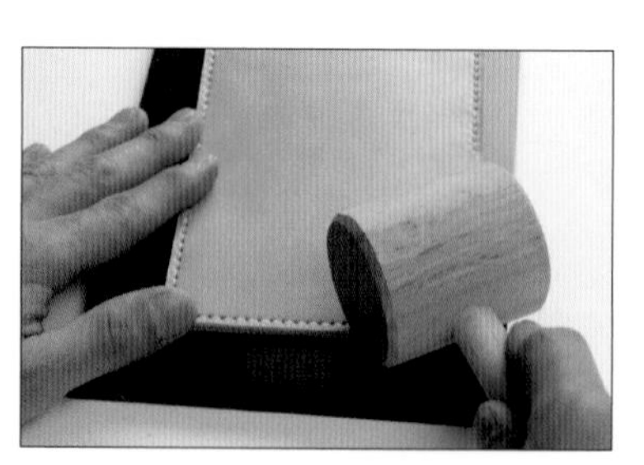

12 縫好之後，用木槌的側面敲過，讓線的狀態穩定下來。

如果使用聚酯纖維線

如果使用Craft社的手縫用蠟線或是人造撚線等化學纖維的縫線，則必須用不同的方式來收尾。下針的部分也會因此跟麻線有所出入，請多加注意。

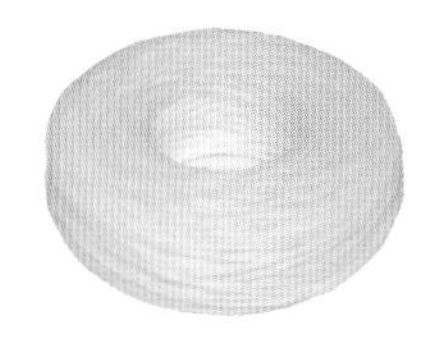

手縫用蠟線
聚酯纖維的人造撚線，以上好蠟的狀態來進行販賣。

打火機
對化學纖維的縫線進行燒熔處理時會用到。

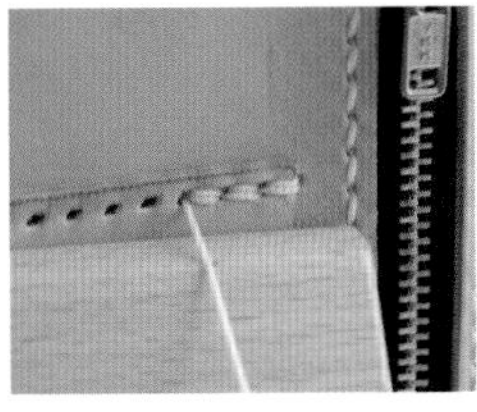

01 如果使用聚酯纖維線，開始縫的部分要回針3孔。

02 縫到盡頭時回針2孔，表面再回針1孔讓兩條線都來到背面，留下2mm左右後剪掉。

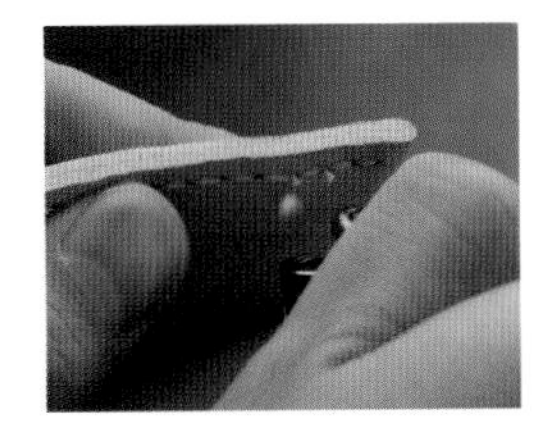

03 用火將剩下的線燒過來進行固定。

04 用打火機的前端將燒過縮成一團的線壓扁。

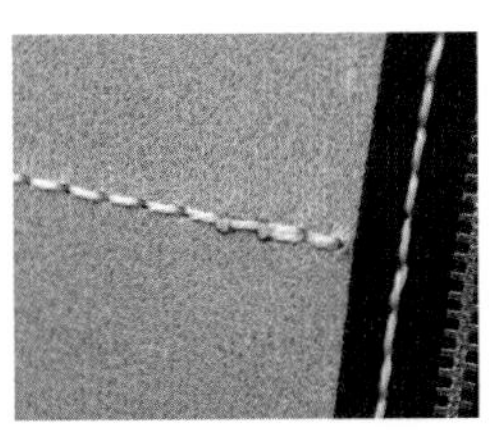

05 聚酯纖維線縫完的部分，會以這個狀態來收尾。

完成的切邊處理

縫好之後，對縫合部位的切邊進行處理，縫合作業就告一段落。這個切邊處理的品質好壞，將大幅影響作品的完成度，可以的話要細心的完成。基本的作業程序跟p.16所介紹的「切邊處理」相同，選擇自己覺得好用的工具，盡可能的磨出漂亮的切邊。

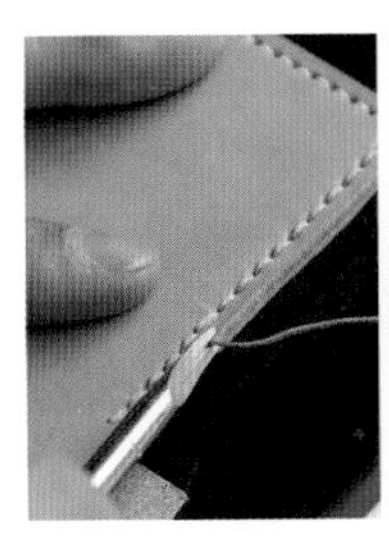

01 用削邊器將切邊的角削掉。基本上表面跟背面都要削過。

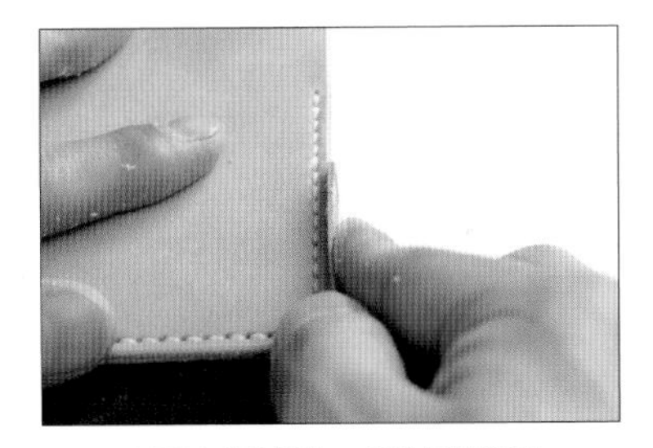

02 用研磨片將縫在一起的切邊磨平。

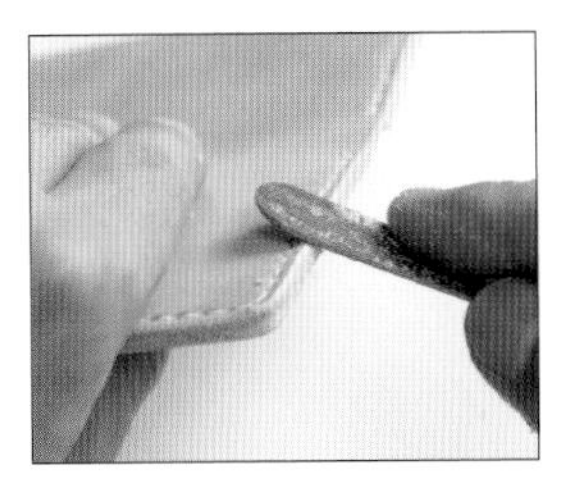

03 用研磨片將切邊磨成圓頂的形狀。

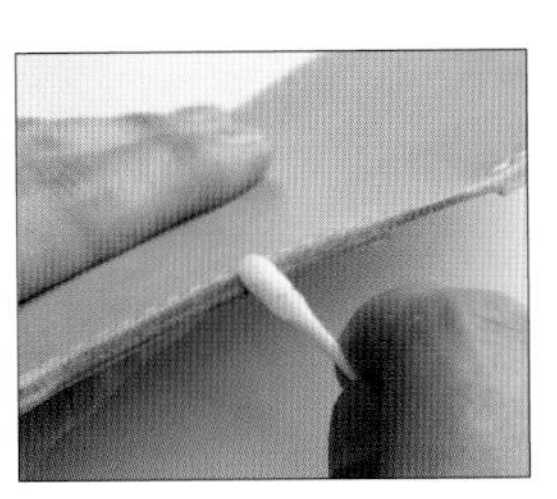

04 將床面完成劑塗到切邊上面，注意不要沾到銀面。

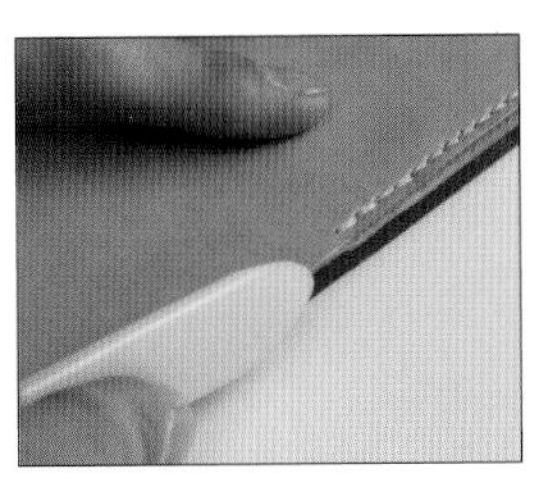

05 運用三用磨緣器或是帆布等自己覺得好用的工具，對切邊進行最後的研磨。

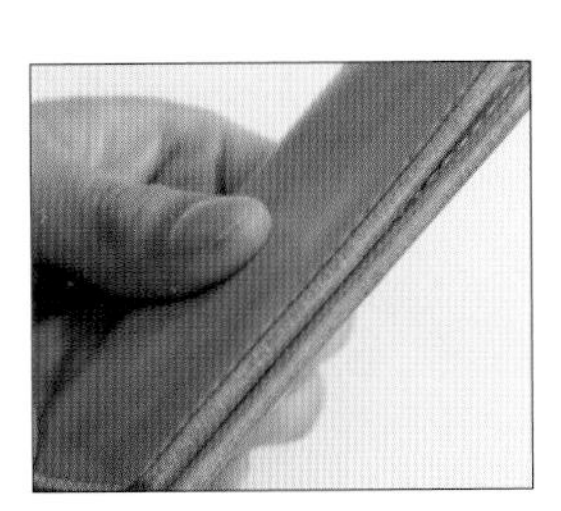

06 磨好之後的切邊。縫合的兩片皮革之間看不到境界線的存在。

裝設金屬零件

在此介紹製作皮夾時，常常會用到的基本金屬零件「牛仔釦」跟「四合釦」的裝設方式。裝設這些金屬零件的位置要先開孔，將金屬零件擺到這些位置上，然後用對應的專用工具來將固定釦固定，此為作業的基本流程。

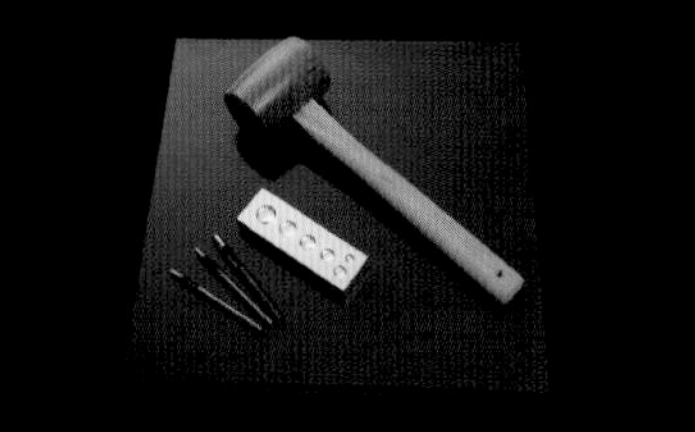

基本工具

將金屬零件裝上去的時候，會用到橡膠板、木槌、萬用環狀台、跟金屬零件尺寸相符的圓斬。

牛仔釦

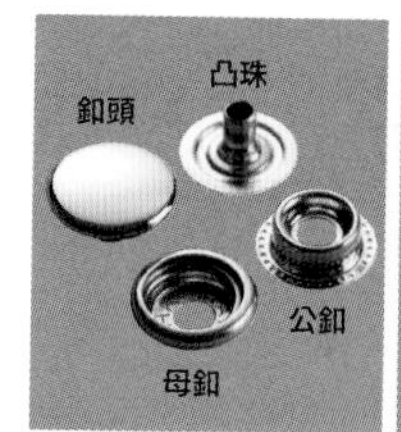

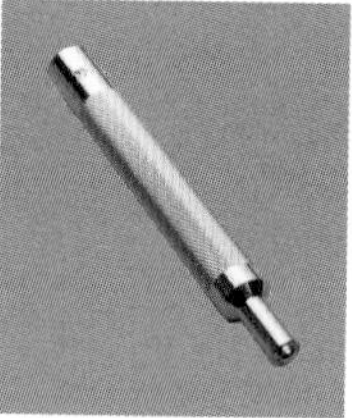

01 要將牛仔釦裝上，必須使用專用的牛仔釦工具。

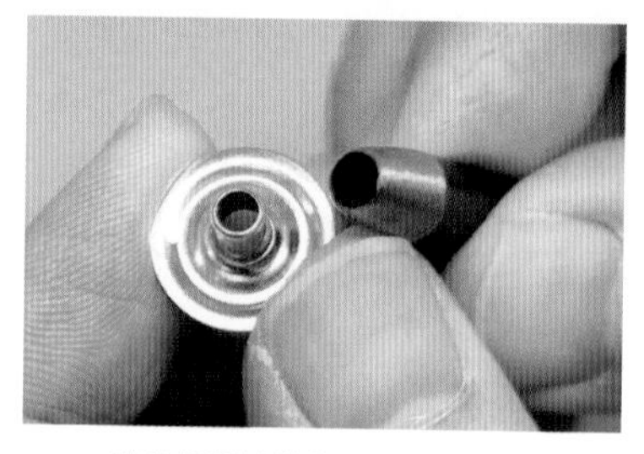

02 從公釦開始裝上。準備尺寸跟凸珠的釦腳相同的圓斬（大的12號、小的10號）。

03 用圓斬在裝設公釦的位置開孔。

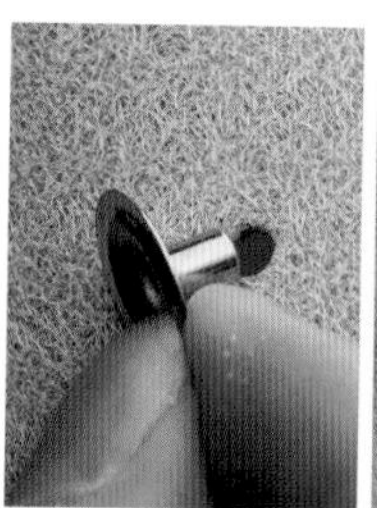

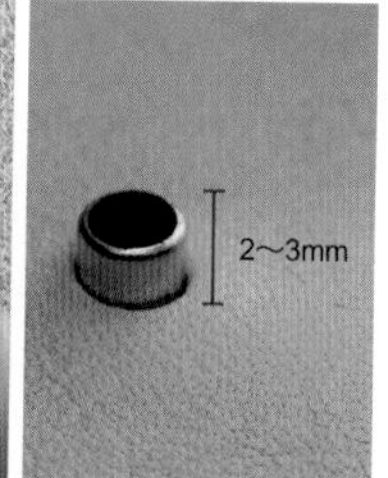

04 從床面將凸珠插進開好的孔內。理想的狀態是釦腳從皮革表面凸出2～3mm。

05 將公釦套在皮革表面凸出來的凸珠的釦腳上面。

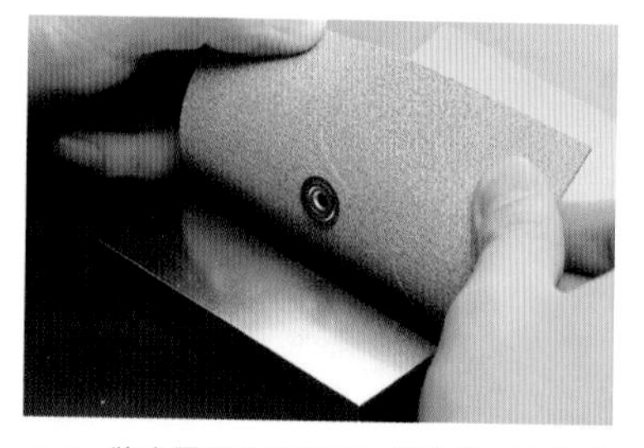

06 將金屬零件的背面，擺在萬用環狀台的平面上。

07 將牛仔釦工具壓上去，用木槌敲下。公釦中央凸出來的凸珠，釦腳前端會往外擴張，將公釦固定。

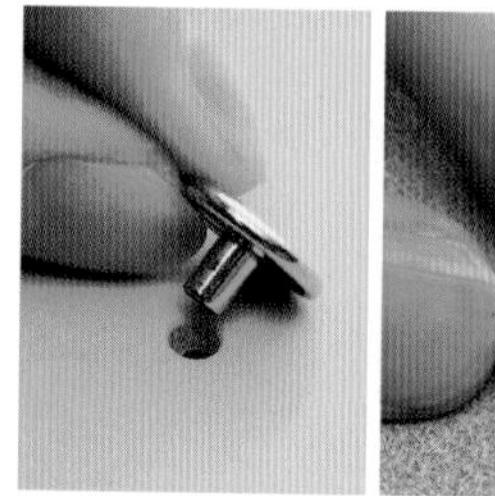

08 配合釦頭之釦腳的直徑（與凸珠相同）來開孔，將釦頭跟母釦擺上去，確認釦腳是否從中央凸出1mm左右。

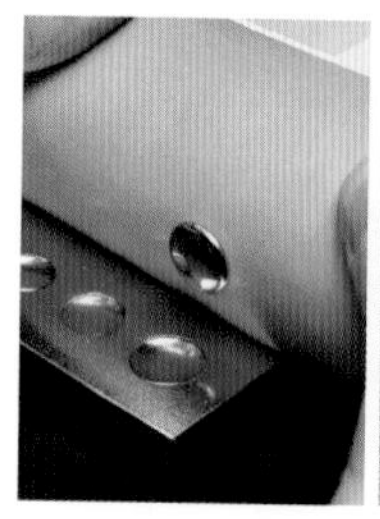

09 將釦頭擺到萬用環狀台的尺寸合適的凹陷之中，用牛仔釦工具敲打來進行固定。

10 釦腳的前端往外翻開，將母釦固定。試著用手去轉動，確認公釦跟母釦是否都固定到無法轉動的程度。

四合釦

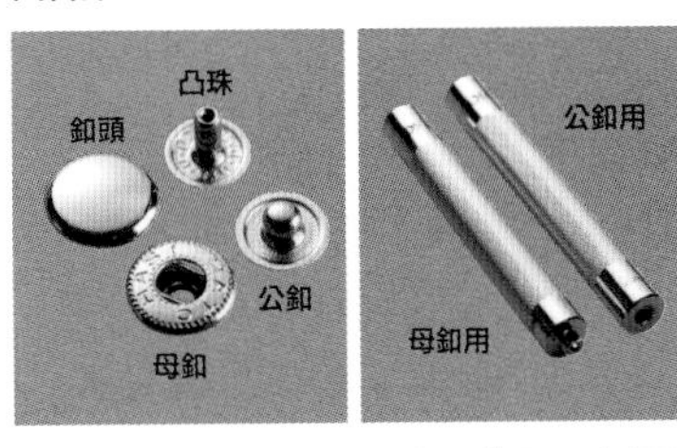

01 要將四合釦裝上，必須使用四合釦工具。四合釦工具分成母釦用跟公釦用的2種。

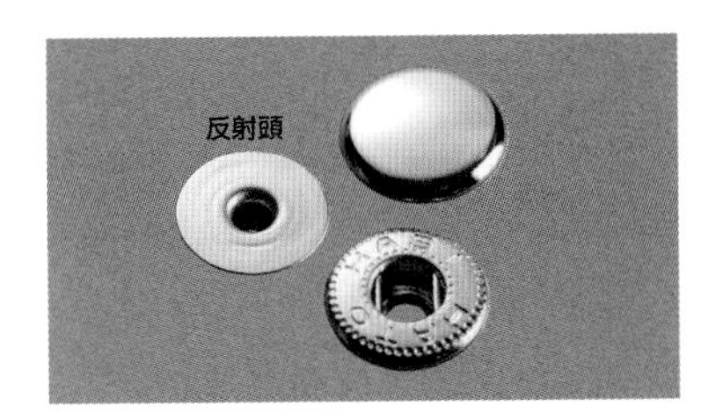

02 如果不想讓四合釦出現在表面，可以用反射頭這種頭部扁平的零件來取代釦頭。

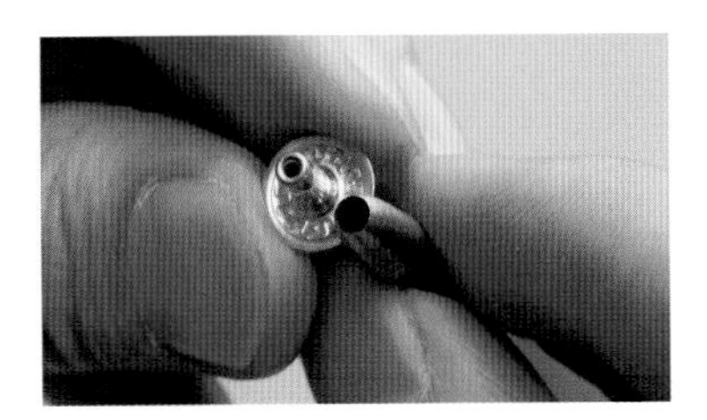

03 從公釦開始裝上。配合與公釦組合之凸珠的釦腳尺寸，來準備圓斬（大的10號、中跟小為8號）。

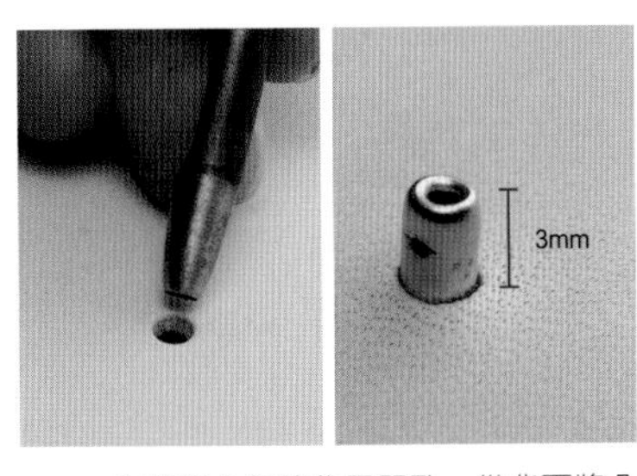

04 在裝設公釦的位置開孔，從背面將凸珠裝上。凸珠的釦腳必須從皮革表面凸出3mm左右。

05 將公釦套在凸珠來到皮革表面的釦腳上。

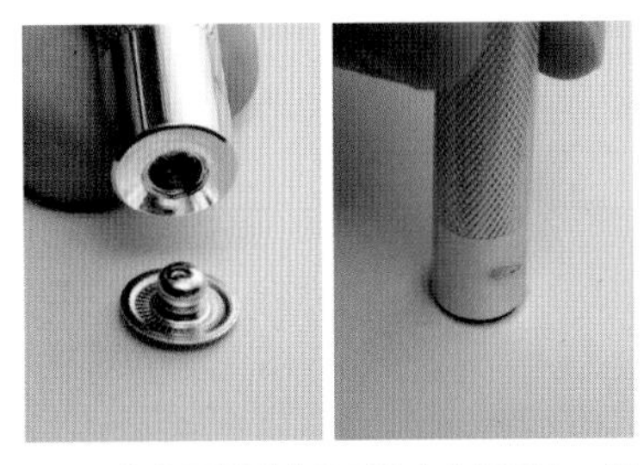

06 將背面擺到萬用環狀台的平面上，把公釦專用的四合釦工具壓上去，用木槌敲下來進行固定。

07 試著用手轉動裝好的公釦，確認是否固定到無法轉動的程度。

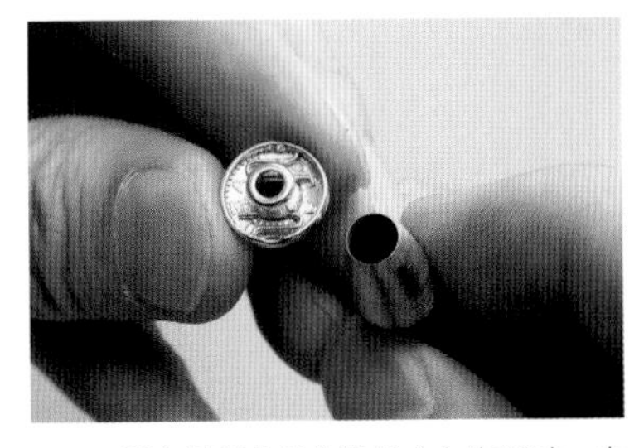

08 配合母釦凸出的粗細（大的18號、中跟小為15號）來開孔。

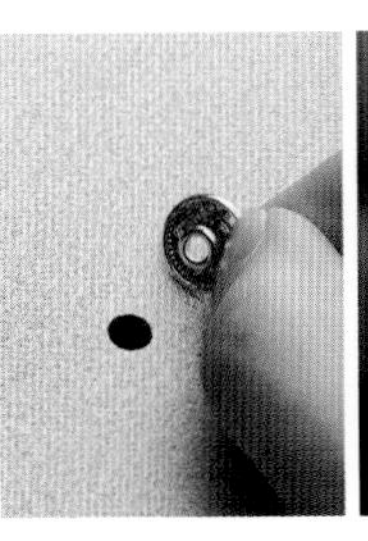

09 從背面將母釦裝上，從表面將釦頭裝到母釦的孔內。

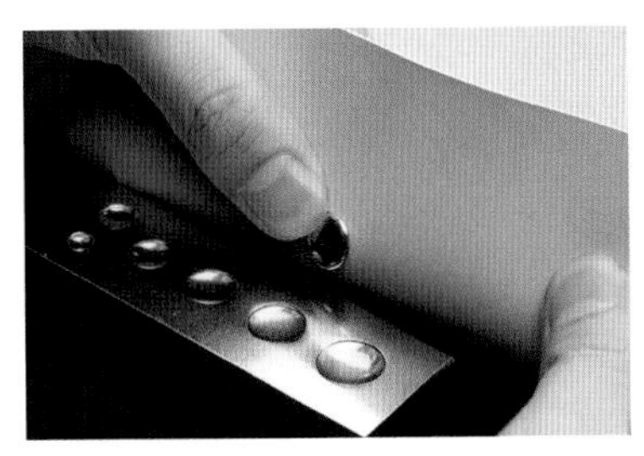

10 將釦頭擺到萬用環狀台的尺寸合適的凹陷之中。

11 將母釦用的四合釦工具套進母釦的孔內，用木槌敲打來進行固定。

12 試著用手轉動裝好的母釦，確認是否固定到無法轉動的程度。

M A K I N G

如何製作鞣製革的小配件

從這個單元開始，會請精通皮革製作的師傅們來介紹，如何運用鞣製革來製作皮革的小配件。各位師傅對於鞣製革，都擁有屬於自己的一套製作方式。請慢慢掌握其中的知識，找出屬於自己的製作方法。

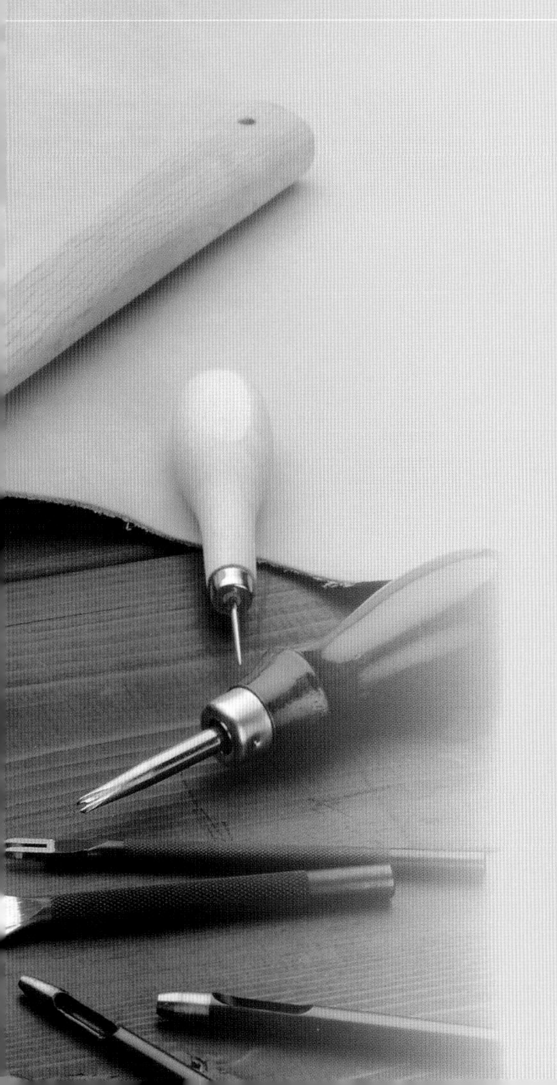

自己製作、自己使用

鞣製革是活用大自然氣息的素材，使用的皮革怎麼挑選，也會影響作品完成之後的氛圍。就算同樣是以「鞣製革」來販賣的商品、就算是同樣款式的作品，也有可能在素材的影響之下，得到較為工整，或是較為狂野的氣氛。找出擁有自己所追求之氛圍的皮革，這將是實際動手之前的第一件工作。

製作時須小心，不要造成傷痕或是污垢。鞣製革很容易就出現傷痕，或有污垢附著在表面。對於作業環境也必須小心，油或水分都會馬上就形成斑點，研磨切邊的時候要充分注意。在使用的過程之中所形成的傷痕，可以當作一種特性由使用者來接受，但製作過程之中所產生的傷痕可是另外一回事。小心對待素材，這也是作業的重點之一。

SMARTPHONE CASE

智慧型手機的皮套

以柔和的感觸將無生命感的手機包起來，構造精簡的智慧型手機的皮套。將防止滑落的皮帶抽出，就能將手機順暢的拿出來，功能的設計也非常具有魅力。

TOOLS 工具

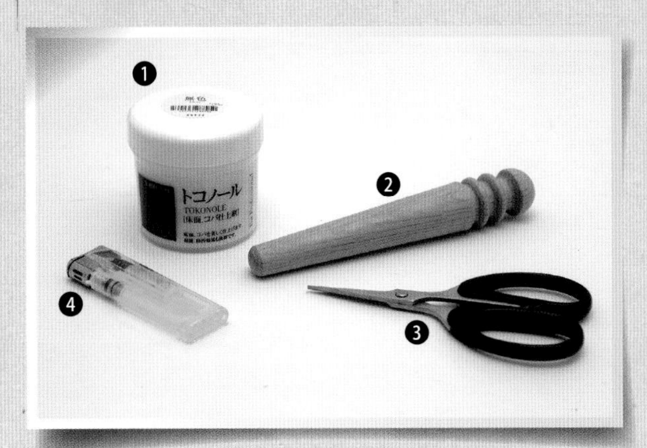

①TOKONOLE　②修邊器
③剪刀　④打火機

PARTS 材料

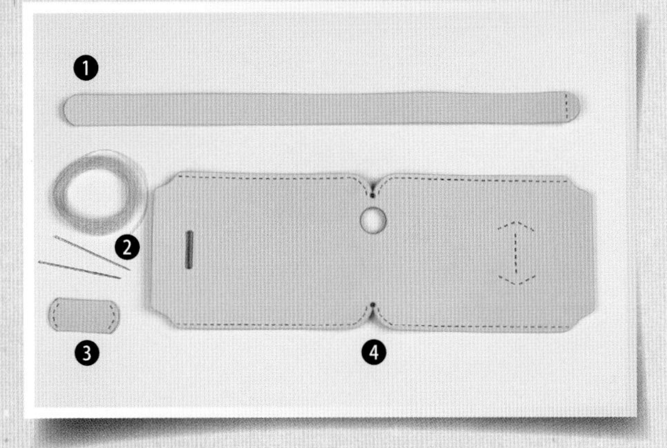

①皮帶　②雙層蠟線＃5　③皮帶固定革　④主體

※本記事是用SEIWA的製作用材料包Smartphone Case智慧型手機皮套的原型為基準來製作。附屬的紙型記載有iPhone 5、5S、5C與iPhone 6雙方的規格。但SEIWA所發售的材料包，只對應下方所記載的iPhone 6的尺寸，使用的時候請多加注意。

Smartphone Case智慧型手機皮套　※對應iPhone 6
（size：H15×W9cm／收納尺寸H13.8×W6.7×D0.7cm）
¥2,000（不含稅）

將各個零件的床面與切邊研磨

START

為了讓手機的進出與皮帶的動作可以順暢，主體與皮帶、皮帶固定革的整個床面都必須磨過。此外，縫好之後不容易研磨的切邊，也全都要以零件的狀態來進行研磨。

床面與切邊的研磨，會使用TOKONOLE（床面研磨劑）。

01

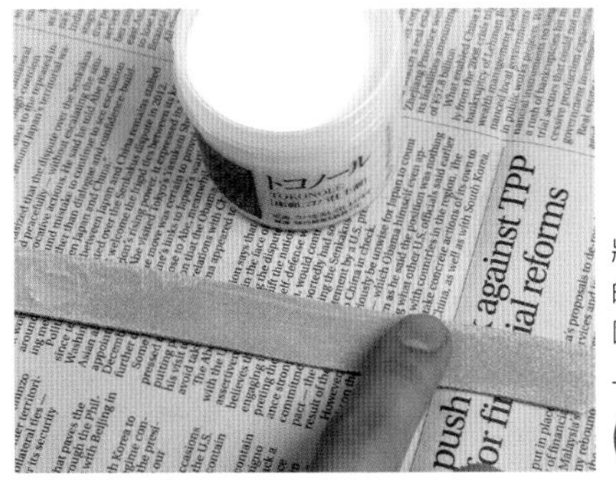

將TOKONOLE薄薄的塗在皮帶跟皮帶固定革的整個床面上。

02

用修邊器的側面來磨擦床面，將豎立的毛草整平。

03

研磨各個零件的床面與切邊

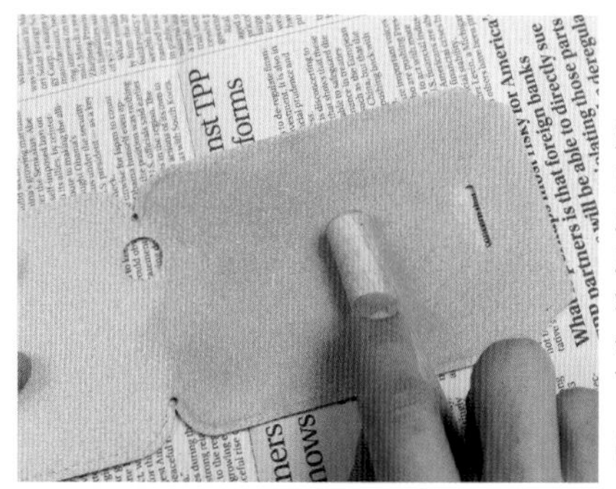

跟皮帶的床面相同，主體的整個床面也要進行研磨。此處研磨的範圍較大，可以分成一半來塗上TOKONOLE。

04

接著對皮帶與皮帶固定革的所有切邊進行研磨。從床面一方將少量的TOKONOLE塗到切邊上面，以免去沾到銀面。

05

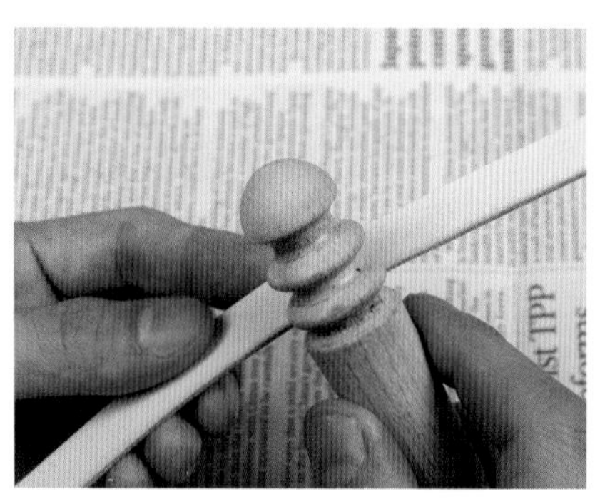

用修邊器的溝道來磨擦塗上TOKONOLE的切邊，以此來進行研磨。

06

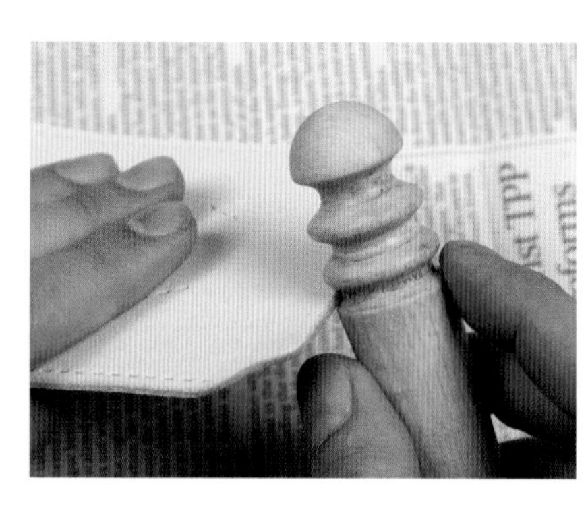

對主體的短邊、縫合之後成為開口的兩邊等切邊進行研磨。

07

只用線跟針 來將智慧型手機皮套縫合

如果購買材料包來使用，則不需要任何開孔的作業，可以直接進行縫合的作業。不必使用黏合劑，將皮帶與皮帶固定革縫到主體上面，最後將側面縫合即完成。

● 將皮帶縫合

以主體的銀面為表面，讓皮帶的銀面成為表面來插到長孔之中（將皮帶揉過，動作會變得比較順暢）。

01

將穿過去的皮帶插到深處。

02

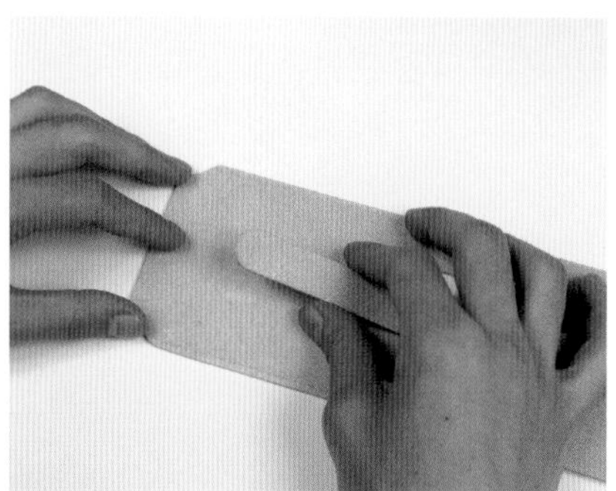

讓主體翻面，將皮帶跟主體的縫孔對準。

03

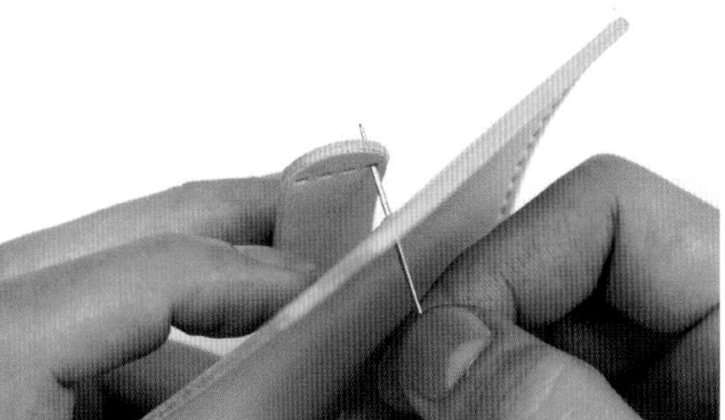

把縫合範圍將近4倍的線穿到針上面。從主體的表面，讓針穿過邊緣往內一孔的縫孔，然後讓同一根針穿過皮帶邊緣的孔。

04

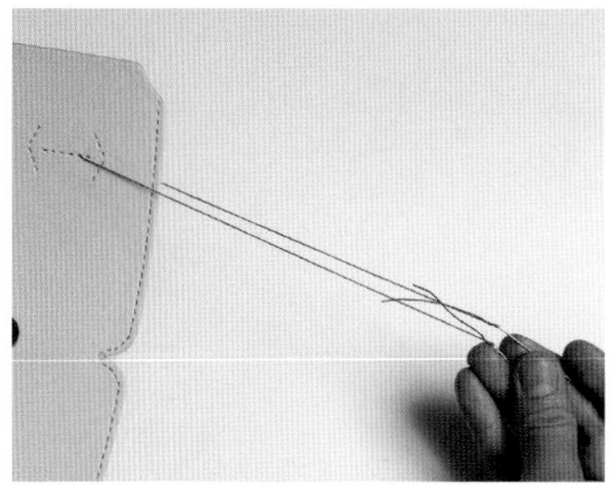

把針完全拉出來，將表面跟背面的線調整到同樣的長度。

05

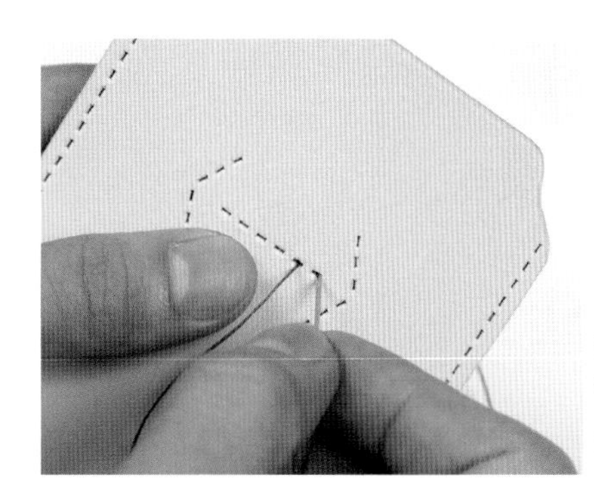

讓表面的針穿過邊緣那端的前1孔。

06

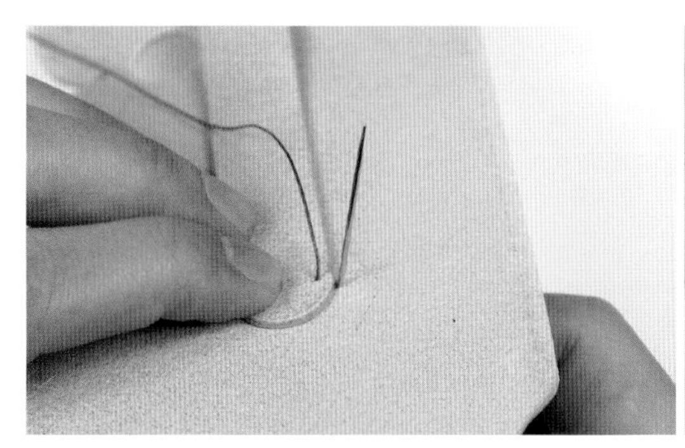

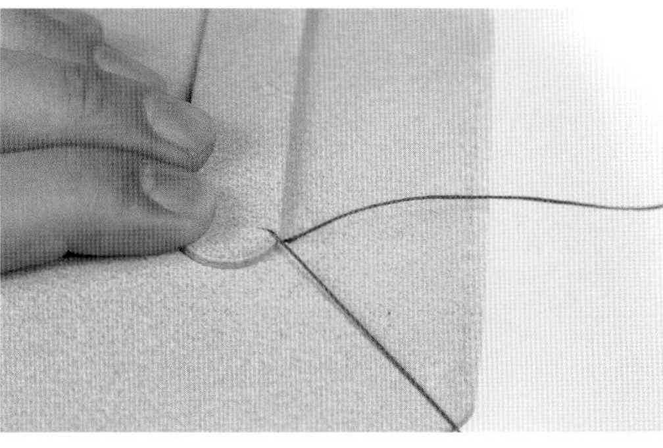

讓針的前端來到皮帶旁邊，就這樣拉出來，先擺到主體的外側避開。

07

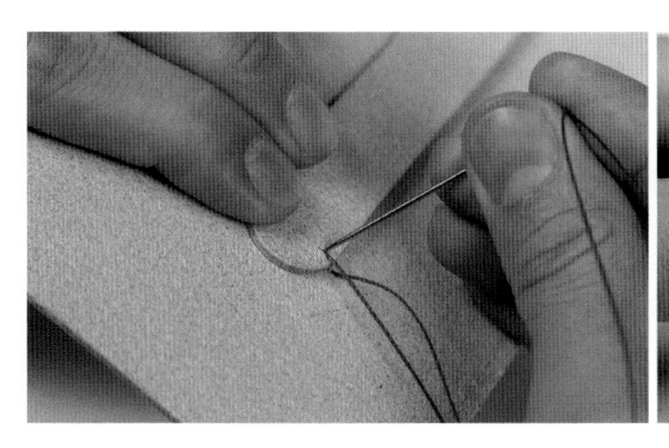

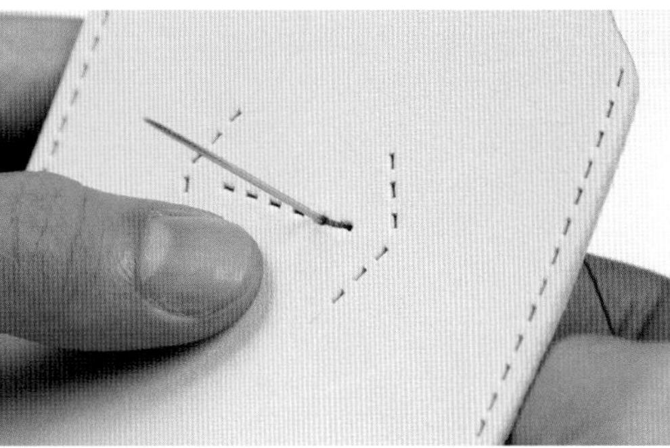

在**06**從表面穿過去的針，避開縫線來穿過皮帶邊緣的縫孔。

08

只用線跟針，來將智慧型手機皮套縫合

09 把針抽出來，拉住表面跟背面的縫線，將第1孔的線跡拉緊。

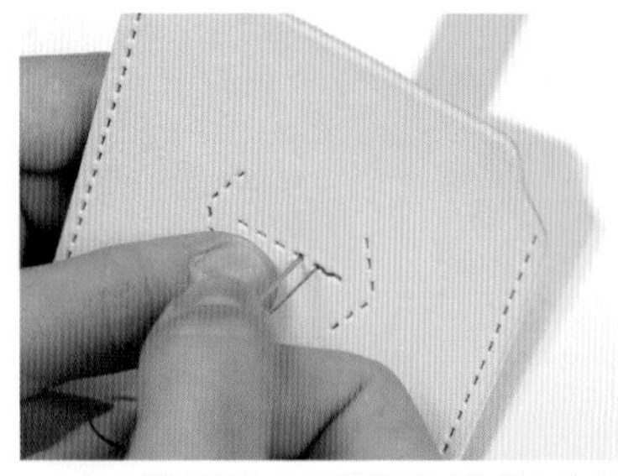

10 讓表面的針穿過旁邊（內側）的縫孔。

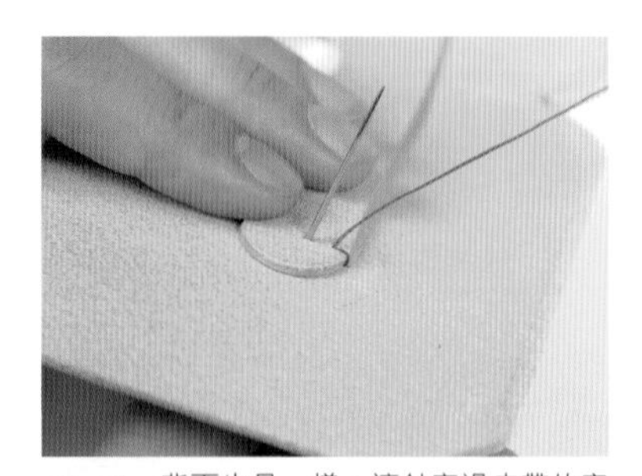

11 背面也是一樣，讓針穿過皮帶的旁邊（內側）那一孔。

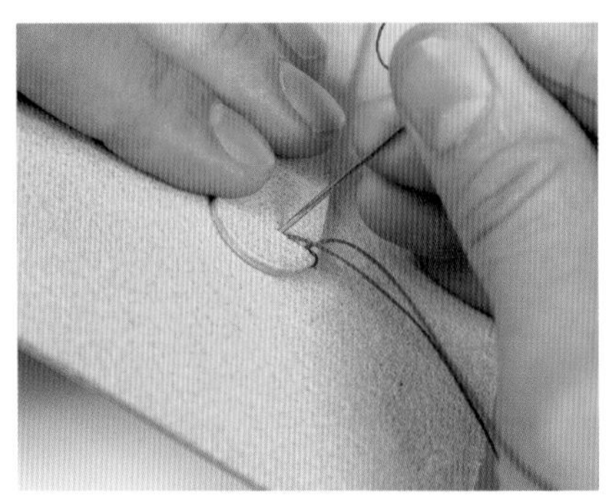

把針抽出將縫線拉出蘭，暫時擺到主體外側來避開。讓穿過皮帶邊緣之縫線的針，穿過暫時避開之縫線的那一孔。

12

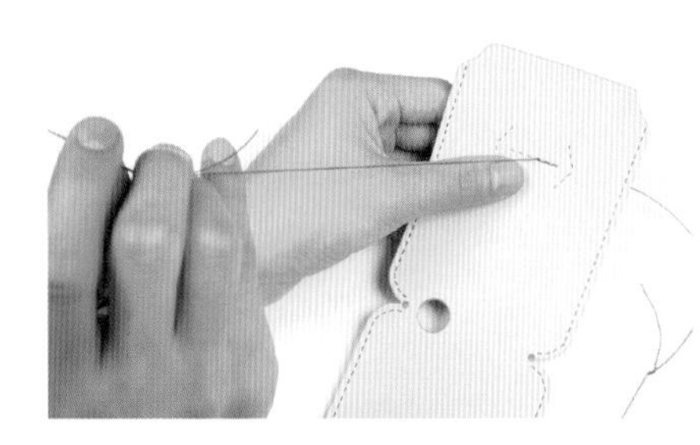

將穿過的針抽出來到表面，把線拉出去。

13

拉住分別位在表面與背面的縫線，將第2孔的線跡拉緊。

14

每次製作一個線跡就要將線確實的拉緊

每一次製作一道線跡，就要將雙方的線確實拉住，把線跡拉緊。要是拉得不夠緊，很有可能會在作品使用時鬆開，請多加注意。

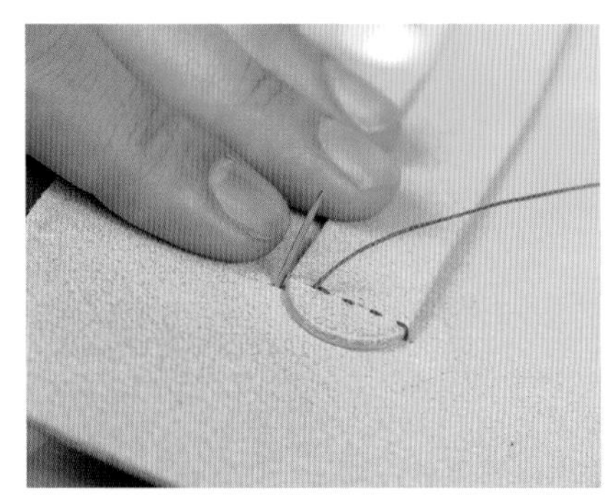

重複同樣的步驟，一路縫到皮帶的另外一端。然後讓表面的針穿過邊緣（表面）的孔，從背面將針抽出，把線拉出去。

15

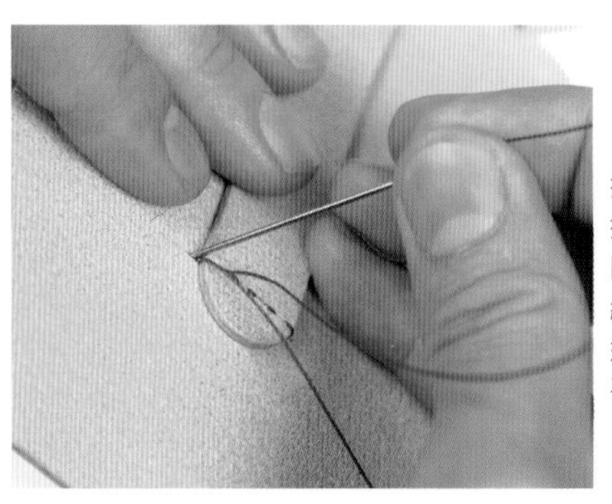

抽到背面的線暫時擺到主體外側來避開，把穿過皮帶邊緣之縫線的針，刺進讓線避開的那一孔。

16

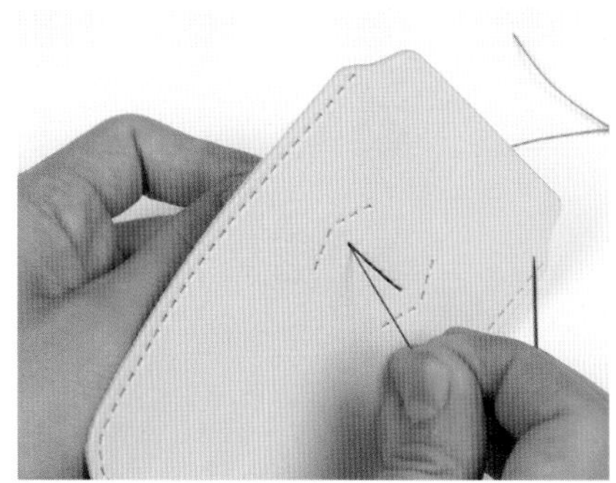

將穿過去的針抽出來，拉住兩邊的線，將邊緣的縫線拉緊。

17

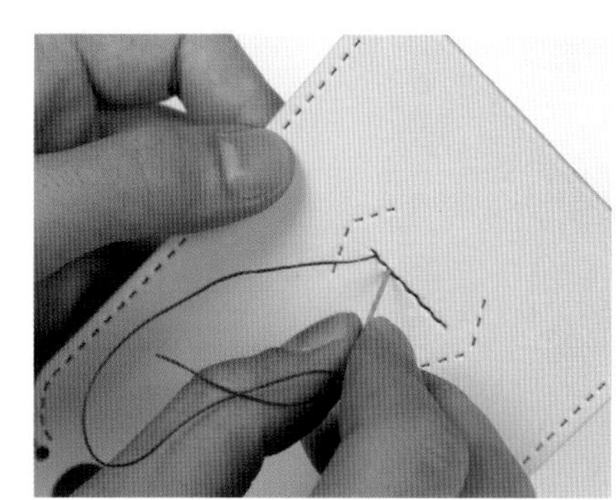

讓表面的針進行回針，往內側一方穿過前一孔。讓針的前端穿過線與線之間，通過的時候注意不要將縫線刺穿。

18

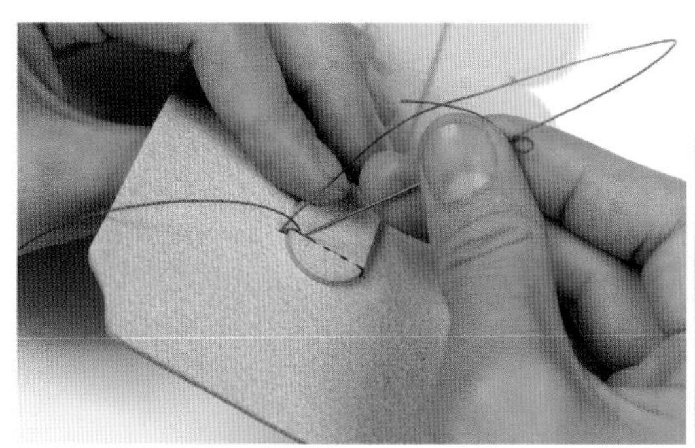

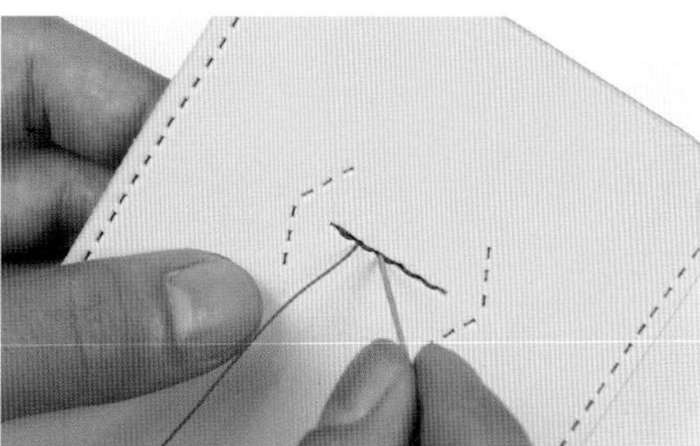

將穿過的針抽出，把線拉出來，暫時擺到主體的外側避開。讓留在背面邊緣的針，穿過同一個縫孔，抽出來到表面。以同樣的方式再回針1孔。

19

留在背面的針，一樣穿過內側那邊的縫孔，把線拉住將線跡拉緊。

20

● **將線收尾**

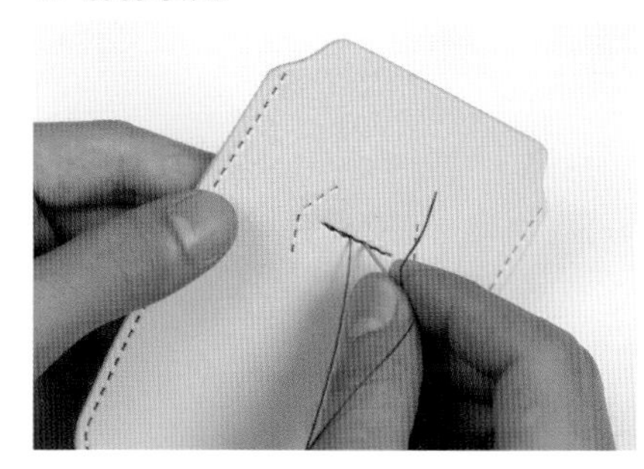

讓表面的針往開始縫的那個方向，穿過旁邊的縫孔。

21

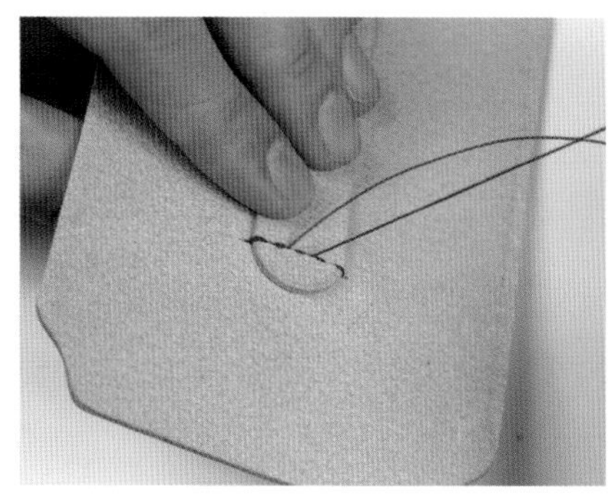

將穿過的針抽出，把線拉出來，讓兩條縫線併排。

22

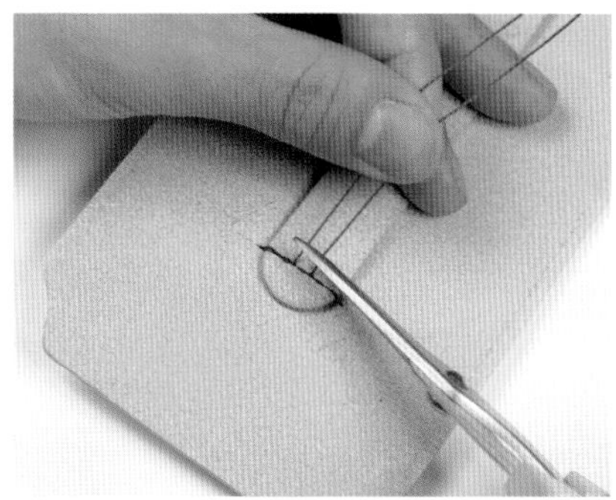

將併排的線拉緊，留下2～3mm的距離來剪掉。

23

只用線跟針，來將智慧型手機皮套縫合

用打火機將剩下來的2～3mm的線烤過，燒熔成為球狀。

24

趁燒熔的線凝固之前，用打火機的底部將線球壓扁。

25

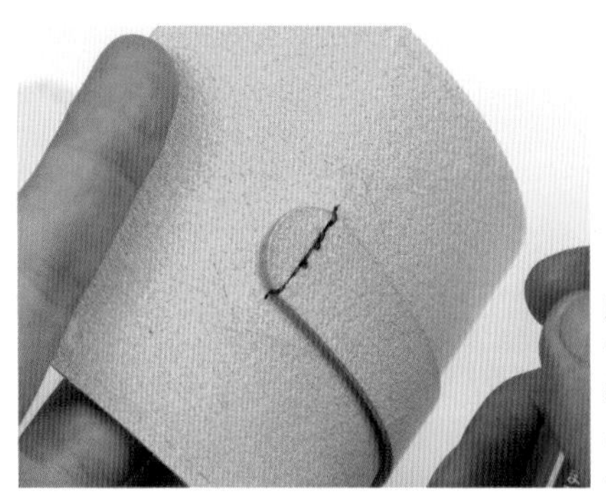

壓扁的線將縫孔塞住，線的收尾就算結束。

26

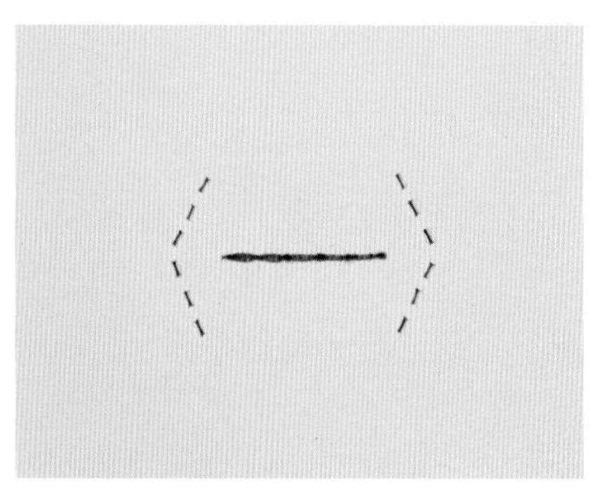

皮帶縫合部位的表面一方的線跡。左右兩端的線跡，在背面將皮帶的邊緣圈住。

27

● 將皮帶固定革縫上

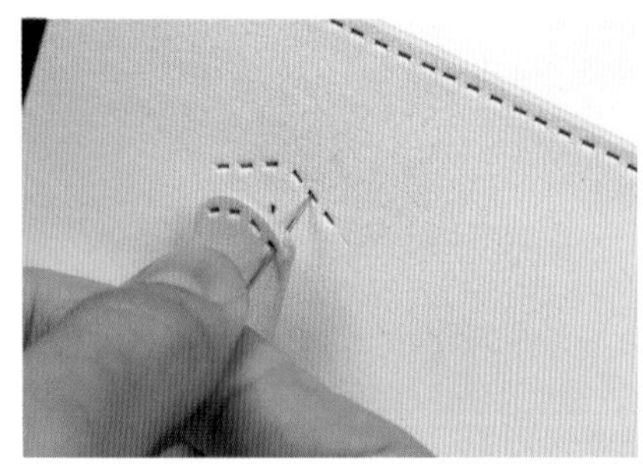

把縫合距離將近4倍的線穿到針上。讓針穿過皮帶固定革的邊緣的孔，讓同一根針的前端穿過主體表面，邊緣往內1孔的縫孔。

28

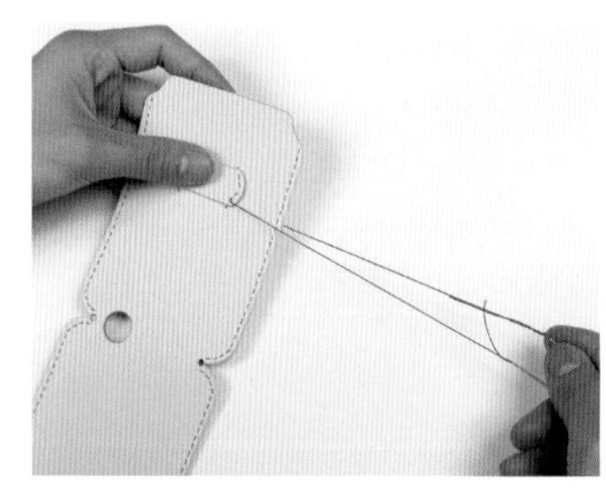

把針抽出將線拉出來，將表面跟背面的線調整到同樣的長度。

29

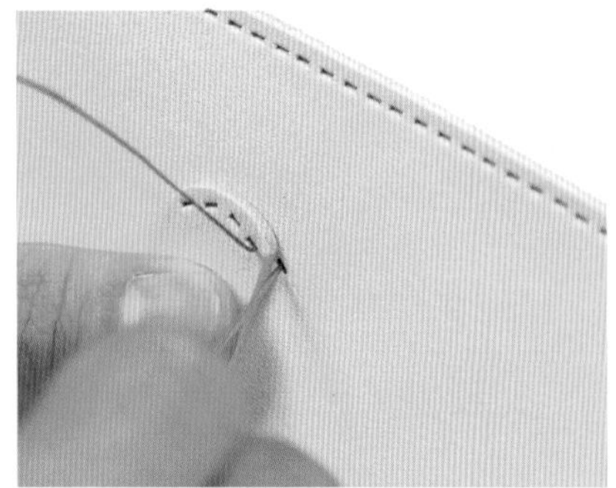

讓表面的針穿過主體邊緣的縫孔。

30

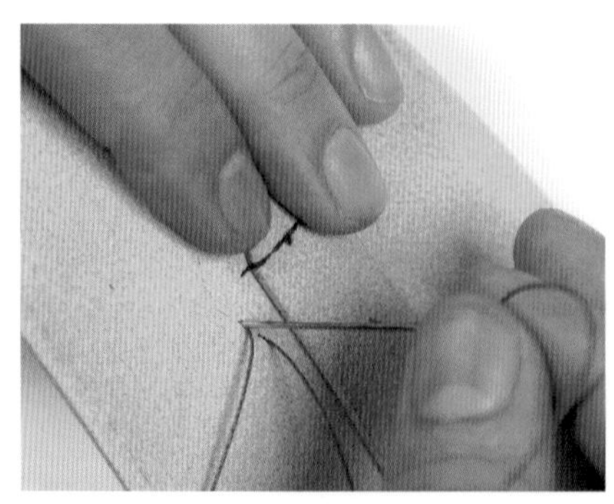

把針抽出將線拉出來，將線擺到外側來暫時避開。內側那面的針，穿過讓線避開的那一孔。

31

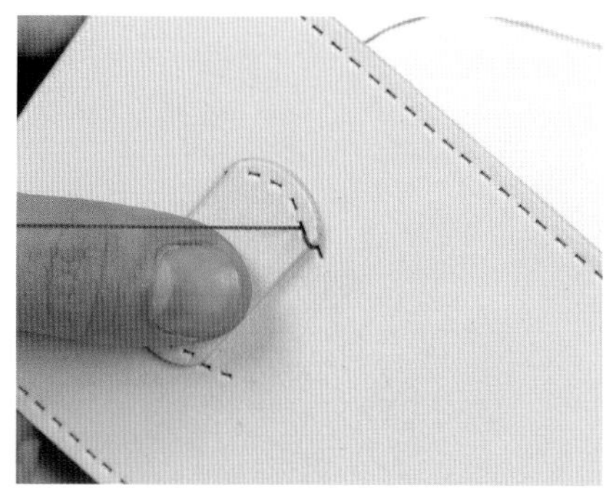

把針抽出，將雙方的線拉緊，形成一個繞過皮帶固定革邊緣的線跡。

32

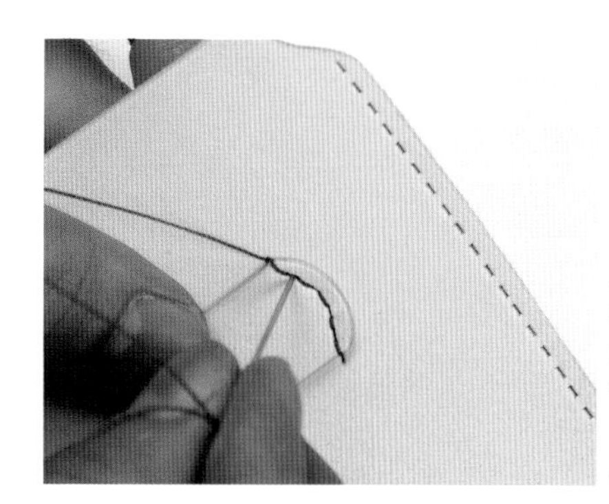

用跟皮帶一樣的步驟，縫到另外一邊的邊緣，從邊緣的部分回針2孔。

33

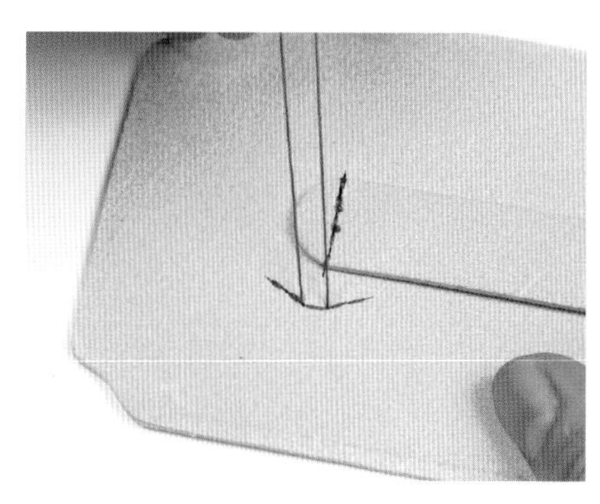

讓表面的針穿過下一孔，在主體的背面讓線收尾。

34

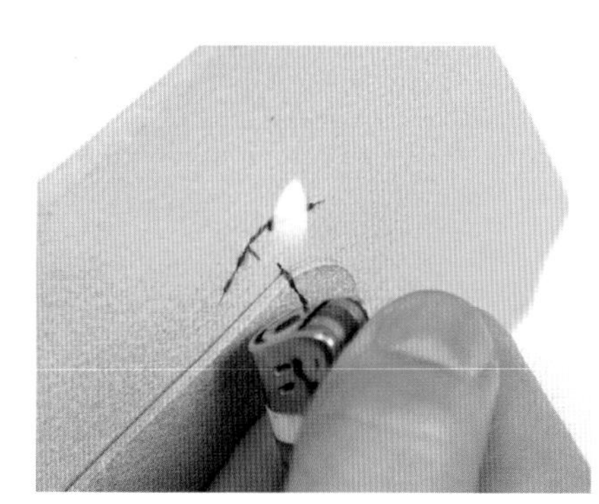

留下2～3mm左右來剪掉，用打火機進行燒熔與固定的處理。

35

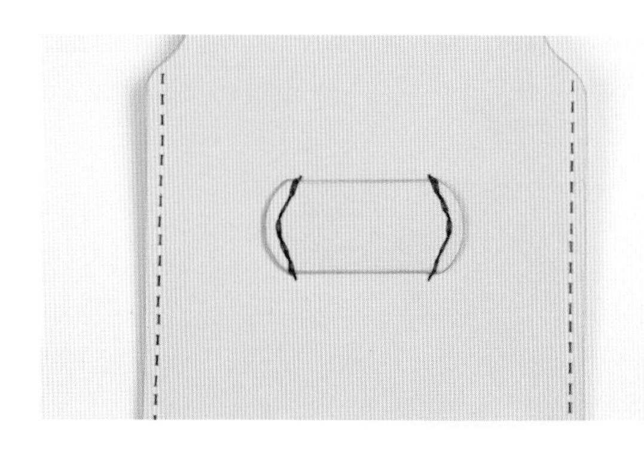

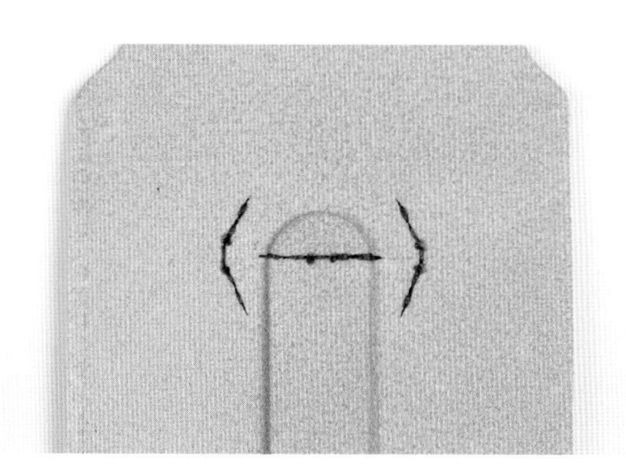

剩下的另外一邊也用同樣的方式來縫合。

36

將主體縫合

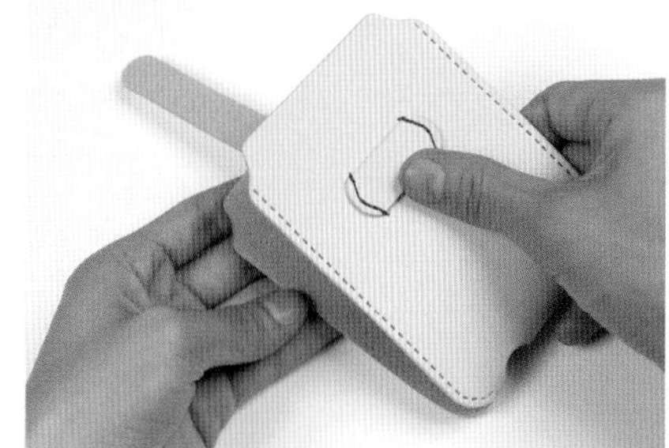

從主體中央，耳機端子用的開孔部分對折，稍微壓出折痕。

01

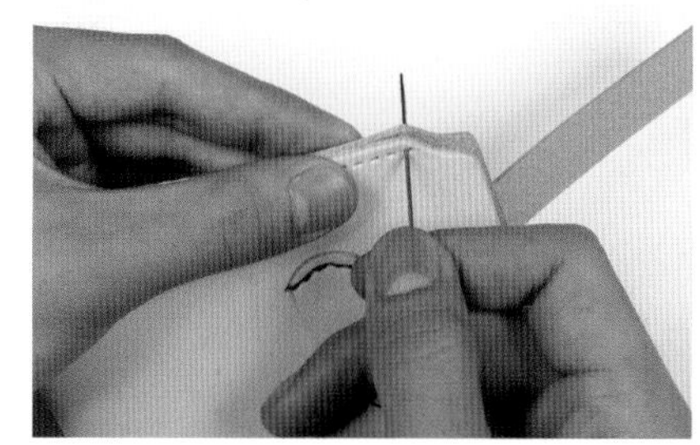

把縫合範圍將近4倍的線穿到針上。選擇主體的其中一邊，讓針穿過開口一方之邊緣的縫孔。

02

只用線跟針，來將智慧型手機皮套縫合

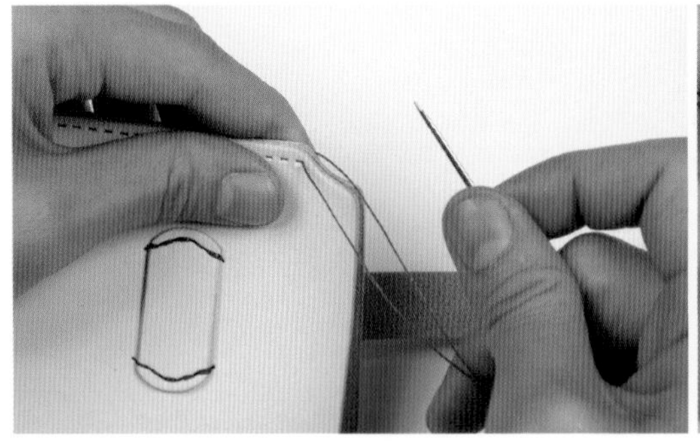

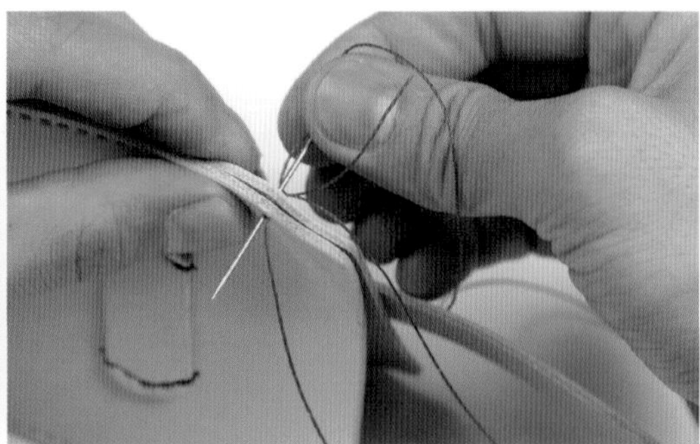

把針抽出將線拉出來，將表面跟背面之縫線的長度湊齊。將皮帶存在的主體背面的線，暫時往側邊擺過去來避開，讓皮帶固定革存在的表面的針，穿過那一孔。

03

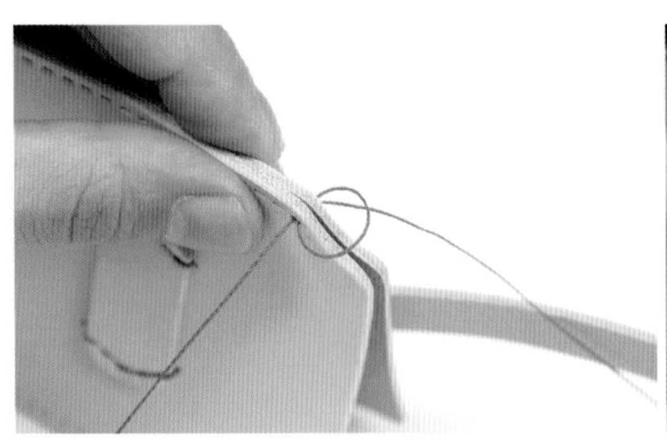

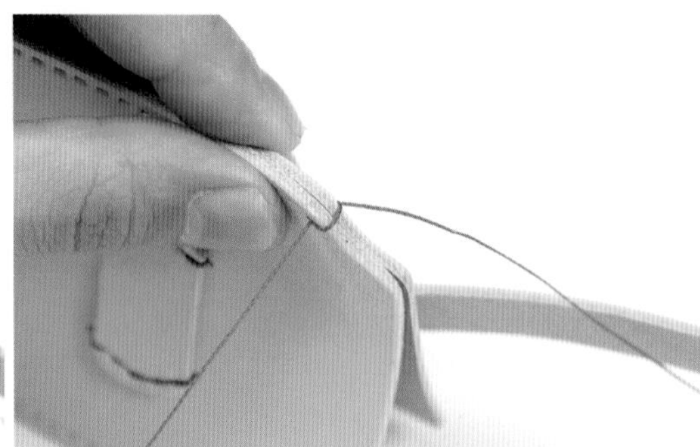

把穿到背面的針抽出將線拉出來，繞過側邊來製作成第一道線跡。

04

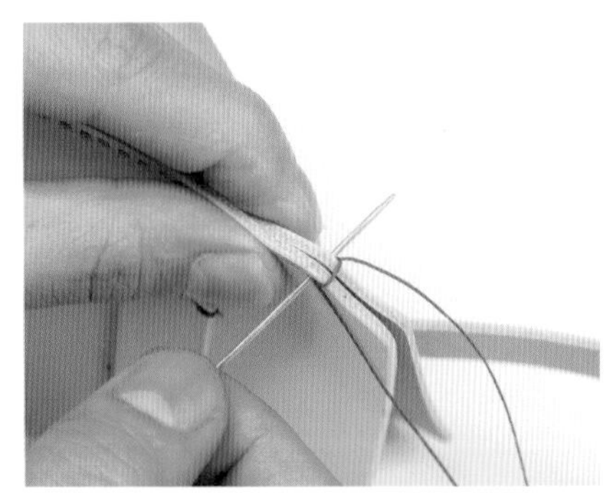

將表面的線暫時往側邊擺過去來避開，讓背面的針穿過這一孔。

05

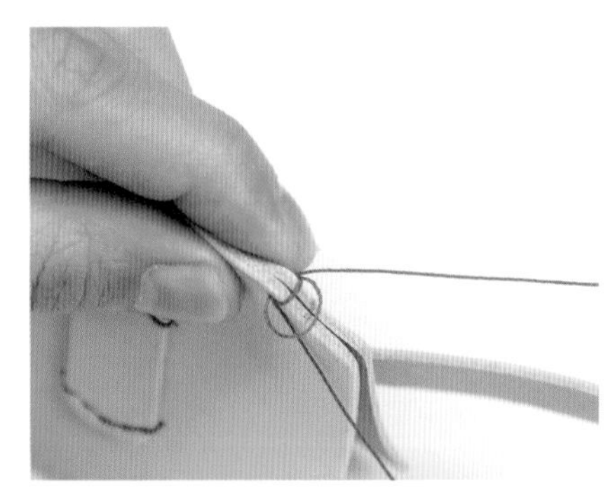

把針抽出將線拉出來，繞過側邊來疊出另一道線跡。

06

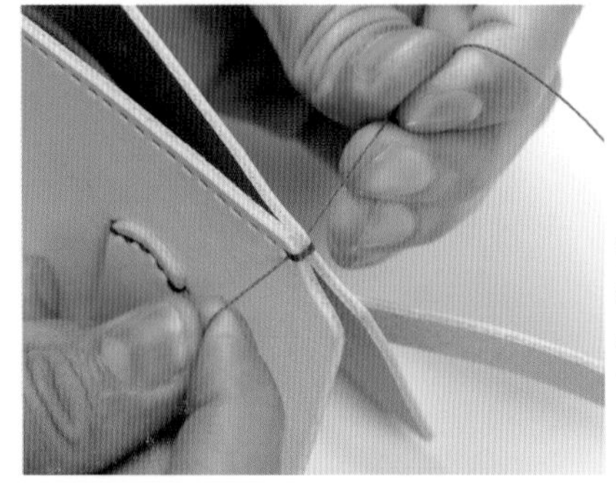

讓縫線並排，以免縫線重疊在一起，將分開的兩條線拉住，將線跡拉緊。

07

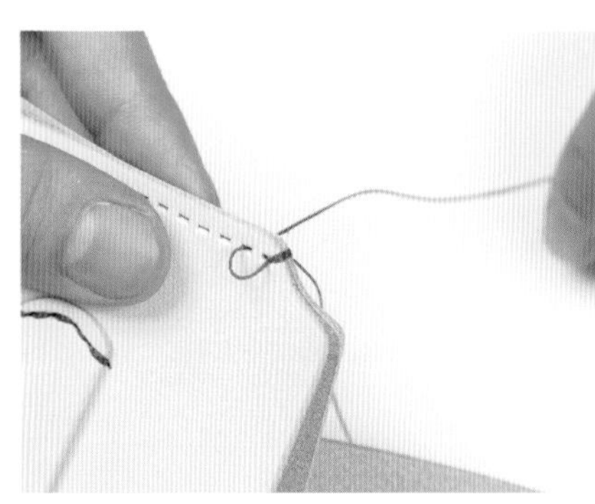

往皮套底部，讓表面的線穿過下一個縫孔。

08

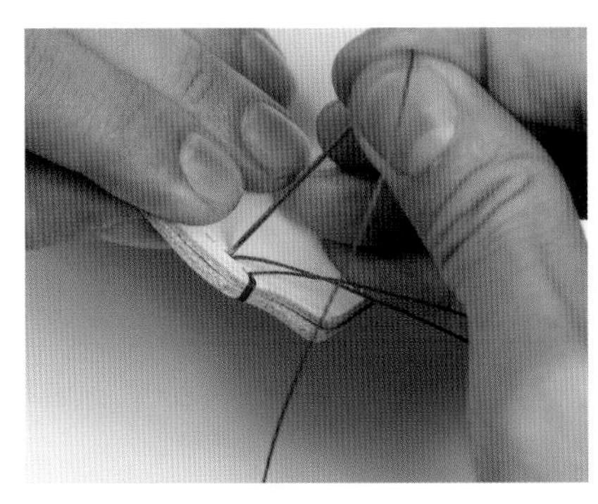

將穿過去的線暫時擺到側邊來避開，讓背面的針穿過讓線避開的那一孔。

09

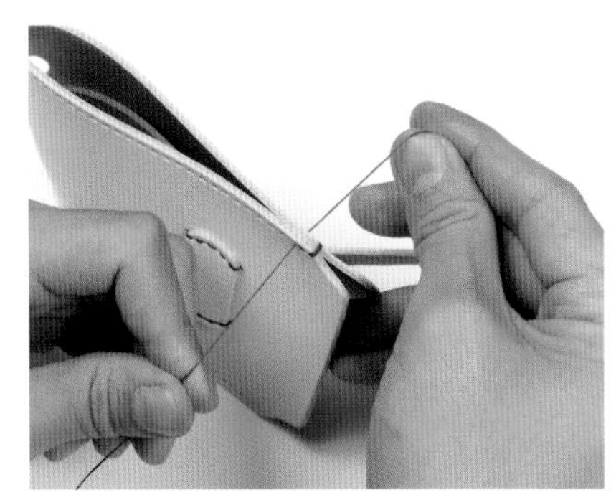

把針抽出將線拉出來，將分成表面與背面的兩條線拉緊，讓線跡縮緊。

10

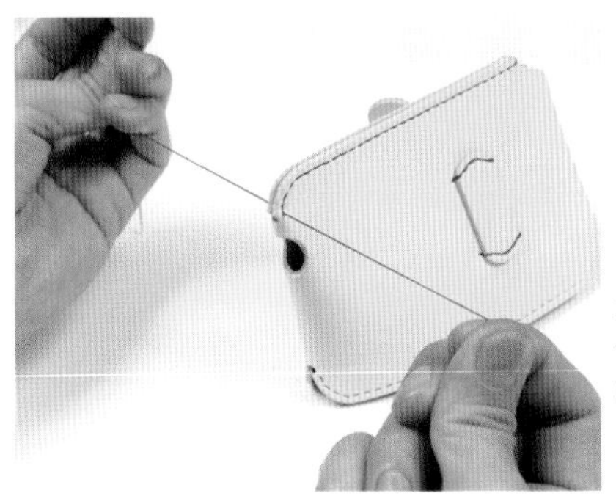

重複同樣的步驟，一路縫到皮套底部的最後一孔。

11

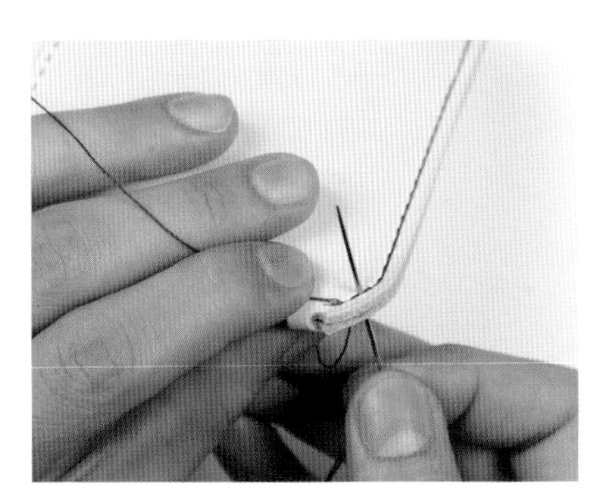

從底端最邊緣的那一孔，往皮套開口的方向回針2孔。

12

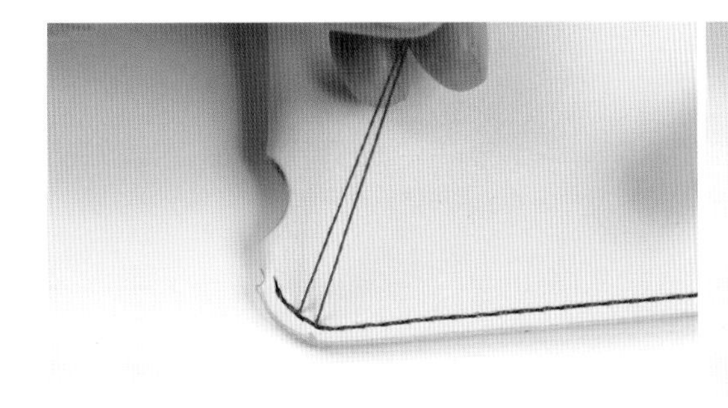

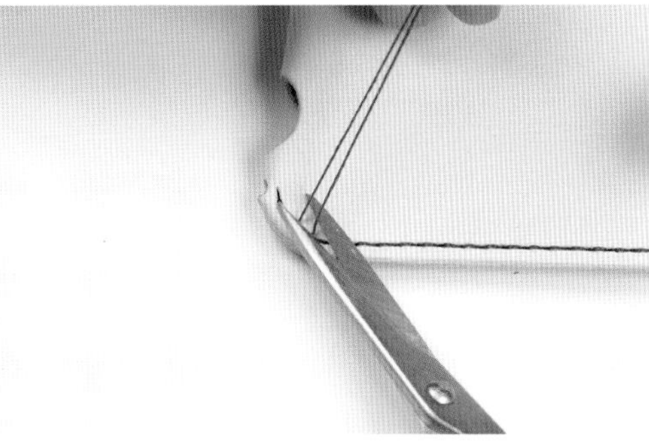

來到表面的針再回針一次，穿過下一個縫孔，讓兩條線都來到主體的背面進行收尾。

13

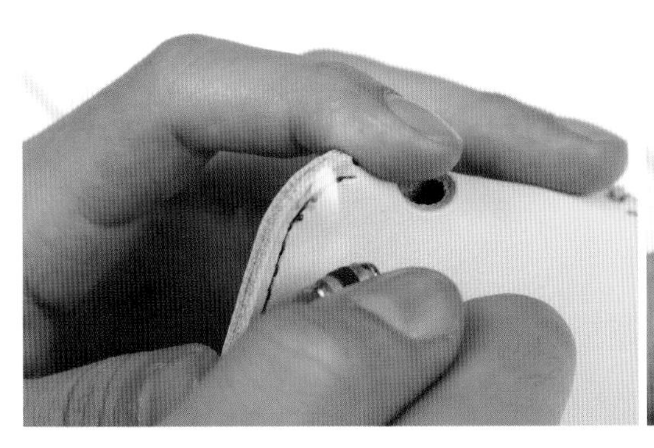

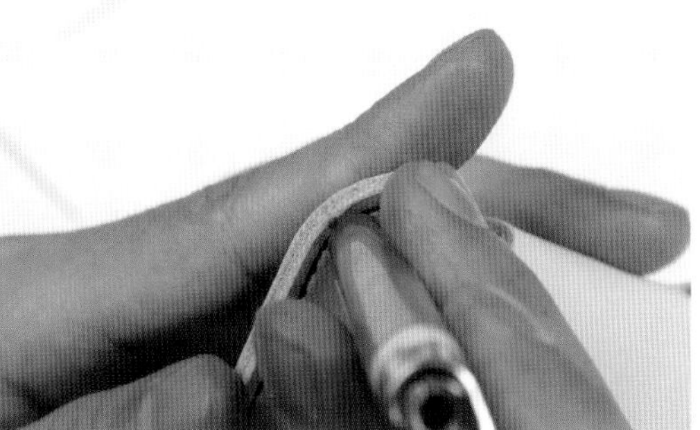

留下大約2～3mm來剪掉，用打火機進行燒熔與固定的處理。

14

只用線跟針，來將智慧型手機皮套縫合

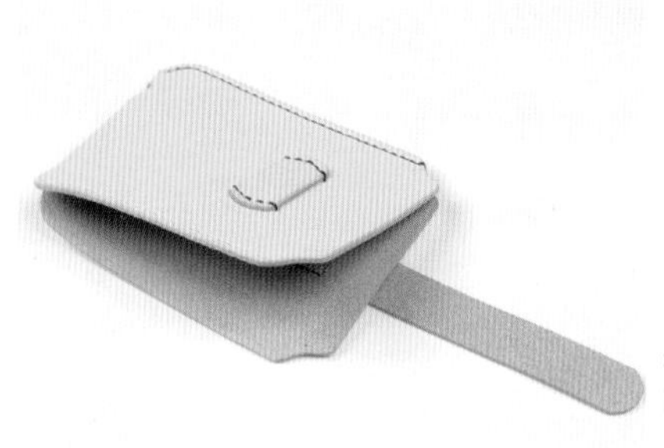

將主體其中一邊縫好的狀態。

15

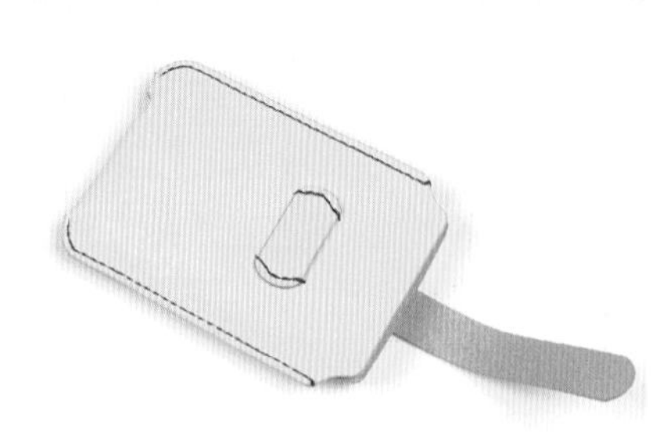

用同樣的方式將另外一邊縫好，主體的縫合作業就算結束。

16

將形狀整理到位

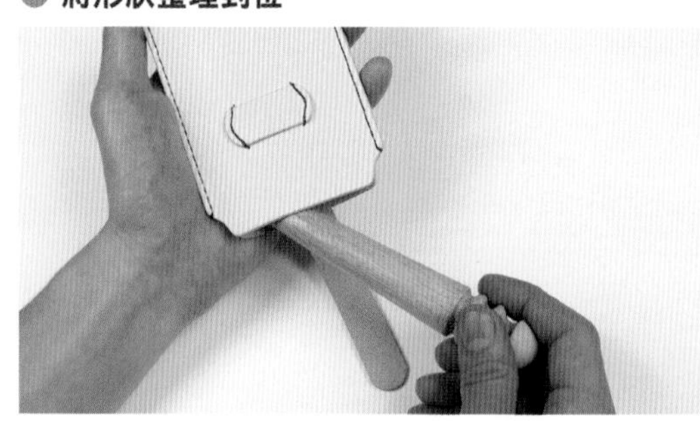

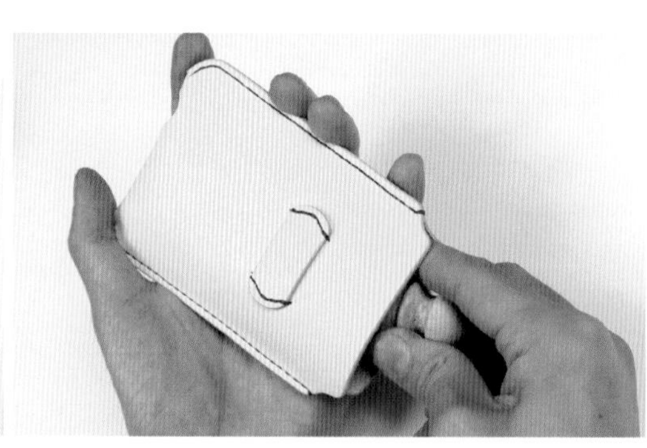

從開口處將修邊器插進去，用前端抵住主體的兩個側面、縫合部位的境界跟底部，將形狀整理到位，讓皮套維持鼓起來的形狀。

01

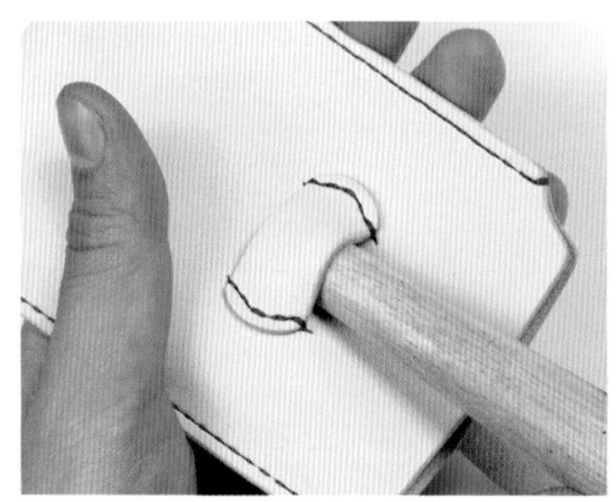

皮帶固定革插進去的部分，也稍微將形狀整理一下，讓皮帶的進出變得更加順暢。

02

側面切邊的研磨

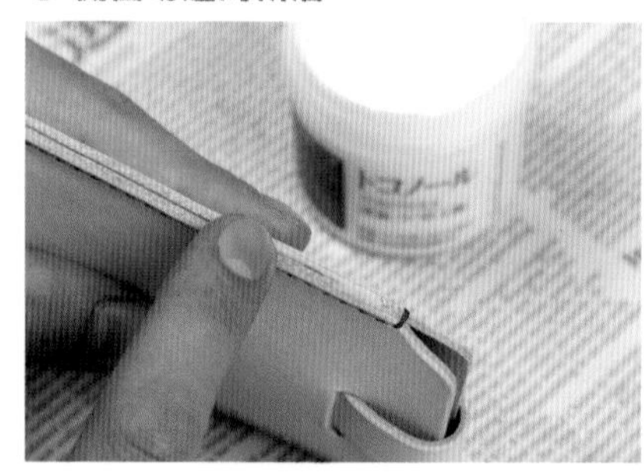

最後將還沒有進行研磨的主體兩個側面的切邊磨過。跟一開始的作業一樣，先將TOKONOLE塗到湊齊的切邊上面。

01

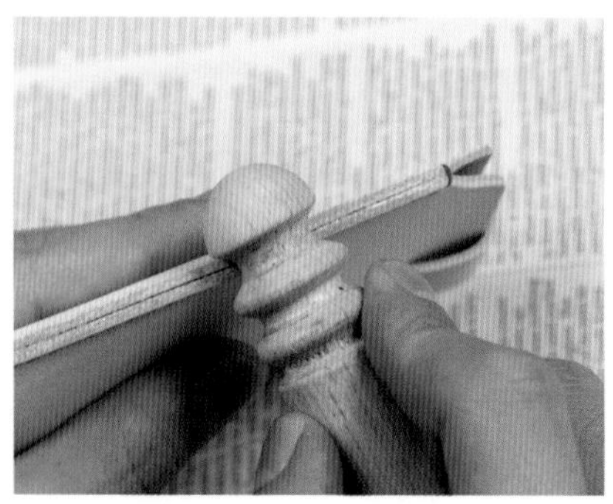

運用修邊器的溝道，將塗上TOKONOLE的切邊磨過。

02

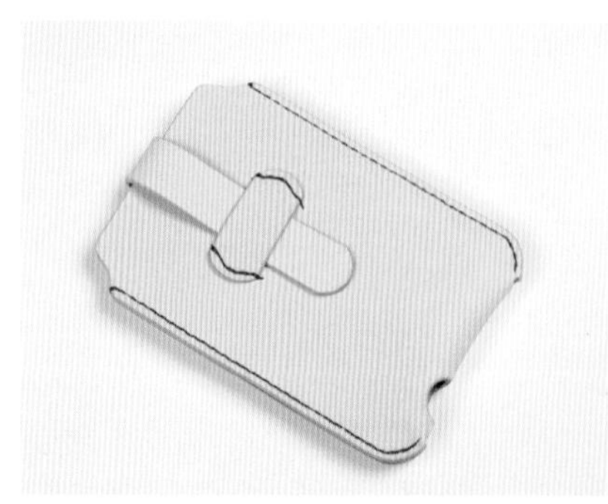

將兩個側面的切邊磨好，即可完成智慧型手機的皮套。

03

將皮帶拉開
智慧型手機就會往外滑出
考慮到使用之方便性的皮套。

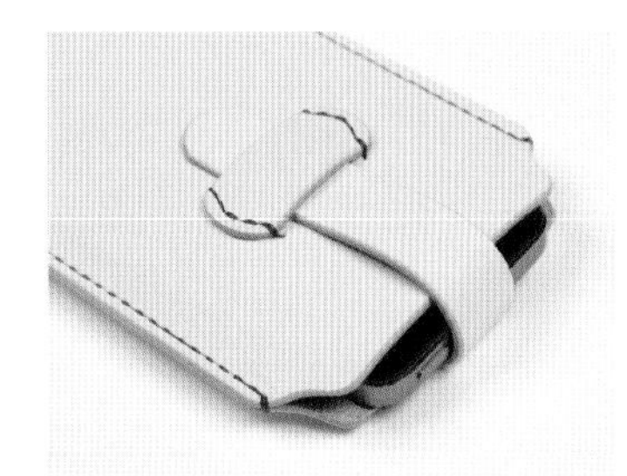

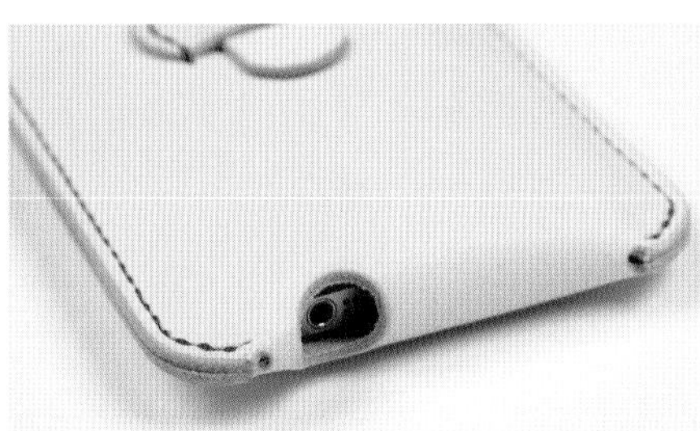

單純的一條皮帶，具有防止手機掉落跟將手機取出來的兩種功能。底部設有讓耳機端子插入的開口，讓人可以將手機收在皮套之中使用。

※注 意
剛開始使用的時候皮革較硬，如果硬是用力將皮帶拉開，有可能會讓手機掉落而損壞，請多加注意。

SHOP INFORMATION

從工具到材料，樣樣俱全的皮革工藝專賣店

森 昌人先生

負責製作這項作品，來自於 SEIWA企劃部的森先生。

SEIWA澀谷店的店內，以材料的皮革為首，販賣有工具、藥劑、染料等各式各樣的用品。本單元所製作的手機皮套與其他材料包，全都可以在SEIWA的各家店鋪之中買到。

在東急Hands澀谷店設有店鋪的SEIWA，販賣有包含本書所使用之鞣製革在內的各種皮革、工具、金屬零件以及染料等皮革工藝所不可缺少的各種材料。此外還有附屬於SEIWA總公司的高田馬場本店、位在JR博多站東急Hands博多店內部的SEIWA博多店，都是可以有效利用的店鋪。

SEIWA 澀谷店

東京都澀谷區宇田川町12-18〔東急Hands內〕 Tel 03-3464-5668
營業時間 10：00～20：30
公休日 全年無休
URL: http://seiwa-net.jp

BANGLE

手環

鞣製革就算經過染色，一樣可以享受熟化的樂趣。以手染的方式染出自己喜歡的顏色，透過縫製來製作成越是使用跟手腕越是相配的皮革手環。壓印的花紋增添狂野的氣息，是適合男性使用的皮革配件。

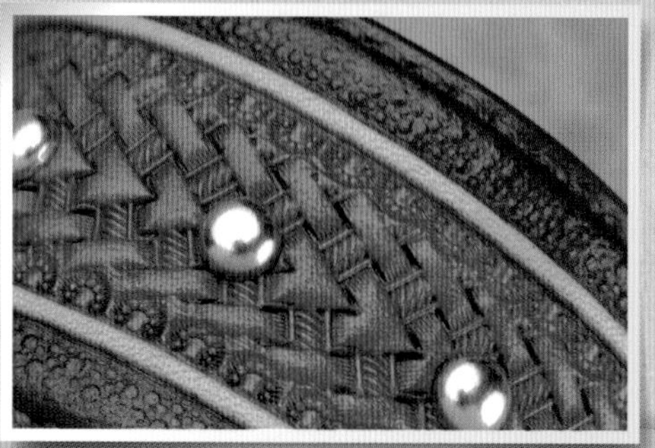

TOOLS 工具

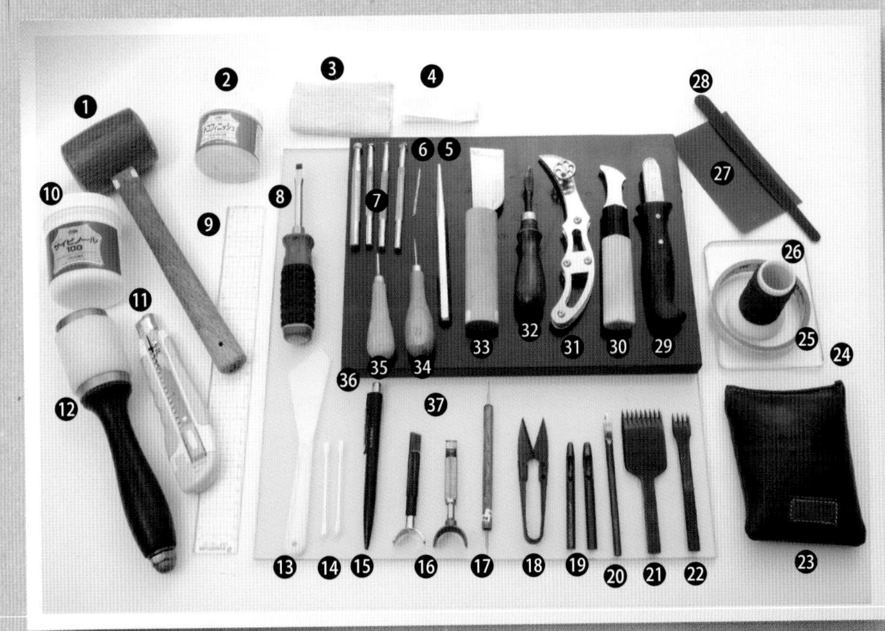

①木槌　②床面完成劑
③布（用來研磨切邊、質感較粗的款式）
④低級碎布　⑤鐵筆
⑥手縫針
⑦刻印（Basket、Border、Beveler、Mat）
⑧一字螺絲起子　⑨尺
⑩濃度膠　⑪美工刀
⑫膠槌　⑬上膠片
⑭棉花棒　⑮銀筆
⑯旋轉刻刀　⑰雙頭鐵筆
⑱裁縫用剪刀　⑲圓斬（12號、15號）
⑳平斬（加工品）㉑9孔菱斬
㉒4孔菱斬　㉓重物
㉔玻璃板　㉕雙面膠帶
㉖手縫用蠟線
㉗砂紙（400～1,000號）
㉘研磨片　㉙滾輪式邊線器
㉚壓叉器　㉛邊線器
㉜削邊器　㉝裁皮刀
㉞圓形鑽孔器　㉟菱形鑽孔器
㊱橡膠板　㊲塑膠板

大竹先生特別訂製的壓出邊線用的工具。前端為滾輪，可以順暢的執行壓邊的工作。

這次所使用的刻印工具
- Beveler：Berry King／Check Beveler Size ＃2
- Basket Stamp：Berry King／Size ＃1.25
- Border Stamp（使用於邊框內側周圍）：
  Barry King
  『7 Seed Border Stamp』／Size ＃0
- Mat（使用於邊框外圍）：
  Hide Crafter
  『Mat Stamp Combo Pebble』／Size ＃2

①皮革乳液　②稀釋液　③大理石板
④皮革染料（黑、紅）　⑤Antique Finish（黑）
⑥海綿　⑦碗　⑧防延伸膠紙
⑨毛筆　⑩牙刷　⑪梅花調色盤
⑫萬用環狀台　⑬牛仔釦工具

PARTS 材料

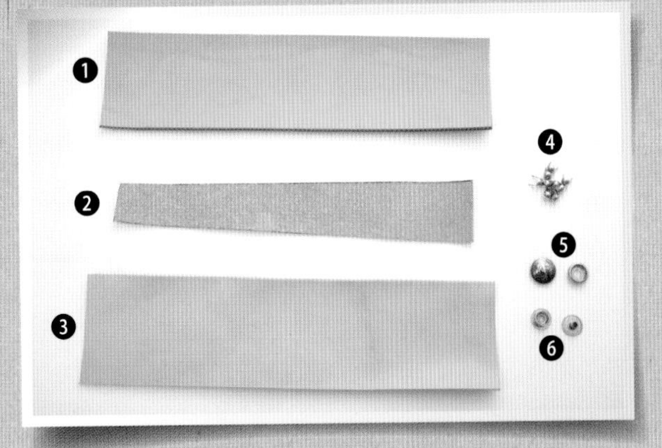

①鞣製革（主體用2.5mm厚）　②床革（餡革用1.0mm厚）
③鞣製革（背面用1.0mm厚）　④飾釘（直徑6mm）
⑤飾釦　⑥牛仔釦（大）
※大竹先生在表面使用Hermann Oak Leather、背面使用馬鞍皮

表面皮革的壓印

START

在此所要製作的手環，是由表面皮革、餡革、背面皮革這3片所構成。首先要來說明在這之中，對作品整體印象影響最大的表面皮革的壓印作業。

沾濕與畫線

首先要讓皮革含水，用濕潤的海綿將水塗到皮革的銀面。

01

最一開始要讓水分確實滲透到皮革內部。注意不要讓水因為空調而乾掉。

02

把防延伸膠紙貼上。配合皮革的尺寸，將膠紙大略的剪過。

03

用玻璃板壓過，讓膠紙與皮革緊密的貼合。此時膠紙跟皮革之間如果有異物存在，會在皮革表面留下痕跡，請多加注意。

04

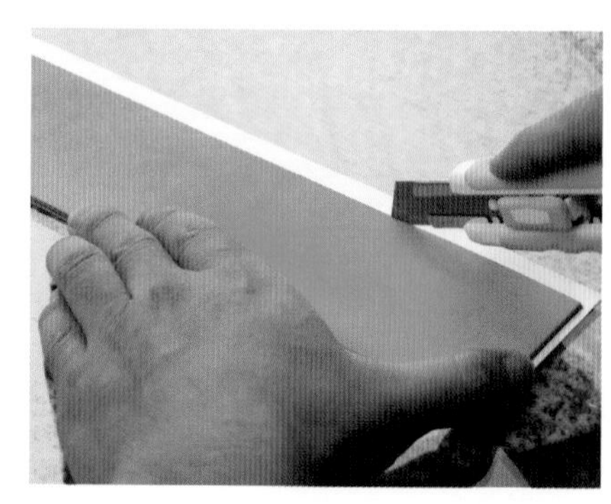

把膠紙貼好之後，將剩下帶有黏性的部分切掉，以免妨礙作業。

05

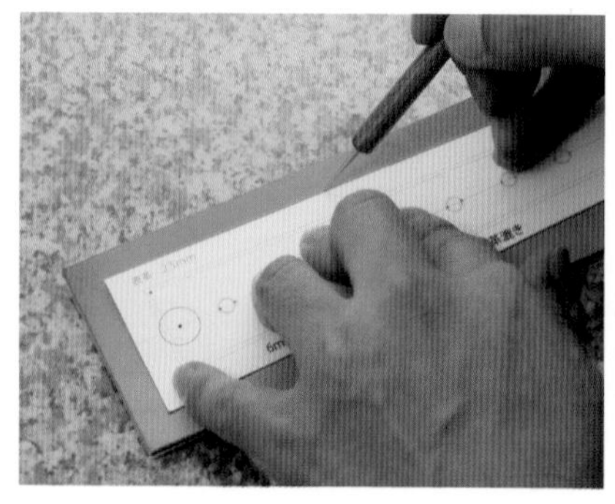

將紙型擺上，用鐵筆在表面畫線。作業時請務必小心，不要讓紙型因為皮革的水分而皺掉。

06

畫線的時候力求忠於紙型的形狀。要確實的決定好位置，以免後續作業受到影響。

07

08 按照紙型把線畫好的狀態。畫線的時候注意不要讓鐵筆過度的傷害銀面。

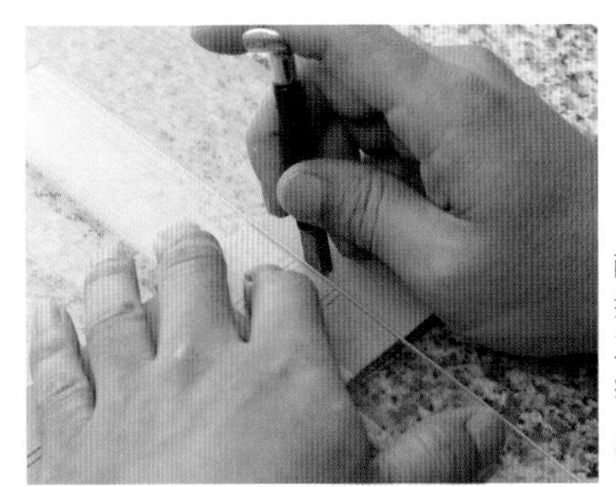

配合畫好的線將尺擺上去，用旋轉刻刀在邊框劃出刀痕。

09

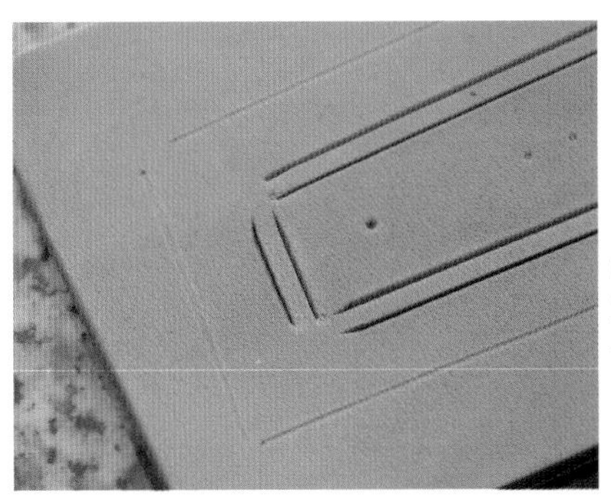

這次使用雙刀刃的旋轉刻刀。轉角的部分保留不用切割。

10

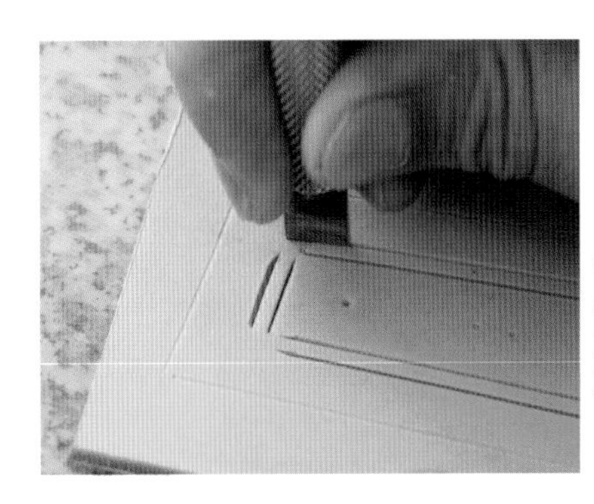

轉角用單片刀刃來切出刀痕。整體的刀痕全都使用單片刀刃也沒關係。

11

整個周圍都切好之後，用單片刀刃順著刀痕再劃過一次，加深刀痕的深度。

12

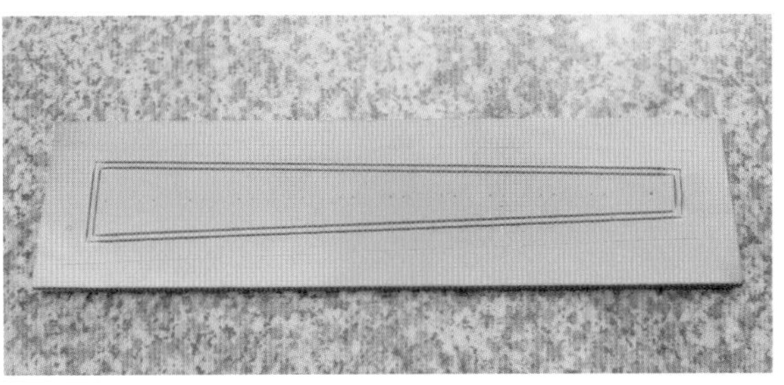

13 難以切割或是切口無法舒展開來等現象，原因都是水分不足。將邊框切出來的作業到此結束。

壓印

開始進行壓印的作業。首先畫出壓印時用來當作基準的中央線。

01

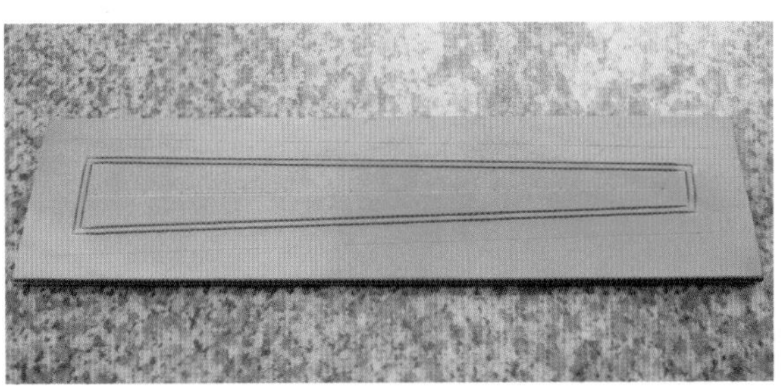

02 畫好中央線的狀態。照片中的範例為了拍照而畫得比較深，實際作業的時候只要淡淡的畫上去就好。

表面皮革的壓印

最一開始要決定Basket Stamp的位置，配合中央線來標上印章的寬度。

03

記號輕輕的標出來就好。在中央線的旁邊標上代表印章寬度的記號，來成為第一道壓痕的基準。

04

以標出寬度的記號為起點，讓內側對準中央線來輕輕的壓上去。

05

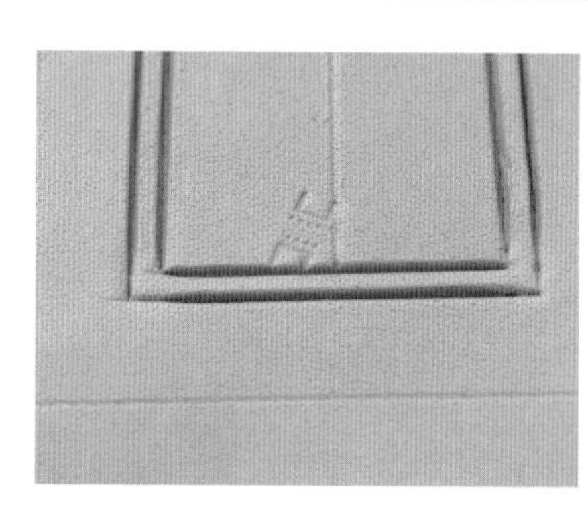

將壓印的基準標示好的狀態。以此為基準，對整體印行壓印。

06

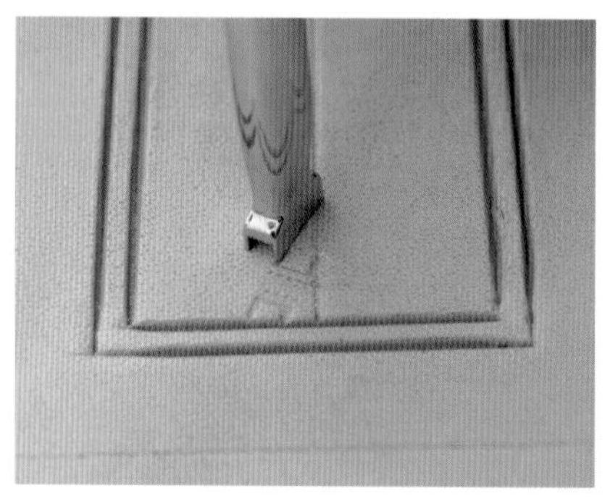

壓出下一道壓痕的時候，讓第二道壓痕內側的線，直直的對準第一道壓痕外側的線。

07

POINT

為了以左右對稱的方式進行壓印，在這個階段就確實的準備好壓痕會很重要。

08

單邊3處、左右加起來總共6處，輕輕的進行壓印，把壓痕製作好的狀態。

09

在周邊框的周圍用Beveler進行壓印。一邊錯開1mm左右，一邊連續的壓上。

10

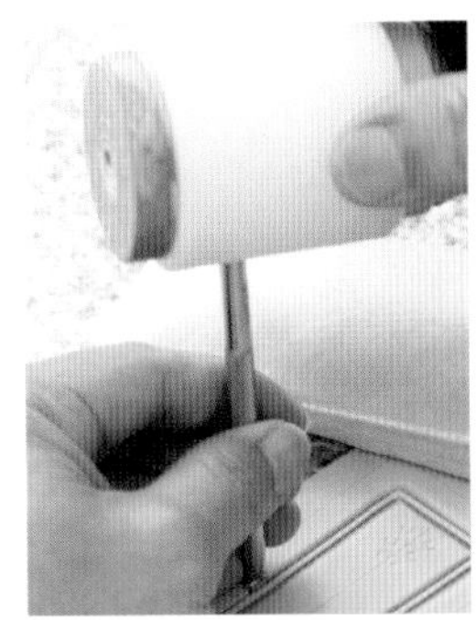

要是讓Beveler大幅的錯開，很容易就會形成高低落差，不必著急，細心的進行作業。

11

邊框的內側與外圍的壓印完成。已經擁有立體的感覺。

12

接著配合先前標示好的Basket Stamp的壓痕，來進行壓印。

13

POINT

壓印的祕訣在於垂直的用力、深入。這樣可以得到更加具有風格的完成度。

14

首先順著中央線把其中一邊壓好。進行壓印的時候要確實決定好位置。

15

注意最後的部分不要去壓到邊框。以傾斜的角度壓印來淡出。

16

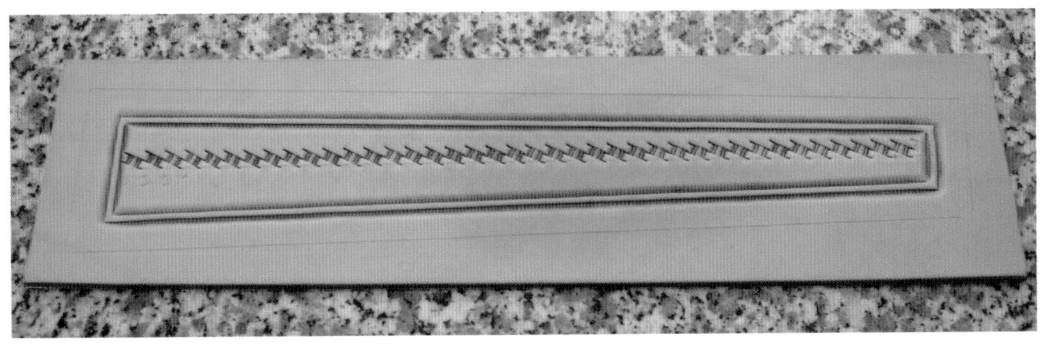

以中央線為基準，把其中一邊壓好的狀態。不要忘了定期的讓皮革吸收水分。

17

表面皮革的壓印

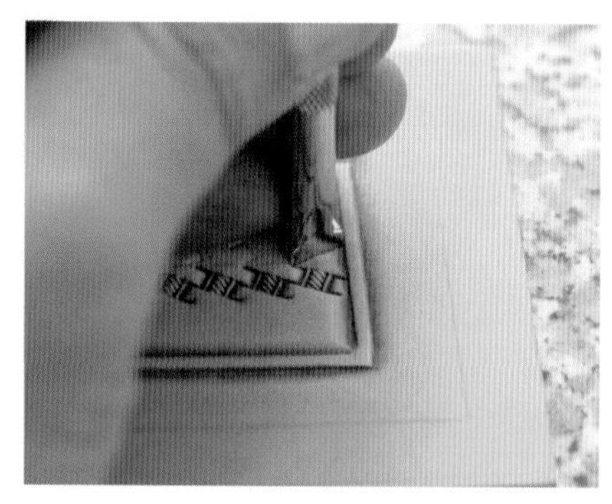

接著在另外一邊用同樣的方式進行壓印。以一開始的壓痕為基準，來壓出左右對稱的花紋。

18

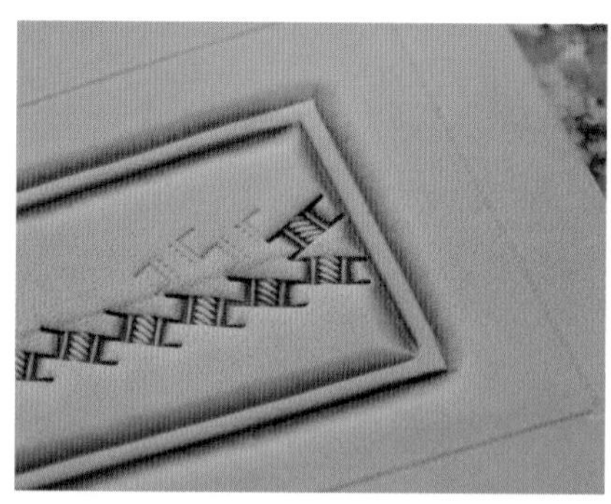

邊框已經壓過，最一開始標上的記號也不再顯眼。

19

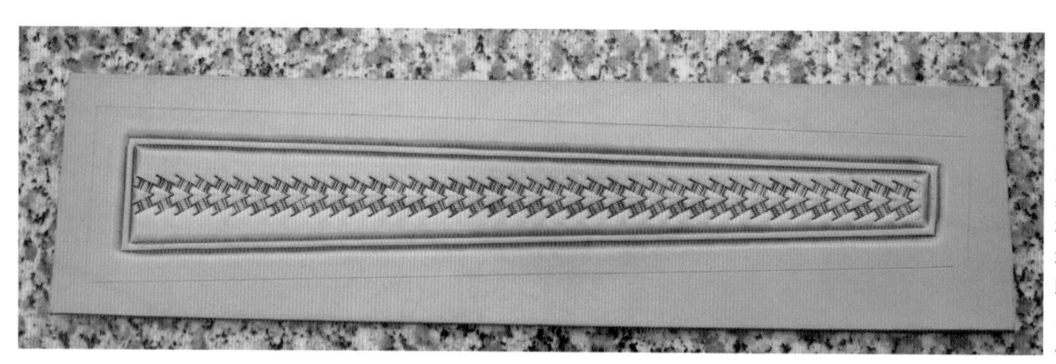

左右各一列的壓印結束。最一開始的基準如果不夠準確，將無法形成左右對稱的整齊紋路。

20

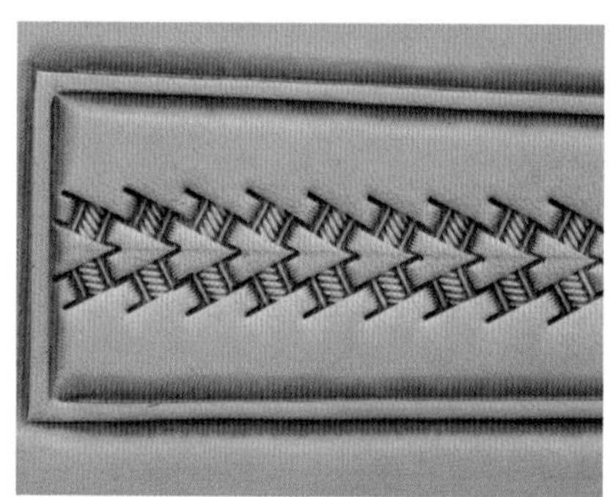

用力壓上的花紋。可以看出有確實刻劃到皮革的深處。

21

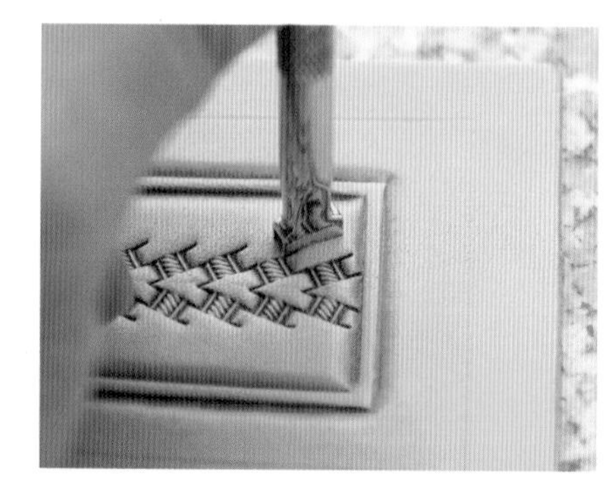

從這裡開始，要更進一步的在外側那一列進行壓印的作業。先輕輕的壓出壓痕來進行標示。

22

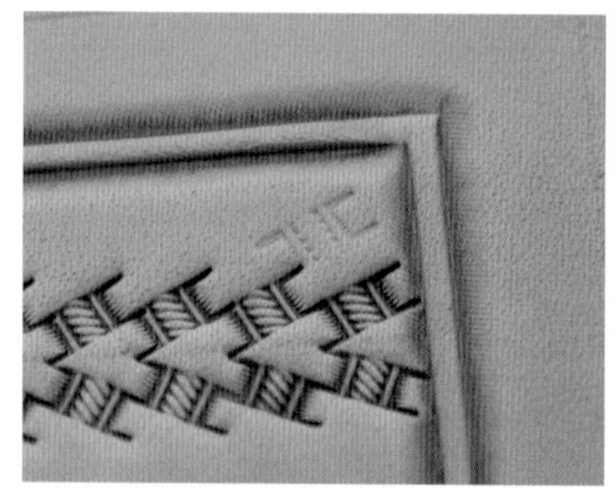

如果順勢壓上，常常會讓圖樣的位置歪掉，先確認好位置之後，再來開始壓印。

23

確認好位置之後，開始進行第2列的壓印。不要著急，確實的將動作完成。

24

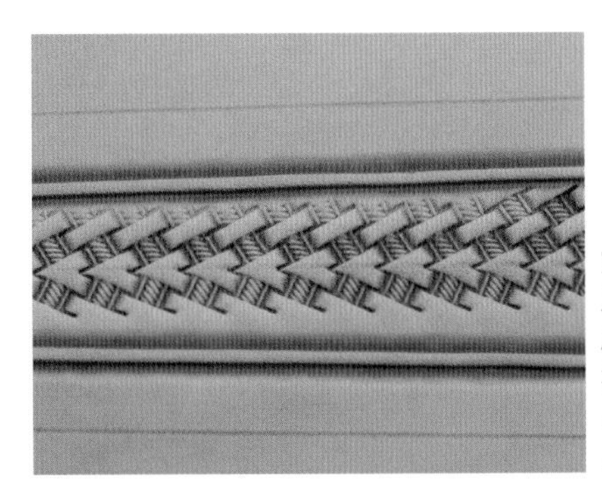

寬度會在途中不足，以傾斜的角度壓上，不要傷到邊框。

25

定期的為皮革補充水分。要等到皮革表面稍微泛白，再來開始進行動作。

26

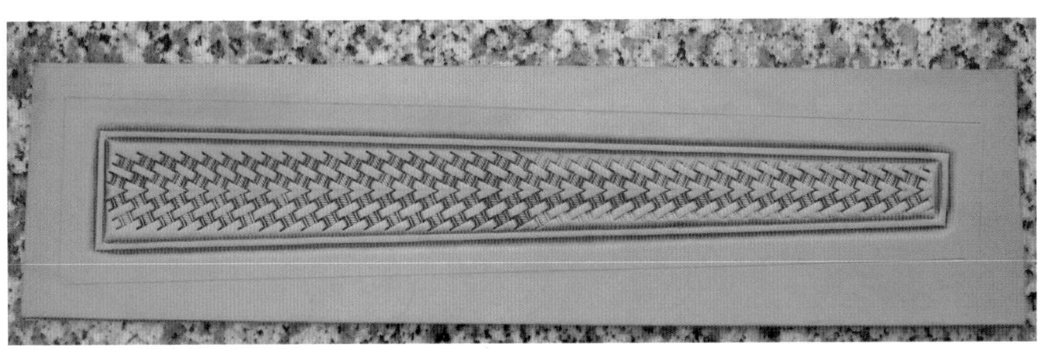

壓印的重點，在於不要傷到邊框。將第2列也壓好的狀態。

27

更進一步的在剩下來的部分進行壓印。注意不要傷到邊框。

28

讓圖章以傾斜的角度印上去的時候，要是皮革的厚度較薄，很容易會將皮革壓穿而開孔，請小心的進行作業。

29

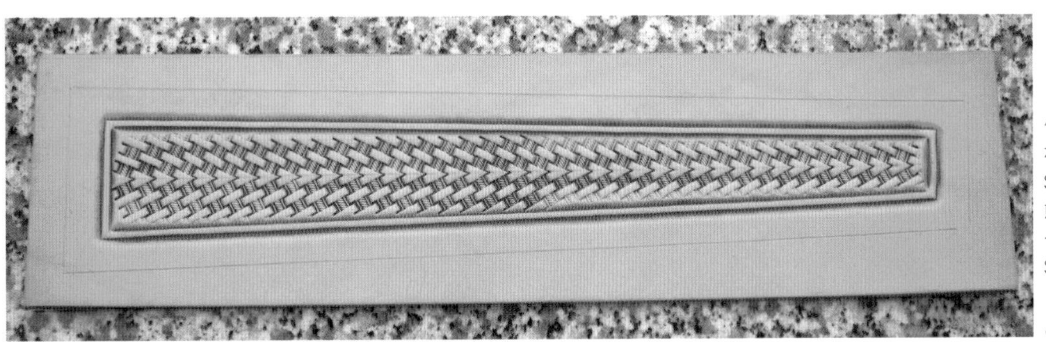

包含傾斜的花樣在內，將Basket Stamp壓好的狀態。之後會更進一步印上Border Stamp。

30

表面皮革的壓印

接下來要進行Border Stamp的步驟。首先在邊框內側轉角的部分壓上。

31

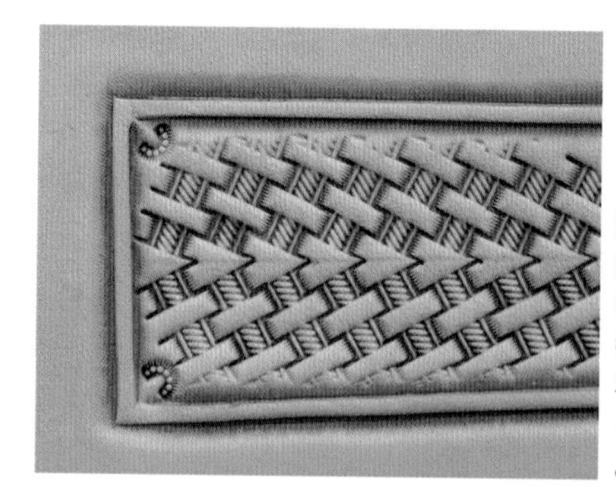

邊框內的四個角落，是絕對不想讓圖樣錯開的位置，從此處開始進行壓印。

32

以轉角為基準來進行壓印。重點在於用傾斜的角度壓上，讓整體得到飄浮的感覺。

33

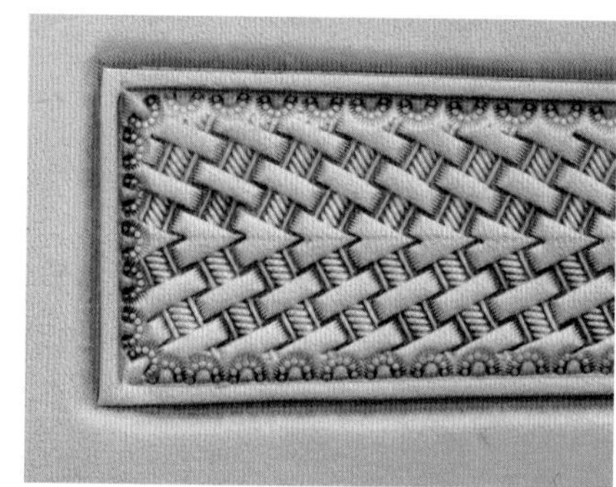

以不會傷到Basket Stamp的方式進行壓印。整個周圍壓好之後，內側的Border Stamp就算完成。

34

在外圍進行壓印。為了在完成時得到自然的感覺，壓的時候要讓花紋往外側傾斜。

35

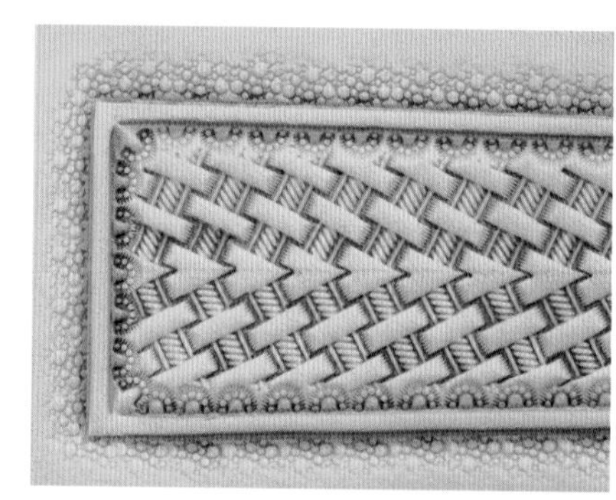

將內外周圍都壓好的狀態。重點在於壓印的時候不要傷到邊框。

36

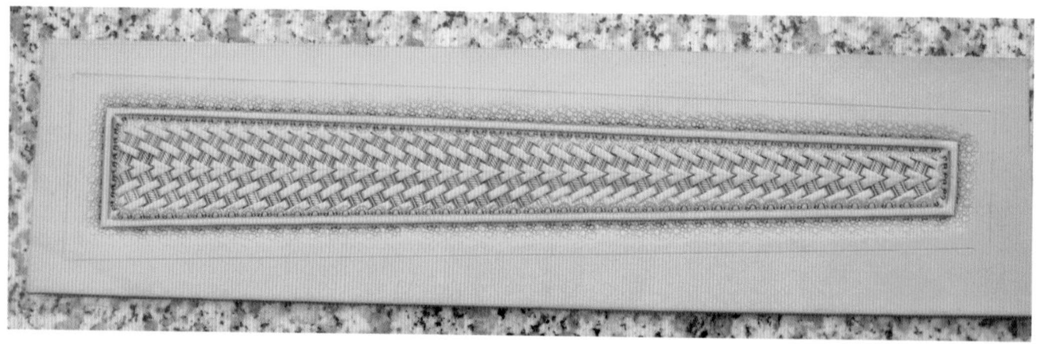

作業時要一邊掌握皮革的狀態一邊補充水分。壓印的步驟到此結束。

37

用染料 對壓印好的皮革表面染色

START

用染料來進行染色，是決定皮革表情的最為普遍的手法之一。讓我們按照順序，來觀察素面的鞣製革會產生什麼樣的變化。

POINT

基本上在進行染色的時候，一樣要讓皮革含水。稍微將表面塗濕，可以提高染料的滲透性。

01

首先對Basket Stamp的部分進行染色。這次使用的紅色染料，要先稀釋3倍再來使用。

02

從周圍開始上色，以免溢出去。因為稀釋3倍，所以分成3次將顏色重疊上去。

03

將紅色染料塗好的狀態。稀釋之後再來將顏色重疊上去，可以防止不均勻的部分產生。

04

接著對邊框外側的部分進行染色。黑色的染料一樣要先稀釋3倍再來使用。

05

06 黑色的染料比較不容易產生不均勻的部分，不用稀釋就直接使用也沒關係。外側會進行切割，染色的時候要塗到紙型外側的範圍。

POINT

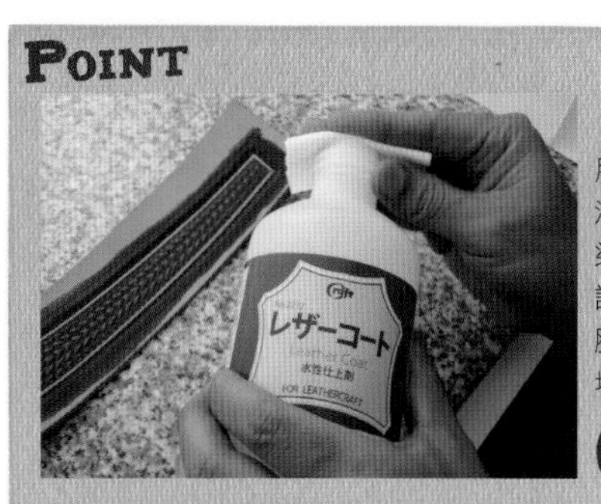

用皮革乳液這種水溶性完成劑，來為染色的部分提供保護。壓克力的保護膜同時也能防止污垢。

07

用染料對壓印好的皮革表面染色

將皮革乳液分成2次來塗抹。一邊以繞圈的方式移動棉布，一邊溫柔的塗上以免傷到皮革。

08

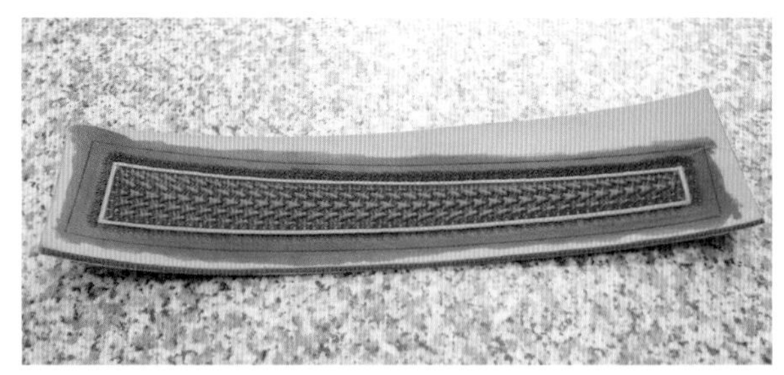

09 第一層皮革乳液要薄薄的塗上，以免產生不均勻的部分。第2次則是塗厚一點來為表面提供保護。

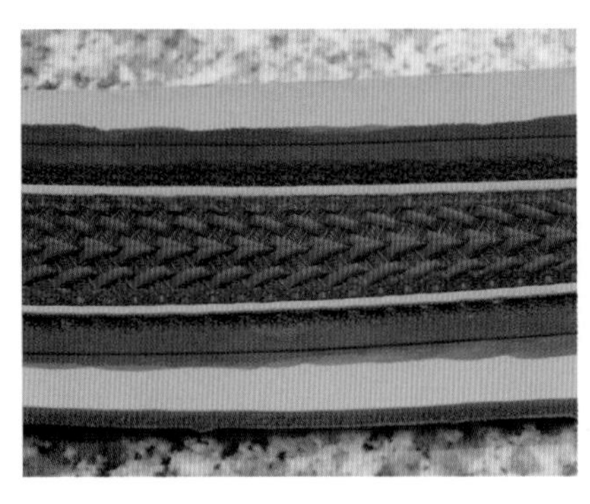

光看照片或許比較不容分辨，顏色較濃的部分已經塗上皮革乳液，較淡的部分還沒。

10

接著在表面的部分塗上Antique Finish。選擇毛刷來進行塗抹，最好是老舊而且柔軟。

11

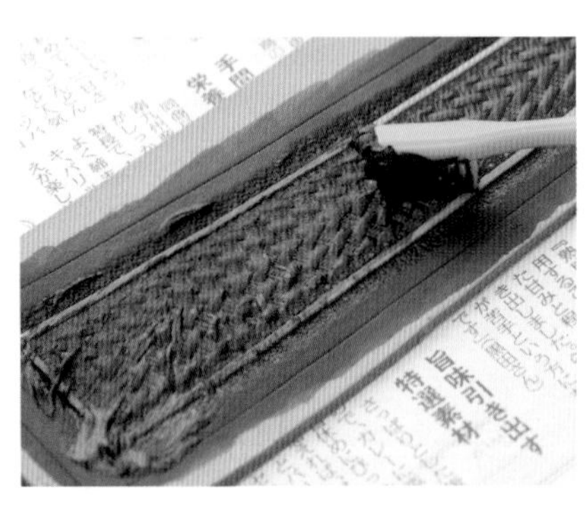

將Antique Finish的膏狀物塗上的時候，要連因為壓印而凹陷的部分也塗上。

12

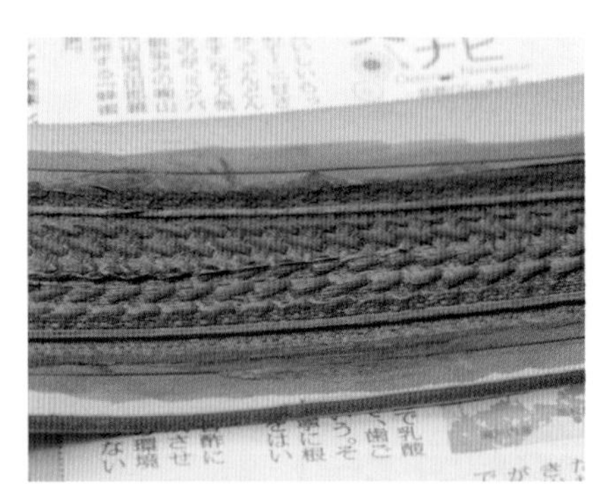

膏狀物與其說是塗抹，不如說是刷進去會比較貼切。凹陷的深處不要遺漏。

13

塗抹好了之後，從表面將多餘的膏狀物擦掉。從表面最高的部分開始下手。

14

將表面的膏狀物稍微擦掉的狀態。但光是這樣，還無法讓壓印的花樣突顯出來。

15

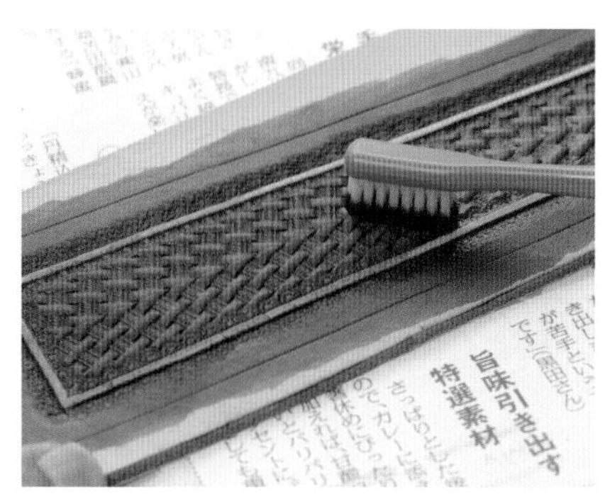

接著用乾的刷子將表面刷過。感覺就像是將沒有擦乾淨的膏狀物挖出來。

16

更進一步的用棉布將表面稍微擦乾淨。感覺就像是將刷子挖出來的膏狀物擦掉一般。

17

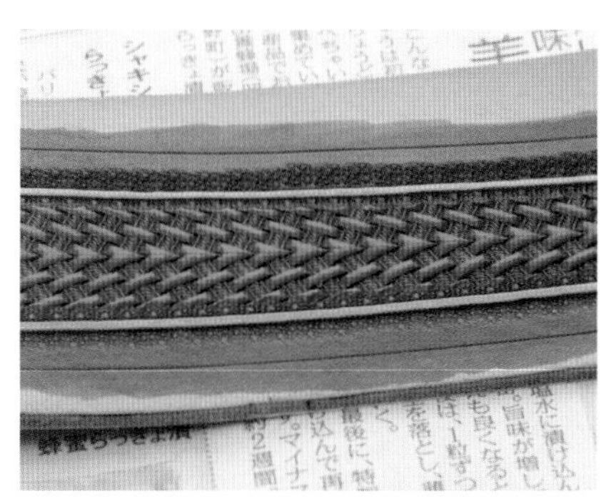

將多餘的膏狀物去掉的狀態。重複這項步驟，一直到成為自己喜歡的狀態為止。

18

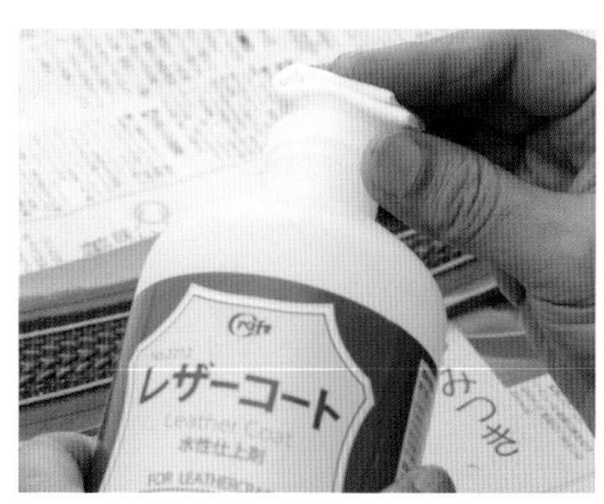

反覆動作到表面成為可以接受的狀態之後，用皮革乳液對表面進行處理。

19

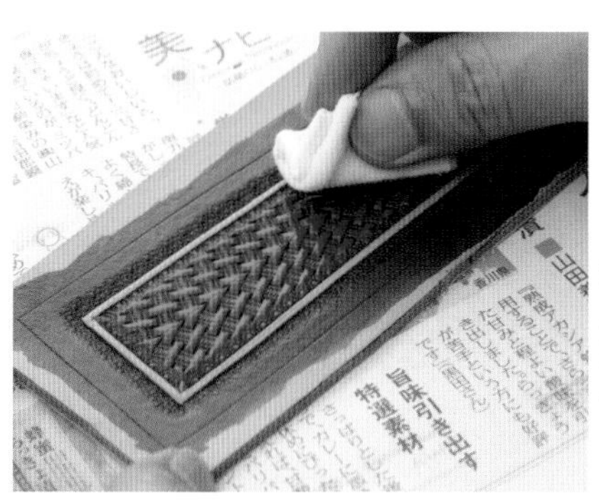

到這個階段再次用皮革乳液進行處理，可以防止膏狀物的顏色轉移。

20

POINT

再一次的進行披覆處理，擁有將殘留的膏狀物去除的效果。

21

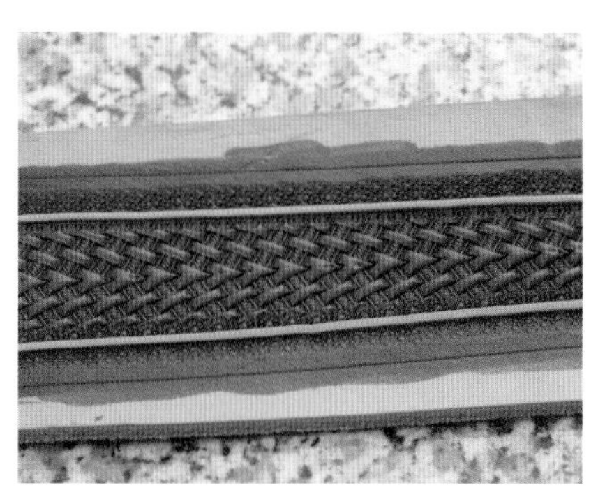

將Antique Finish塗上的步驟到此結束。得到光靠染色無法實現的深度。

22

細心作業
謹慎的完成

Antique Dye（仿古染色）要確實塗到壓印花樣的深處。用布擦拭的時候也要小心注意，不要傷到皮革。

用染料對壓印好的皮革表面染色

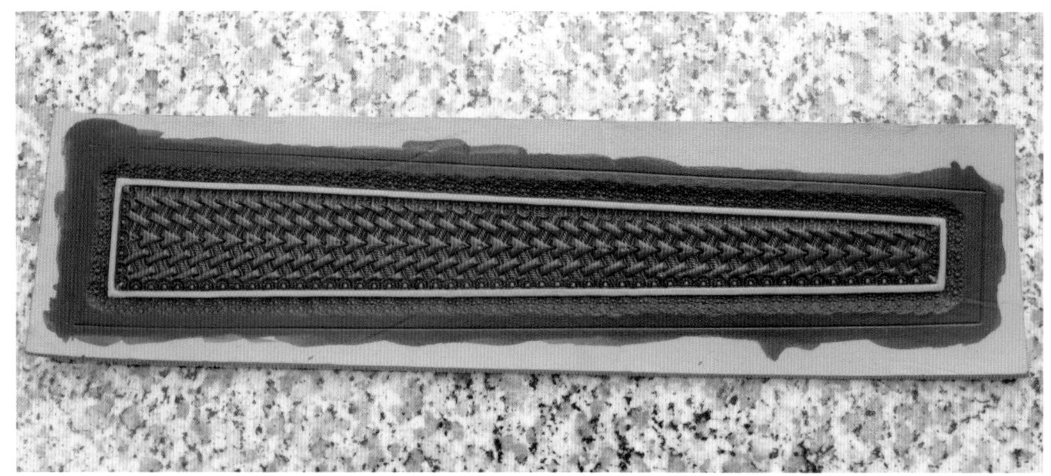

染色全部結束，接著進行裁切。絕不允許失敗，請慎重的進行。

23

24 按照事先畫好的線，用裁皮刀將多餘的部分切掉。要注意裁皮刀的角度。

25 為了讓裁皮刀的刀尖可以順利移動，必須準備塑膠板。一直到切完為止都不要大意。

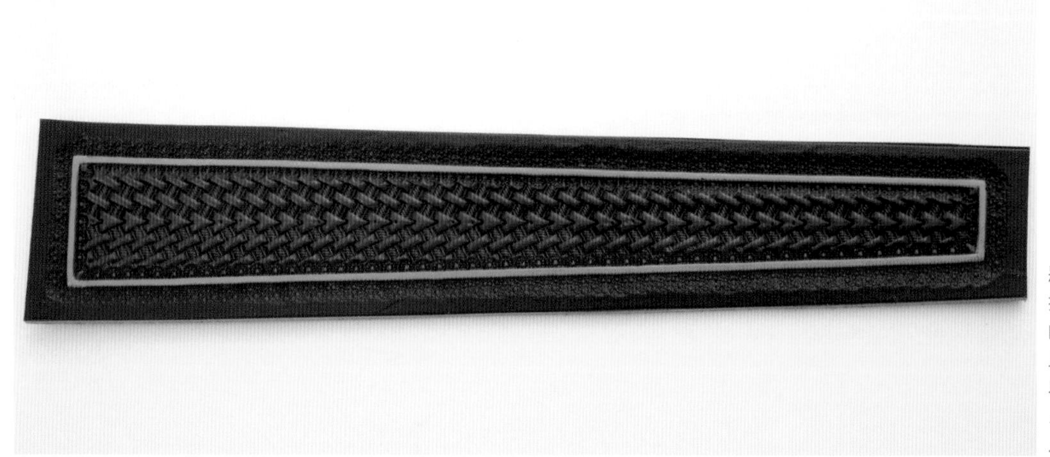

將多餘的部分切掉，成為手環尺寸的狀態。雙色的對比讓人留下深刻的印象。

26

用飾釘進行裝飾並裝上牛仔釦

START

作品完成時用來進行點綴的，是以金屬為材質的裝飾性零件。在此介紹精簡又基本的飾釘與牛仔釦的裝設方法。

首先將周圍的四個邊削薄。墊上玻璃板，可以防止削平的平面與裁皮刀卡住。

01

POINT

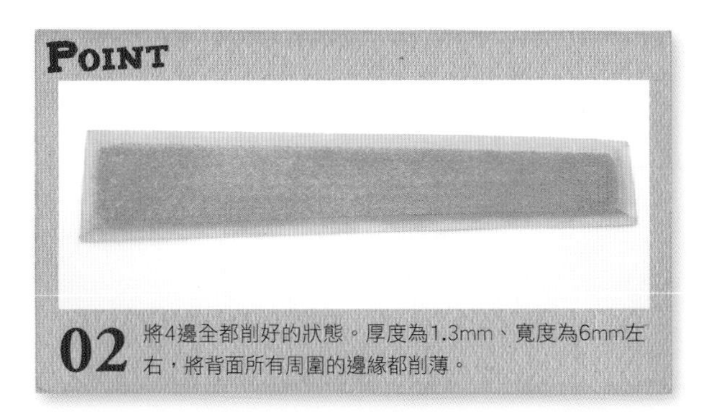

02 將4邊全都削好的狀態。厚度為1.3mm、寬度為6mm左右，將背面所有周圍的邊緣都削薄。

接著用圓形鑽孔器，開出代表飾釘與牛仔釦之裝設位置的基準孔。

03

開出裝設飾釘用的孔所使用的工具，加工成理想尺寸的平斬。

04

POINT

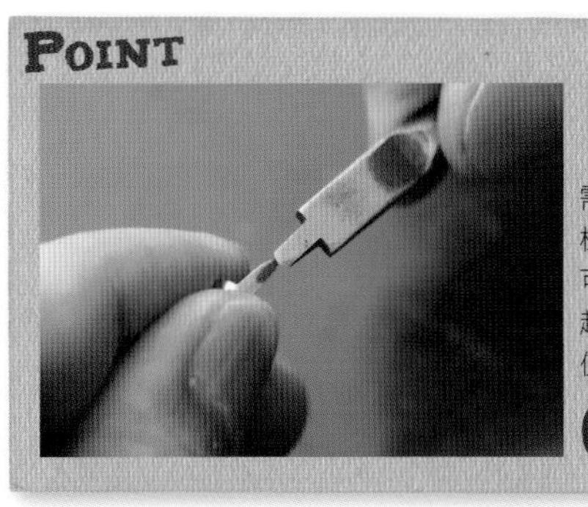

需要的是跟飾釘同樣尺寸的寬度。也可以將一字的精密起子磨過之後拿來使用。

05

墊上橡膠板，用平斬刺進先前開好的用來標示的孔，來進行開孔的作業。

06

將飾釘的鉤子插進孔內。這次使用的是6mm的標準、圓型的款式。

07

用飾釘進行裝飾並裝上牛仔釦

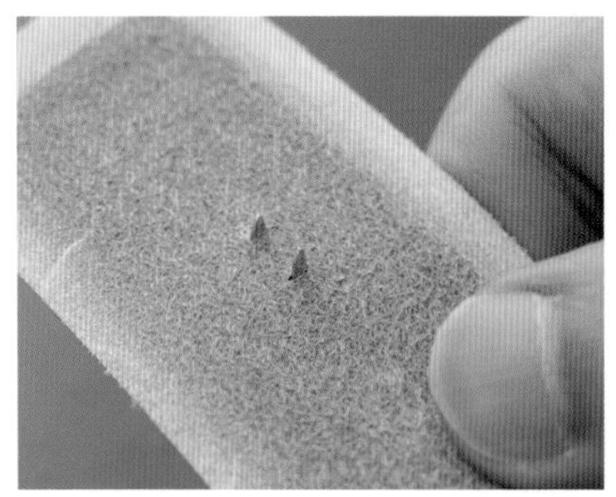

飾釘的鉤子從背面凸出的狀態。孔的大小會影響完成之後給人的感覺，是必須注意的細節之一。

08

用同樣的方式，將飾釘裝到開孔上。注意將鉤子插進去的時候不要彎到。

09

飾釘裝好之後，將背面凸出來的鉤子折起來。選擇木工用的前端較細的鑿子，作業起來會比較容易。

10

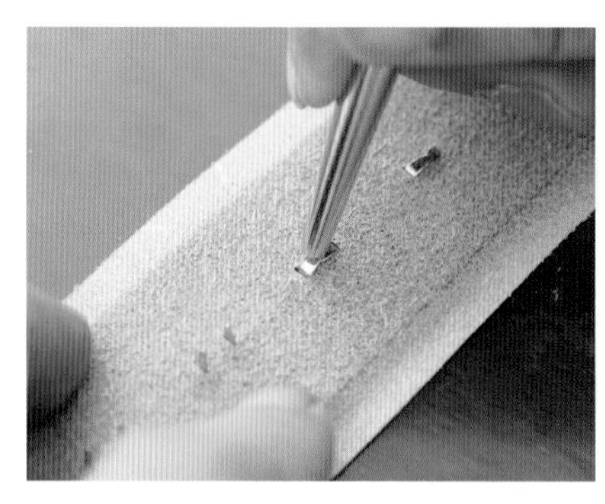

折起來的時候要細心的進行作業。重點在於折起來壓進去的時候不要讓鉤子翻起。

11

鉤子必須平坦或是朝下。鉤子如果凸出的話，會影響到完成之後的狀態，請多加注意。

12

13 這次裝上的飾釘總共是10顆。為了確實以均等的間隔擺上去，開孔時的正確性會很重要。

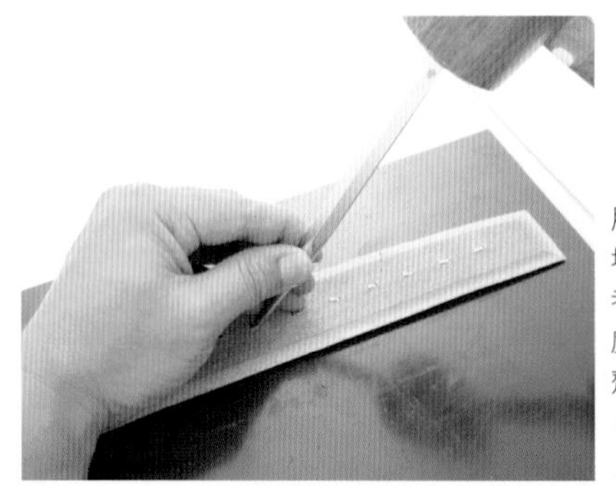

用木槌敲打鑿子的場面。操作時必須考慮到敲打的角度，讓鉤子可以整齊的折起來。

14

POINT

理想的狀態，是像照片這樣將鉤子整齊的折起來。為了不讓鉤子歪掉，最好是一次到位。

15

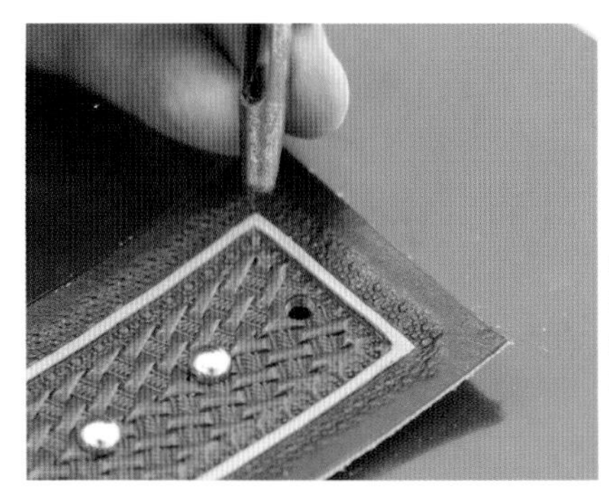

接著裝上牛仔釦。從開孔的作業開始，使用12號的圓斬。

16

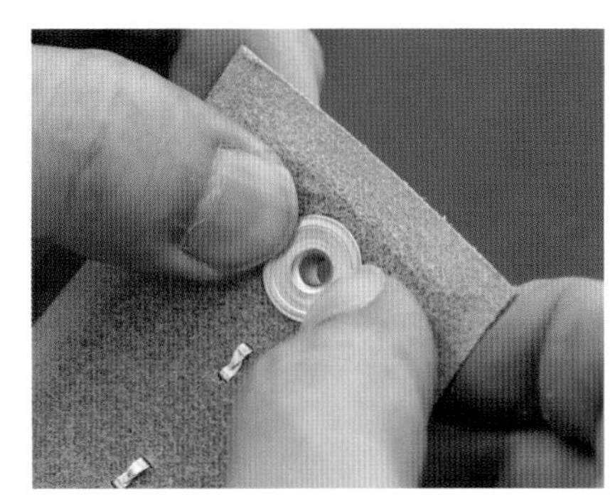

開孔的時候注意要對準中央。將孔開好之後，從背面將凸珠裝上。

17

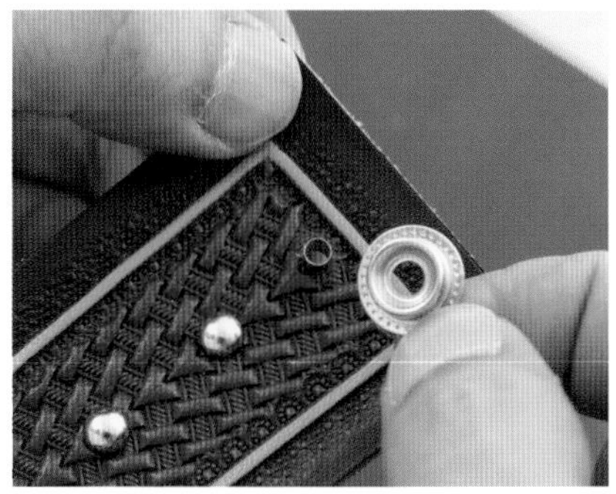

從表面觀察凸珠從孔中穿出來的樣子。接著要從表面將公釦套到凸珠上面。

18

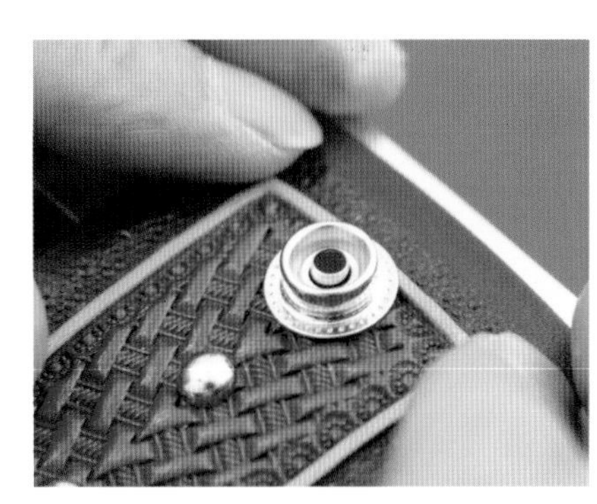

將公釦套上。除了造型之外，也要考慮到皮革的厚度來選擇釦子。

19

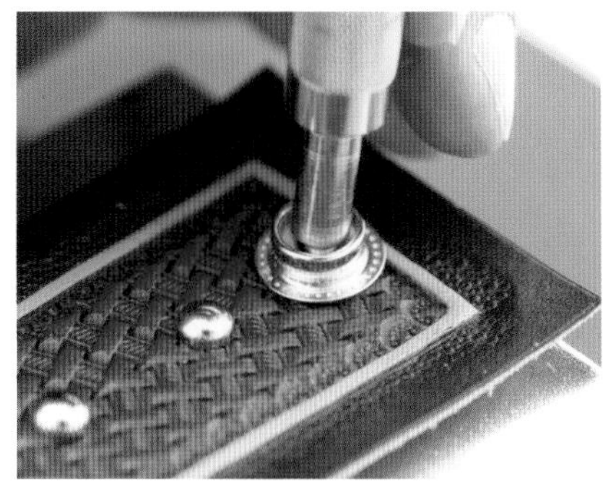

公釦裝好之後，將底部擺到萬用環狀台上面，用牛仔釦工具將凸珠固定。

20

用牛仔釦工具將凸珠壓扁，使公釦固定。要確實固定到不會轉動的程度。

21

飾釘跟牛仔釦裝好的狀態。表面一方的作業到此全部結束。

22

餡革與背面皮革的裁切 3片零件的黏合

START

這次的手環是由3片零件構成。在此要將直接跟手腕接觸的背面皮革、用來增加份量的餡革這2片表面皮革以外的零件裁切下來，並更進一步的說明黏合的方式。

在此製作用來夾在表面與背面皮革之間的餡革。首先按照紙型，在皮革標上記號。

01

按照畫好的標示，用裁皮刀將餡革切下來。就算是外表看不到的零件，也要細心的將作業完成。

02

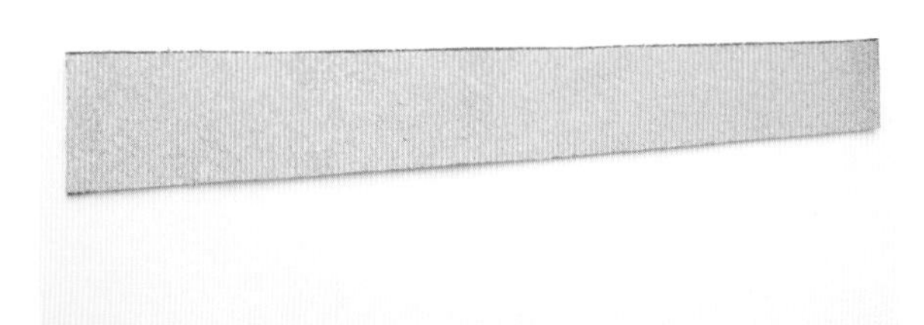

03 切下來的餡革。在這個時間點會進行貼合用的調整，以長邊還可以更進一步切割的尺寸分割下來。

POINT

為了避免最後讓皮革之間進行貼合的時候產生凹凸，將餡革外圍的邊緣稍微削薄。

04

更進一步將表面的毛草磨掉。首先用海綿稍微讓皮革表面含水。

05

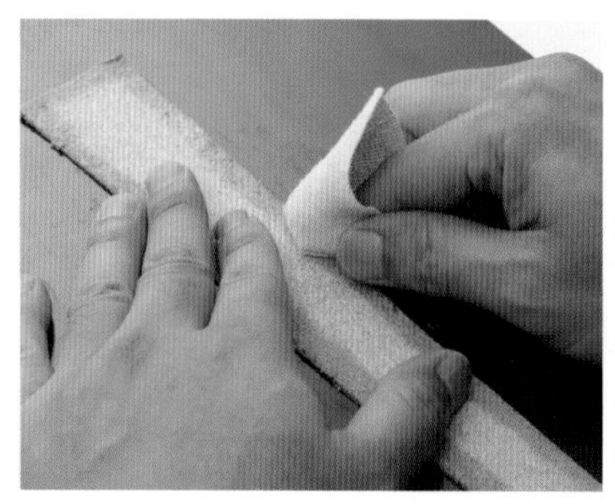

用棉布將表面磨過，抑制毛草的出現。對於表面看不到的部分，都會影響完成之後給人的感覺。

06

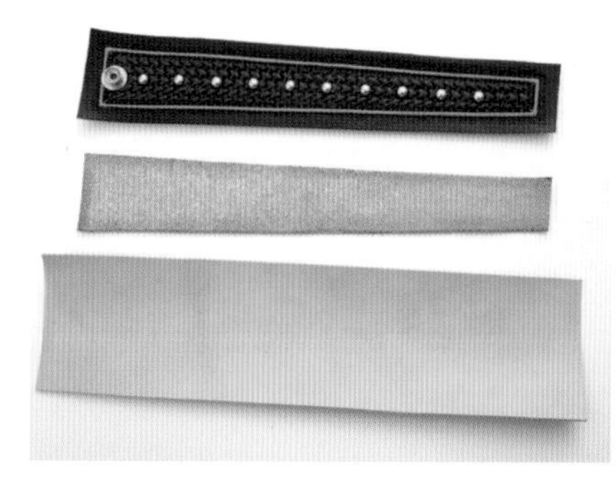

中央是處理好的餡革。接著要說明，跟表面皮革一起將餡革夾住的背面皮革的製作過程。

07

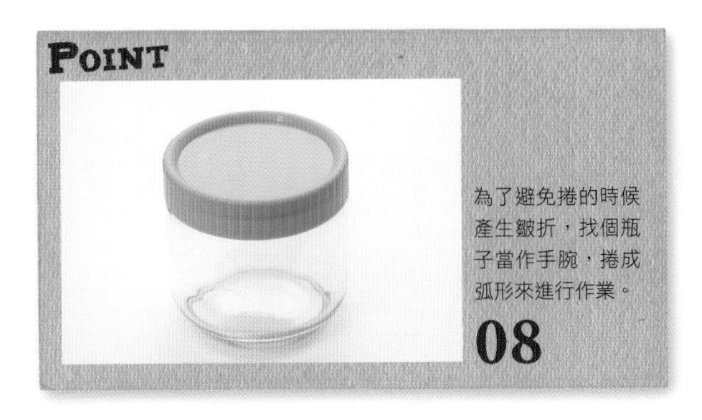

POINT

為了避免捲的時候產生皺折，找個瓶子當作手腕，捲成弧形來進行作業。

08

首先在用來當作基座的背面皮革，按照紙型畫出實際切下來的表面皮革的形狀。

09

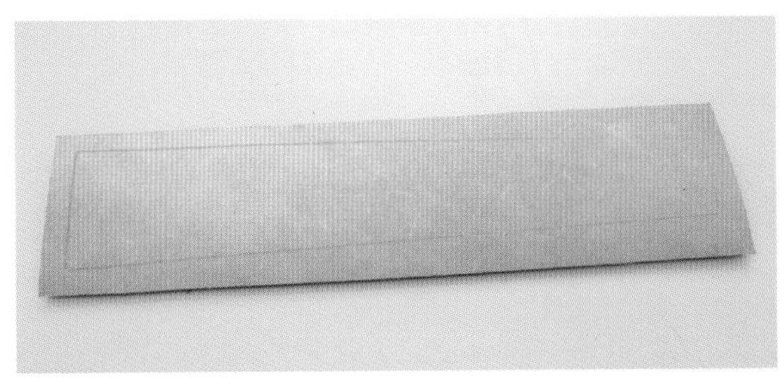

10 在背面皮革將表面皮革畫好的狀態。這將是把表面皮革貼到基座上面的基準。

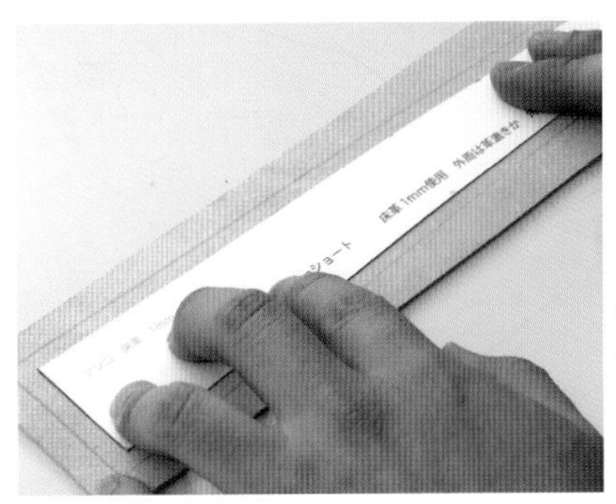

同樣的，將餡革的形狀畫上去。設定為比表面皮革的外圍整體小5mm。

11

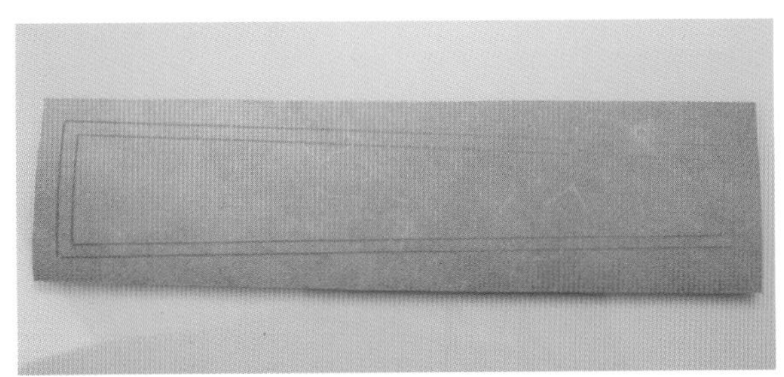

12 餡革的尺寸設定成比表面皮革要小一號。跟表面皮革一樣，餡革也會以標示為基準來貼上去。

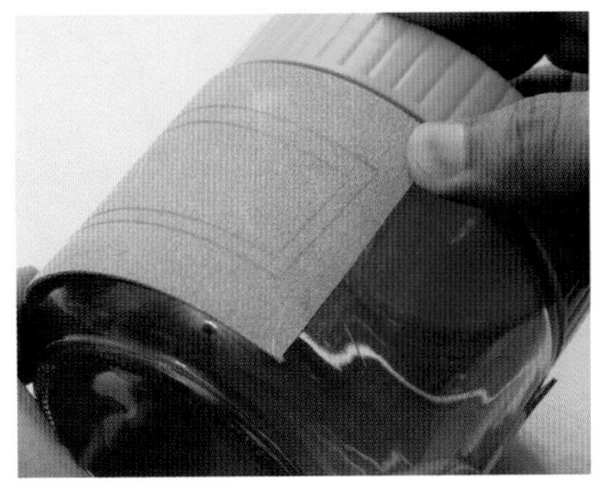

貼合作業的一開始，先用膠帶將背面皮革貼到瓶子上面。此處的祕訣在於不要拉扯，以自然的感覺來貼上去。

13

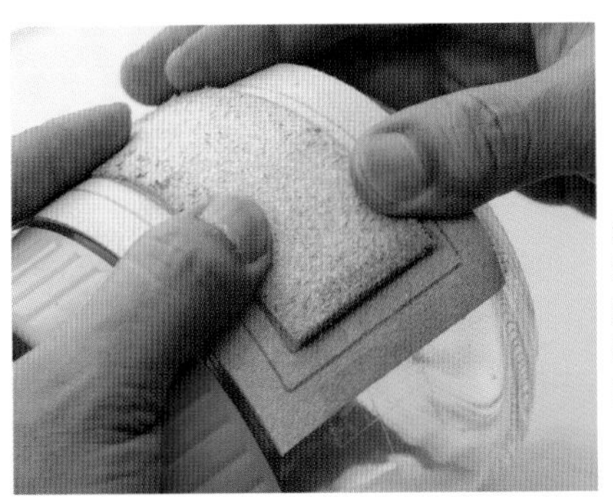

將餡革暫時的固定。從寬度較長的那邊用膠帶固定，配合瓶子的形狀來捲上去。

14

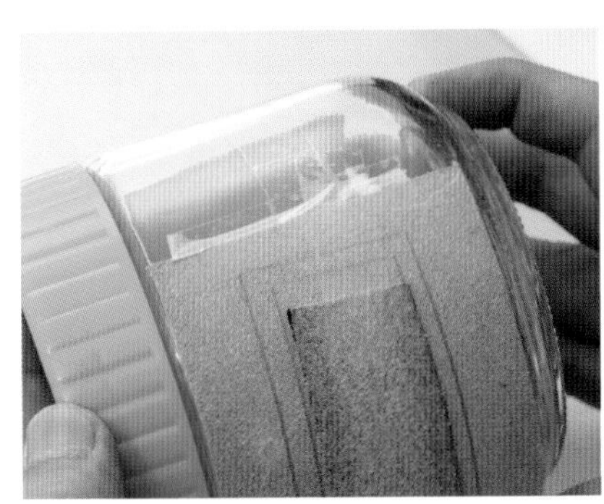

另外一邊也用膠帶暫時固定。這次使用的是直徑110mm的瓶子。

15

餡革與背面皮革的裁切、3片零件的黏合

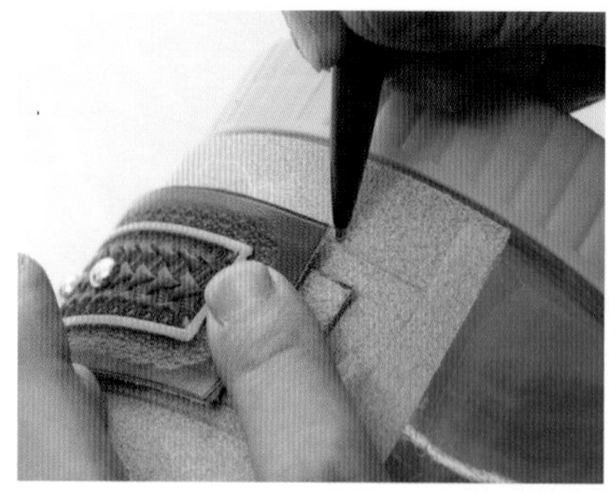

表面皮革也從比較寬的那邊暫時固定。捲到瓶子上面，以實際的大小來對背面皮革進行標示。

16

從餡革多出來的部分往表面皮革內側延伸，標上切割用的標誌。

17

將表面皮革拿下，在餡革畫上代表表面皮革前端的標示。畫線的時候注意不要歪掉。

18

將暫時固定的餡革拿下，從皮革表面前端的記號再往內縮短5mm來切斷。

19

餡革裁切好了之後，接著進行黏合的作業。選擇濃度膠來當作黏合劑。

20

在餡革的背面皮革那面跟表面皮革的那一面，塗上濃度膠。提醒自己要均勻的塗上薄薄一層。

21

POINT

將濃度膠塗上的時候，最後會對背面皮革進行裁切，因此就算超出標示的記號也沒關係。

22

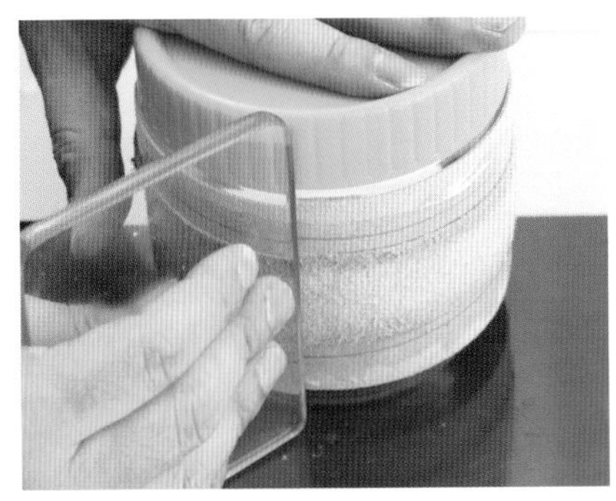

將鉛革與背面皮革貼在一起。利用玻璃板，將2片皮革確實的壓在一起。

23

將背面皮革與鉛革貼好之後，一樣在表面皮革那邊均勻的塗上濃度膠。

24

在鉛革一方也均勻的塗上濃度膠。鉛革製作有倒角的部分，要多塗一點。

25

將表面皮革貼上去。從比較寬的那邊開始來當作基準。從沒有削過、比較平的部分開始貼上去。

26

活用當作軸心的瓶子，細心的將表面皮革捲上去。注意不要讓表面皮革與基準線歪掉。

27

黏合劑乾掉之前，還可以修正位置。決定好表面皮革的位置之後，將表面皮革與鉛革的貼合面壓在一起。

28

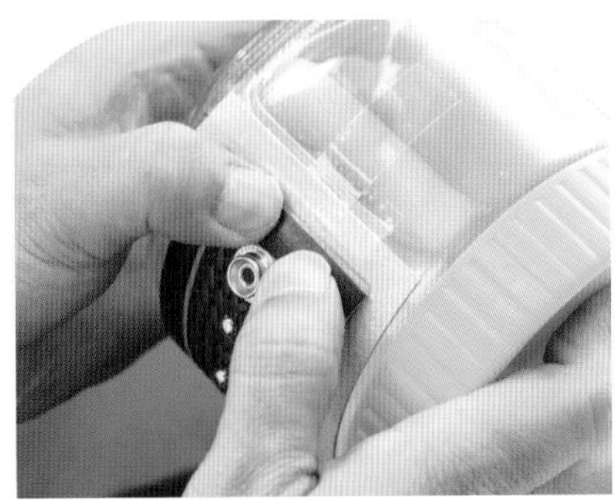

將帶有厚度的部分壓好之後，把貼合的起點與終點確實的壓在一起。

29

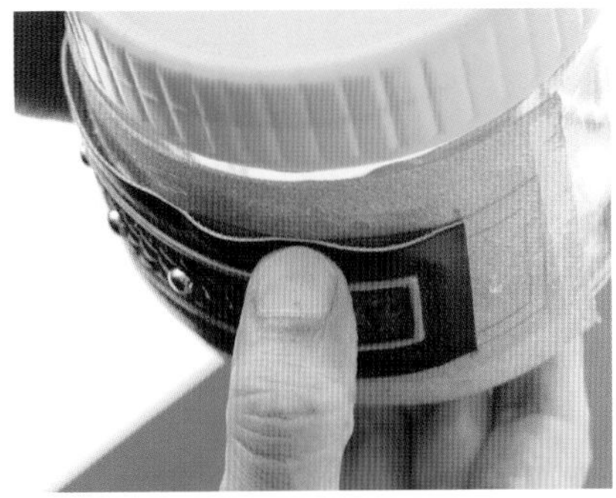

相當於表面皮革之外圍的削薄的部分，基本上要從皮革中央往外側壓過去。

30

餡革與背面皮革的裁切、3片零件的黏合

乍看之下貼合似乎已經完成，接下來要對削薄的部分進行更進一步的壓合。

31

首先調整邊線器的尺寸，將皮革的邊緣與餡革邊界的部分確實壓合在一起。

32

更進一步的用壓叉器對同樣的部分進行壓合。感覺就像是將餡革與表面皮革之間的縫隙擠掉一般。

33

最後以面的方式進行壓合，將外圍的部份壓在一起。照片內使用的是專用的滾輪式邊線器。

34

將外圍部分壓好的狀態。可以看得出來，表面皮革的密著度跟壓合之前截然不同。

35

削薄部分的壓合，必須套在瓶子上面來進行。將表面皮革壓好之後再取下來。

36

POINT

背面用玻璃板來進行壓合。壓的時候墊上一張紙，以免背面皮革去沾到不必要的顏色。

37

表面皮革、背面皮革、餡革的壓合作業到此結束。接著要將背面皮革多餘的部分切掉。

38

對背面皮革裁切之前，再用邊線器壓合一次。

39

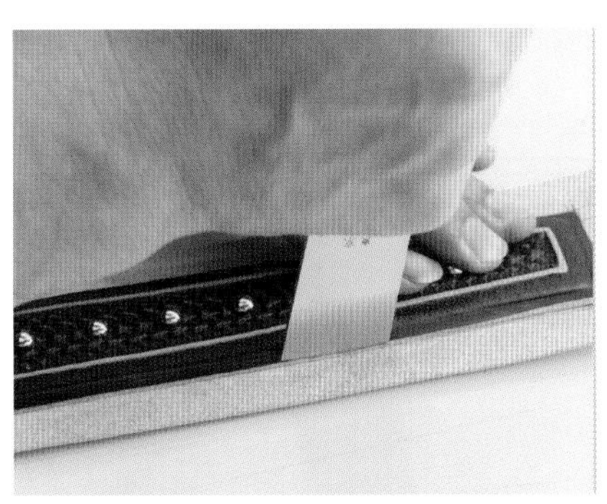

用裁皮刀將背面皮革切斷。雖然也得看濃度膠的塗抹方式，但壓合之後最少要放置10分鐘左右。

40

不可缺少足以跟手腕配合的曲線與硬度

這次使用是瓶子，但只要是跟手腕相符的曲線，不論用什麼當作模型都可以。但為了進行壓合，則必須具備最低限度的硬度。

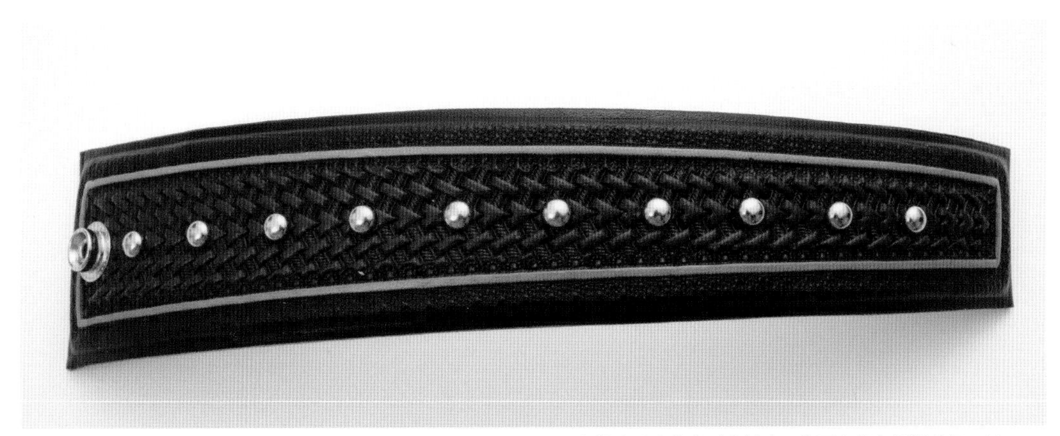

41 皮革的貼合作業到此結束。背面皮革也經過裁切，外觀上幾乎接近完成。

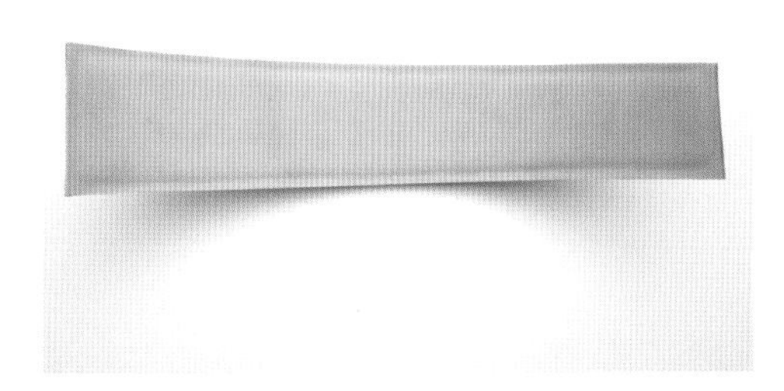

透過手縫來完成手環的造型

START

用縫線進行手縫的作業，將透過黏合劑貼在一起的3片零件整合。這不光只是製作上的一道程序，外表在線跡的影響之下所形成的變化，也非常的重要。

為了用手縫的作業縫出正確的線跡，首先要用研磨片把切邊磨出倒角。

01

祕訣在於用削出一條線的感覺來處理切邊。完成之後用邊線器來畫出縫線。

02

在四個角落開孔時，必須使用圓形鑽孔器。理由是角落的孔比較容易擴展，圓孔可以讓線整齊的進出。

03

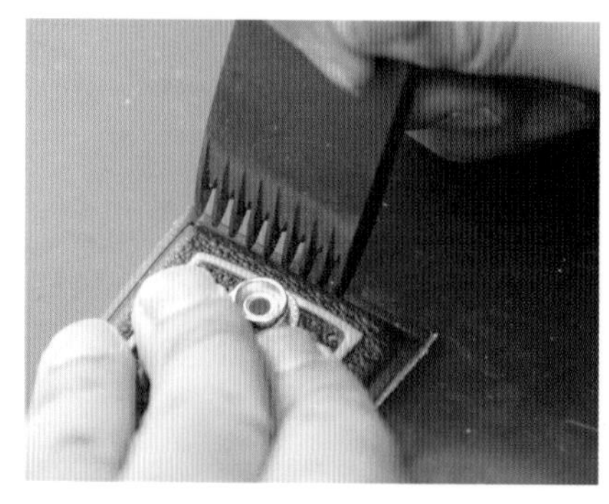

剩下的孔必須使用菱斬，以角落的圓孔為基準，先壓出壓痕來進行確認。

04

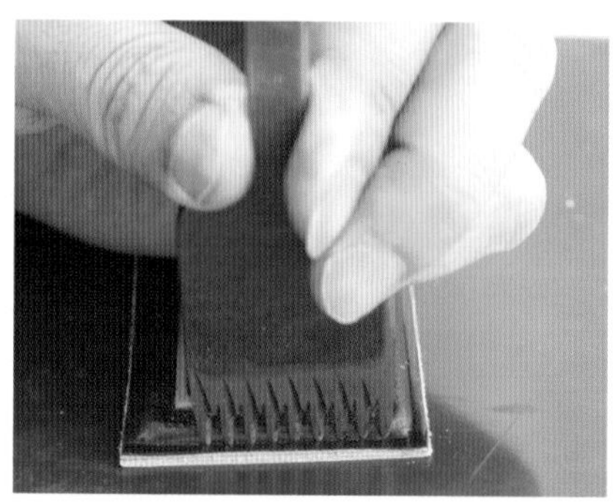

壓痕壓好之後，再用木槌敲下來開孔。基於上述的理由，開孔的時候必須避開角落的圓孔。

05

將第一組縫孔開好之後，不必再製作壓痕，就這樣一路開孔下去，到最後的部分再來調整。

06

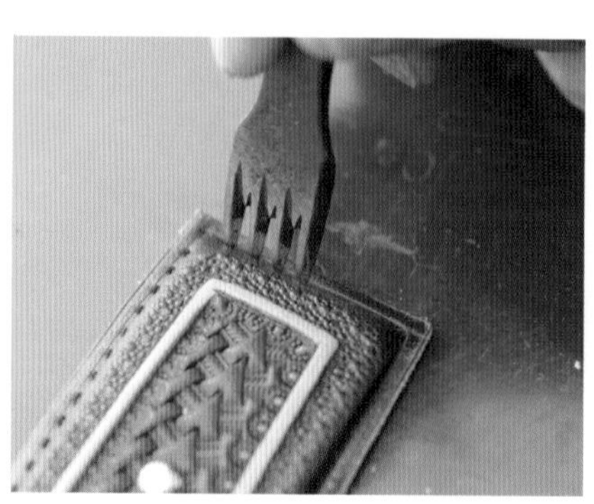

寬度較窄的部分不要貪心，用尺寸較小的菱斬來開孔。當然的，角落的圓孔不可以動到。

07

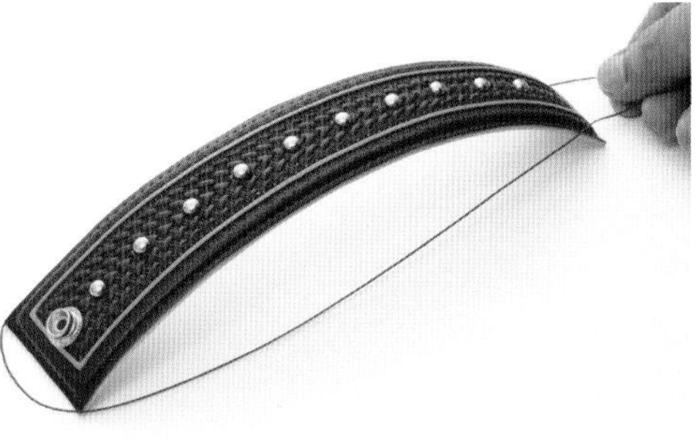

縫孔開好之後，要進行縫合的作業。這次使用之縫線的長度是外圍的4倍＋10cm。

08

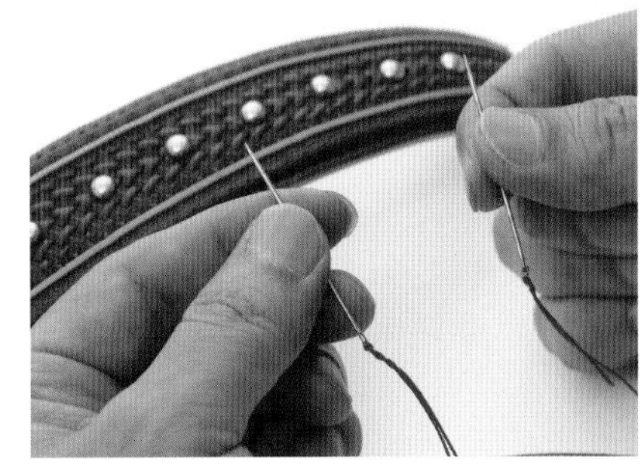

這次選擇的縫線是尼龍線。將兩端套到針上之後，從牛仔釦一方開始進行縫合。

09

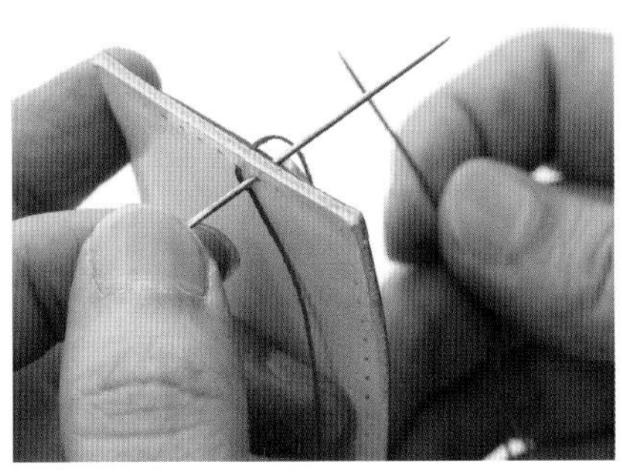

從此處開始縫合，是因為戴到手腕上的時候可以遮住，而且不會產生彎曲的力道。

10

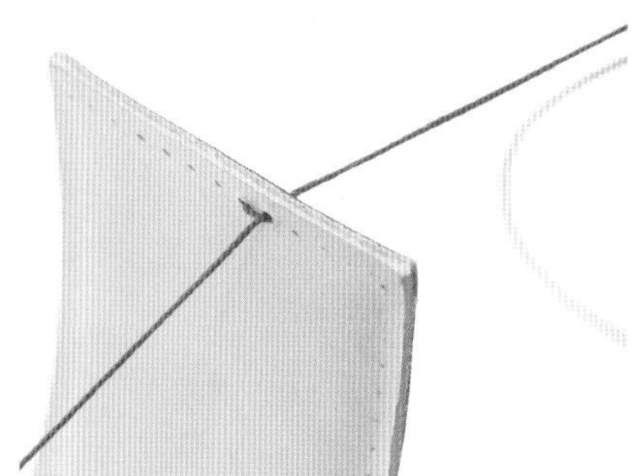

縫合的起點跟終點，無論如何都會有縫線重疊，要從不顯眼的位置開始下針。

11

順著外圍的部分縫過去。

12

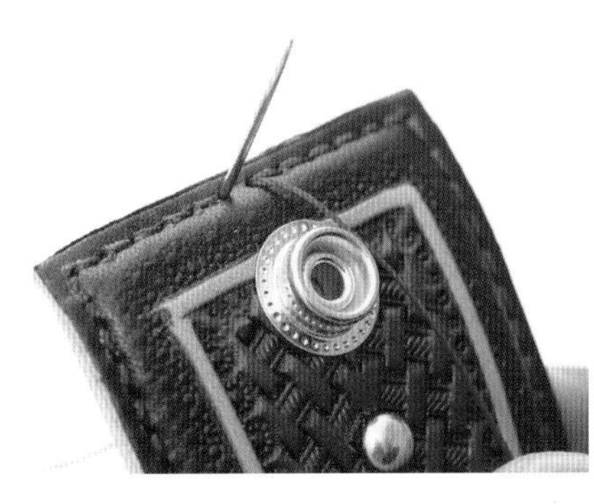

縫了一圈繞回來的狀態。就這樣繼續下去縫出第2圈。

13

更進一步的，將來到表面的縫線縫到第3孔的位置，在背面讓線進行收尾。

14

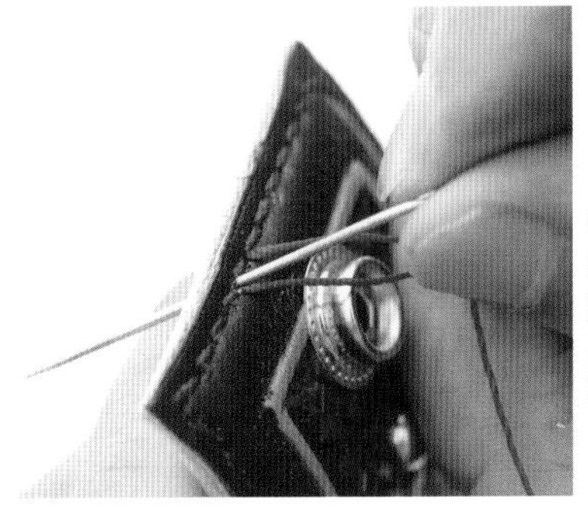

在此使用尼龍製的縫線，為了在背面進行燒熔與固定的處理而選擇這種縫法。

15

透過手縫成為手環的形狀

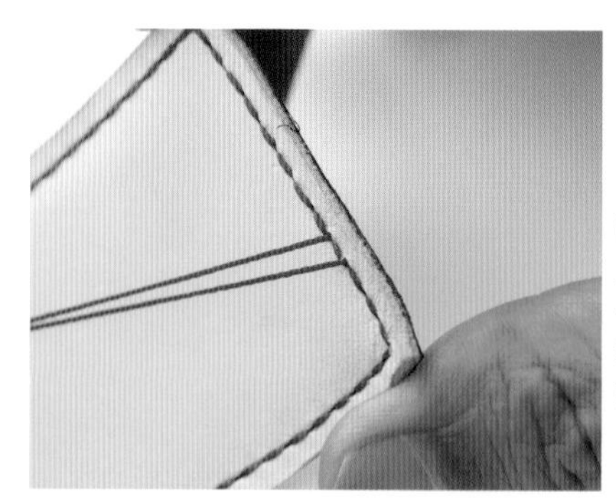

兩條線都來到背面皮革的狀態。從這個面進行收尾的處理，讓表面皮革得到流暢的印象。

16

使用尼龍線，因此最後要進行燒熔與固定的處理。剪太長的話處理之後會變得比較顯眼，請多加注意。

17

POINT

處理尼龍線的時候，用打火機烤過會比較簡單，但為了不去燒到皮革表面，這次選擇電筆來使用。

18

19 手縫作業到此結束。已經透過餡革來產生高低落差，因此沒有必要進行讓線下沉的作業。

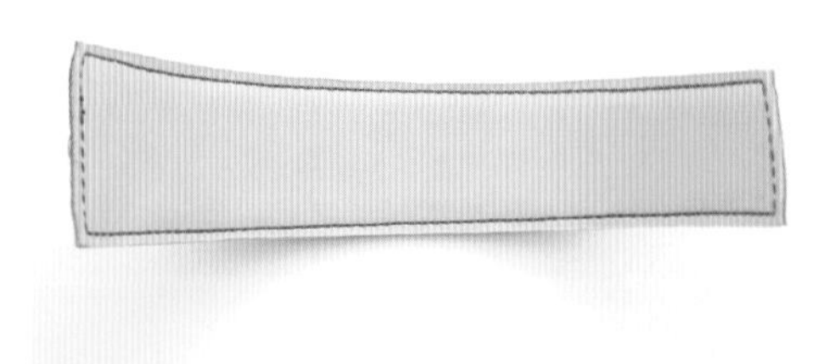

處理細節 將手環完成

START

經過手縫作業，手環的外表已經大略完成。在此會更進一步的對細節進行處理，讓作品的完成度更上一層樓，反應出製作者所灌注的心意。

切邊的處理

用裁皮刀將轉角切掉。將角落分成3次來一點一點的切掉，完成之後的感覺會比較流暢。

01

角落的部位必須使用研磨片，而不是削邊器。擅用不同的工具也是一種技巧。

02

直線的部分用削邊器將菱邊削掉。對削掉的部分進行作業時，感覺就像是讓剖面成為正三角形。

03

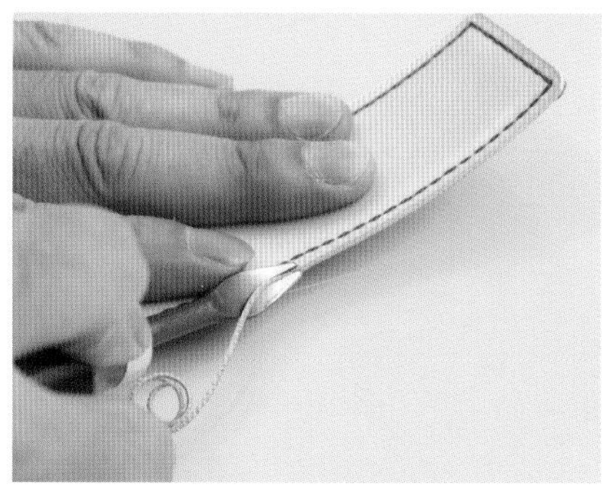

背面皮革的菱邊也一樣的削掉。用跟表面皮革一樣的感覺，來將直線部分的角給削掉。

04

在下方墊上橡膠板，削掉的切邊轉角用研磨片來磨出柔滑的感覺。

05

POINT

用墊在下方的橡膠板當作導引，這樣將菱邊削掉的時候比較容易維持一定的角度。

06

背面皮革一樣將菱邊削掉，將剖面磨成柔滑的曲線。

07

處理細節將手環完成

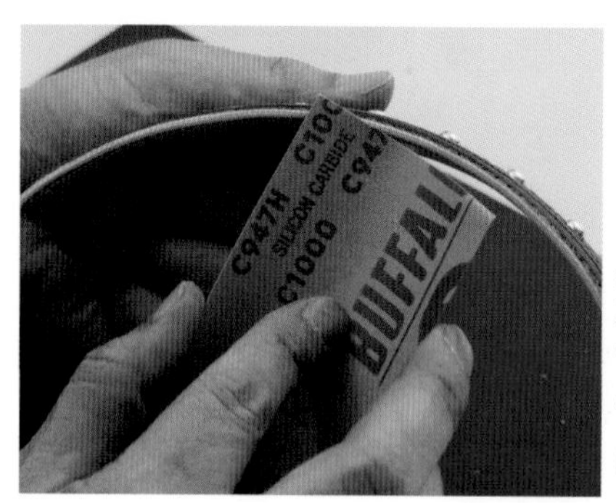

最後的完工作業，要用砂紙將表面與背面皮革的結合面磨到柔滑的狀態。

08

除了較粗與較細的研磨片之外，還使用400、600、1,000號的砂紙。

09

將切邊的形狀整理好了之後進行染色。讓沒有稀釋的染料滲入棉花棒之中，以滾動的方式來進行染色。

10

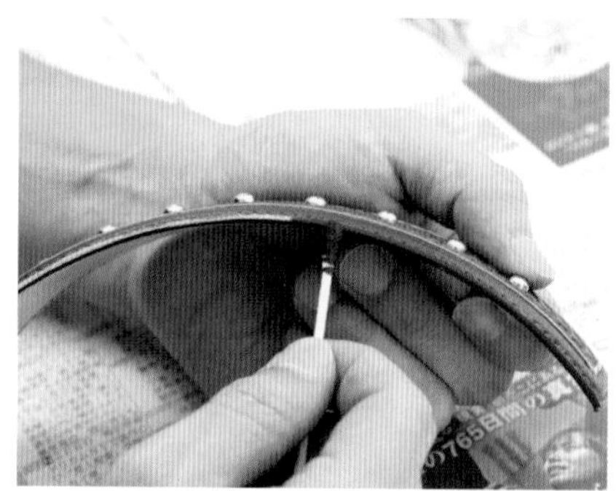

以不會將背面皮革弄髒的方式完成染色之後，跟表面皮革一樣的，用轉動棉花棒的方式將染料塗上。

11

最後用棉花棒將床面完成劑塗上去，然後用布磨過。布的表面如果太過粗糙，磨出來的感覺也會變得比較粗。

12

用1,000號的砂紙磨過之後更進一步塗上染料，重複這個步驟，可以讓完成的感覺更加具有深度。

13

● 裝上牛仔釦

最後將飾釦裝上。按照事先標好的孔，用15號圓斬來開孔。

01

將飾釦裝到開好的孔上。用Dime（一角硬幣）來當作飾釦的造型，是Soul Leather的獨創設計。

02

將母釦套到插到孔內的飾釦上。用一字起子將飾釦暫時的固定。

03

螺絲確實擺到正確的位置之後，用一字起子將飾釦跟母釦固定。

04

經過各式各樣的工程
讓素面的皮革
搖身一變

完成之後的手環。黑與紅的組合加上仿古色調的表面處理，實現了帶有深度且讓人印象深刻的外觀。壓印跟飾釘都是採用Soul Leather獨創的設計。雖然是件小小的作品，卻充滿了身為代表的大竹先生的品味。

SHOP INFORMATION

大竹正博先生

Soul Leather的代表。擅長以雕刻為中心的作品。

灌注靈魂將皮革作品完成

新落成的工房兼教室之中備有削皮機跟工業用裁縫機，製作環境非常的充實。右邊照片是奧克拉荷馬舉辦的IfoLG的部門第一名獎章，還有得到部門最優獎的最新作品。

大竹先生曾經在雕刻的聖地謝里敦所舉辦的Rocky Mountain Leather Trade Show之中得到第三名。活用雕刻技法的作品，充滿獨自的個性與魄力。配合學生們的方便來舉辦皮革工藝教室，有興趣的人可以透過網頁來瀏覽相關資訊。

Soul Leather 革魂

茨城稻敷郡阿見町中央4-6-18　Tel. 029-802-0333
營業時間 不定
公休日 不定
URL: http://soul-leather.com

TABLET COVER

平板電腦的皮套

不論是商業還是休閒，平板電腦都已經是不可缺少的存在。使用頻率如此之高的平板電腦，要是能用鞣製革來為它製作皮套，一定可以成為越是使用韻味越是濃厚的絕世珍品。

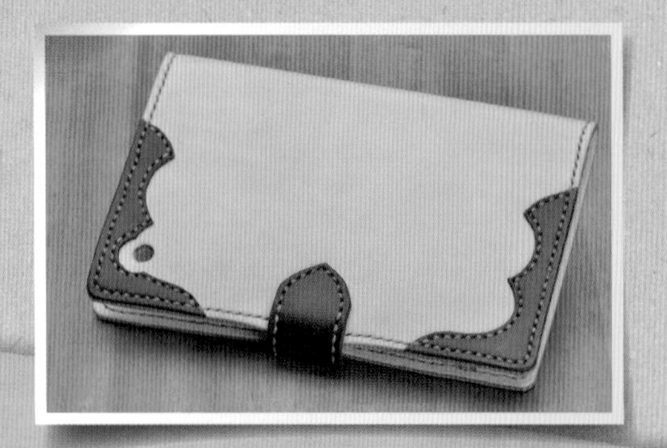

TOOLS 工具

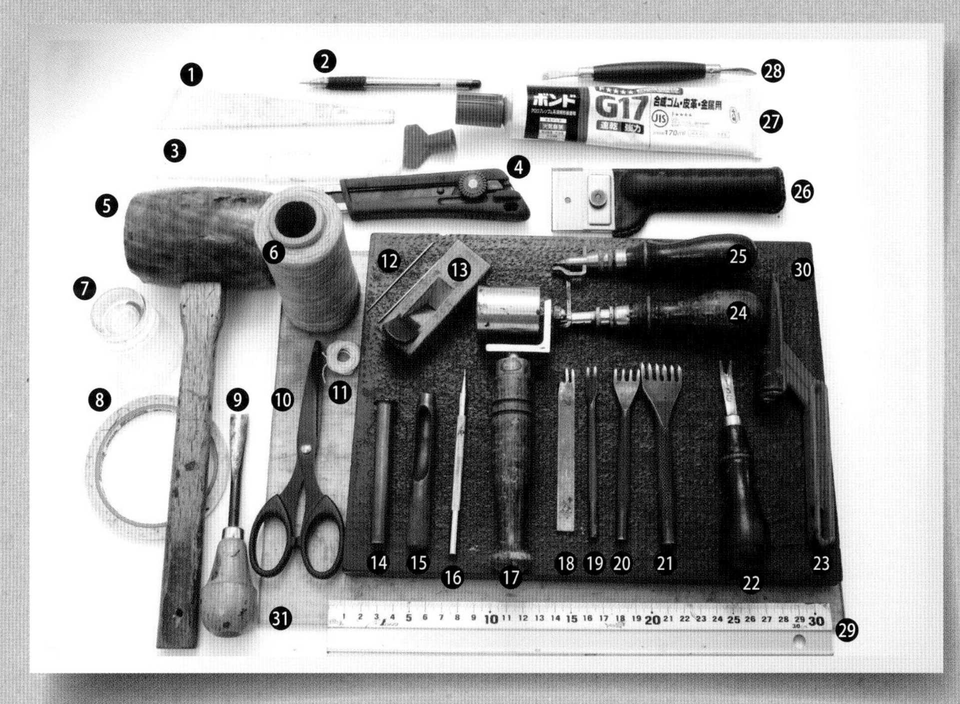

①上膠片　②銀筆
③抹刀　④美工刀
⑤木槌　⑥人造撚線
⑦矮玻璃杯（研磨用）
⑧雙面膠帶　⑨轉角切刀
⑩剪刀　⑪手縫線（細）
⑫手縫針　⑬小型刨刀
⑭固定釦工具　⑮圓斬
⑯鐵筆　⑰滾輪
⑱2孔菱斬（2mm）
⑲2孔菱斬（2.5mm）
⑳4孔菱斬（2.5mm）
㉑6孔菱斬（2.5mm）
㉒削邊器
㉓三角研磨器
㉔挖溝器
㉕挖溝器（塑形刀刃）
㉖替刃式裁皮刀
㉗合成橡膠類黏合劑
㉘塑形刀　㉙尺
㉚橡膠板　㉛塑膠板
其他 CMC 低級碎布

PARTS 材料

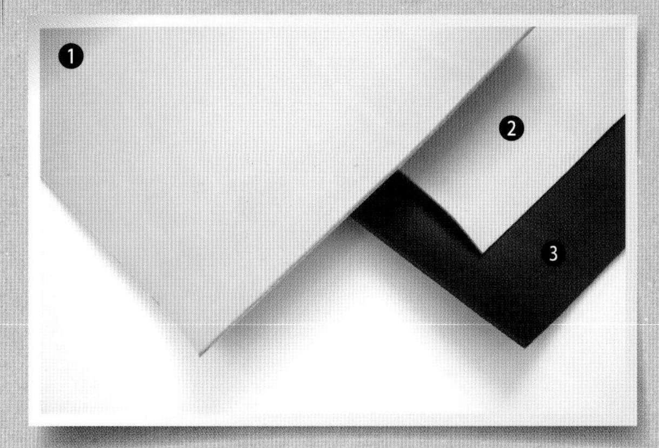

①鞣製革（主體用2.5mm厚）
②鞣製革（內裡用1.2 mm厚）
③馬鞍皮（皮帶、環套、裝飾革2.0mm厚）
④飾鈕（Leather Craft MACK獨創品）

①矽膠製
平板電腦外殼

各個零件的裁切

START

將零件裁切下來。書末的紙型雖然是給iPad mini（第一代）使用，但只要調整一下尺寸，就可以由其他的平板電腦來使用，希望大家挑戰看看。

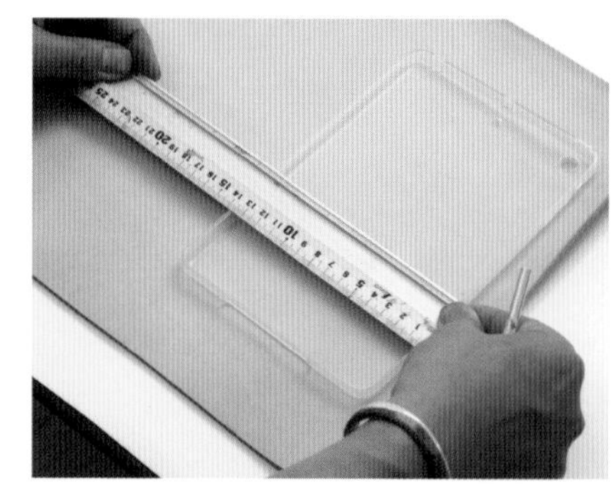

將主體跟內裡的形狀畫出來，如果不使用紙型，要拿平板電腦的外殼來當作基準。

01

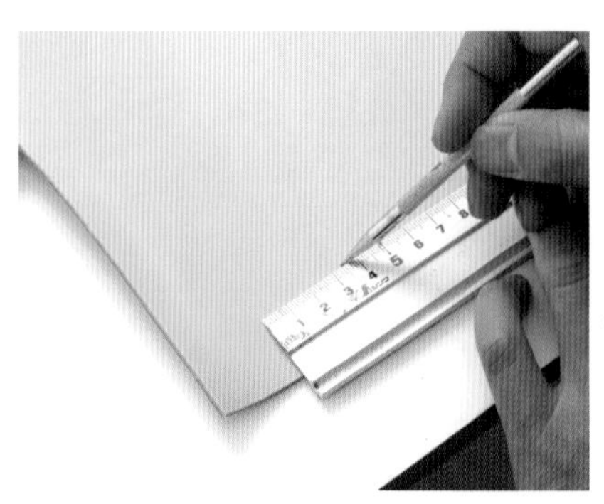

長邊大約是外殼的長度×2＋厚度＋20mm。短邊是以外殼的寬度＋20mm為基準來進行微調。

02

如果使用紙型，則按照紙型的周圍來畫線。書末的紙型是給iPad mini（第一代）使用。

03

準備皮帶、環套、裝飾革的紙型。

04

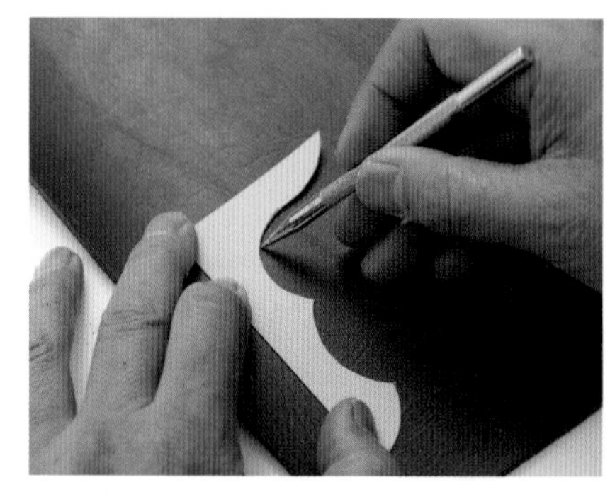

裝飾革的其中1片是給鏡頭部分使用，其他則是表面2片、背面1片。

05

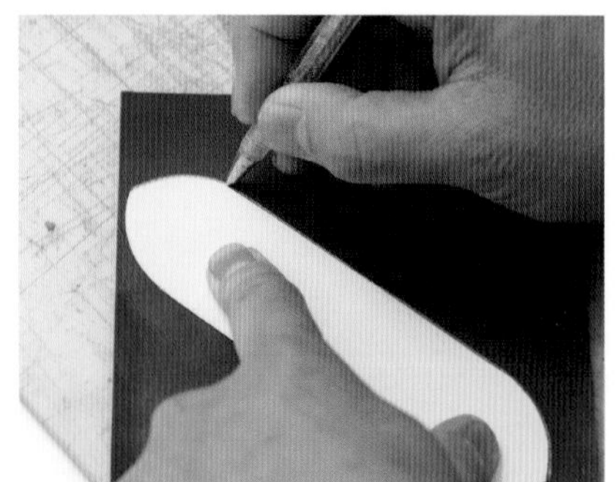

畫出皮帶與環套的形狀。

06

更換零件的顏色
自己進行改良

皮帶、環套、裝飾革在此選擇黑色的皮革，但也可以按照喜好，改成與主體相同或是其他顏色，以自己喜歡的皮革來進行改良。

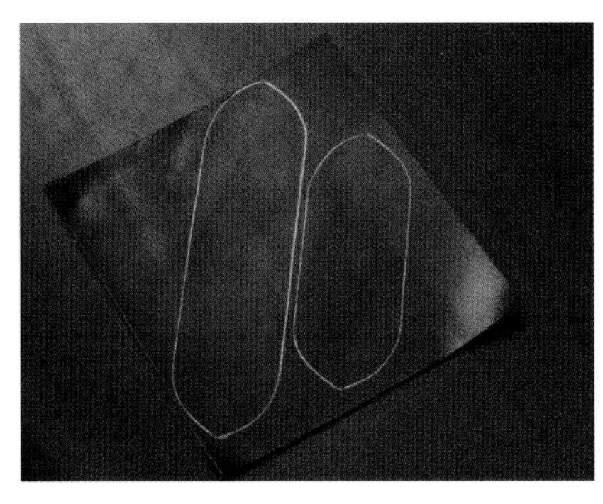

將皮帶與環套的形狀畫到皮革上面的狀態。顏色較深的皮革，可以用銀筆來畫線。

07

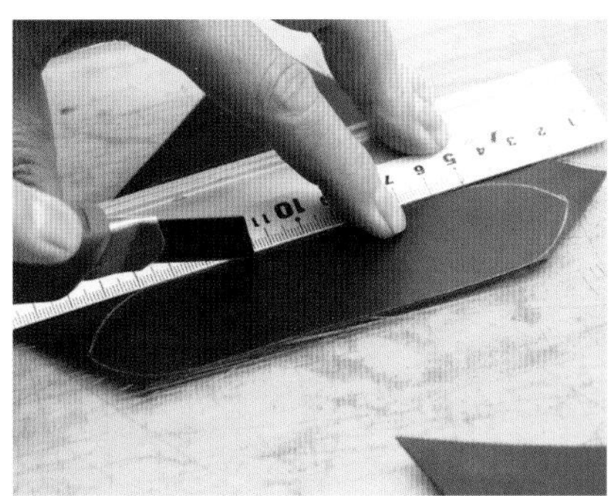

要是還不習慣裁切的作業，直線的部分可以用尺來進行切割。

08

弧形的部分要用手來進行裁切，分成好幾次來進行切割也沒關係。

09

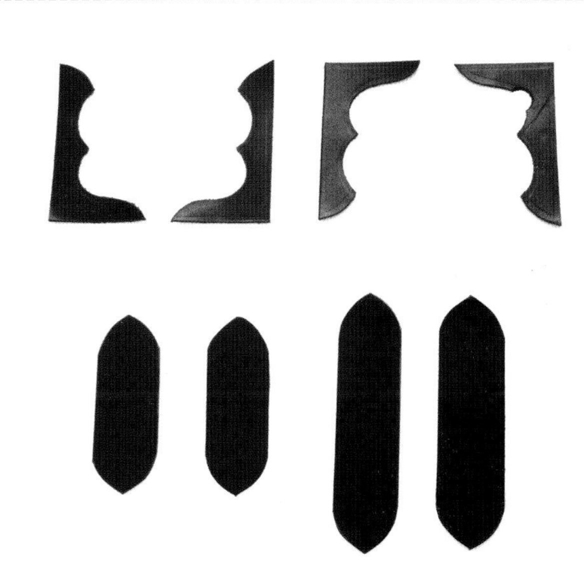

10 切割好的皮帶、環套、裝飾革。皮帶與環套要分別切出2片。

主體與內裡要用同樣的尺寸來進行裁切。

11

將矽膠的外殼裝上

START

將用來固定平板電腦的矽膠製外殼，縫到主體內裡的皮革上面。確實決定好位置筆直的裝上去。

將外殼擺到內裡的皮革上面來決定位置。
01

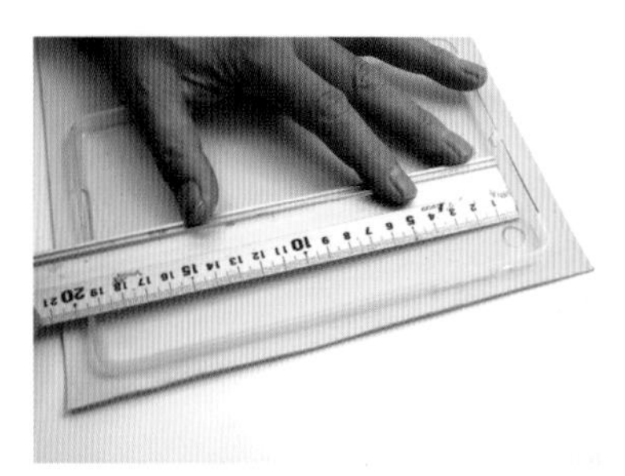
02 將外殼擺上，讓長邊的上下分別空出10mm的空隙。

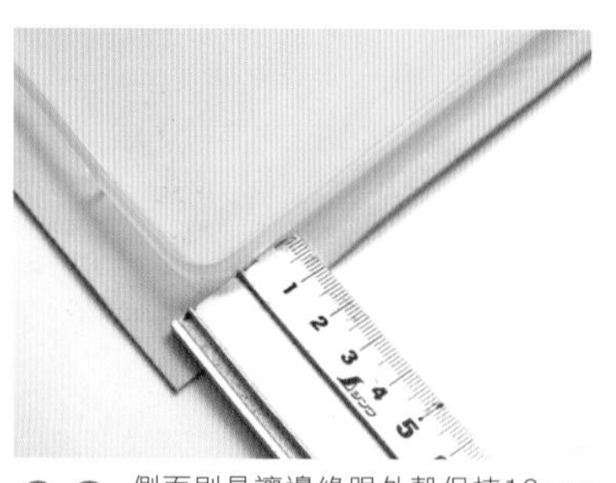
03 側面則是讓邊緣跟外殼保持10mm的空隙。

04 決定好將外殼裝上的位置之後，標出相機鏡頭的位置。

用尺寸合適的圓斬，在**04**畫好的鏡頭位置開孔。
05

在外殼的背面周圍，距離邊緣20mm的位置，貼上寬度約5mm的雙面膠帶。
06

將雙面膠帶貼好的狀態。膠帶將成為用來開出縫孔的基準。
07

一邊將外殼裝設的位置對準，一邊用雙面膠帶將外殼貼到內裡上面。

08

輕輕的擺到內裡上面之後，用尺測量來確認位置。

09

確認好裝設的位置之後，用滾輪將雙面膠帶壓緊。

10

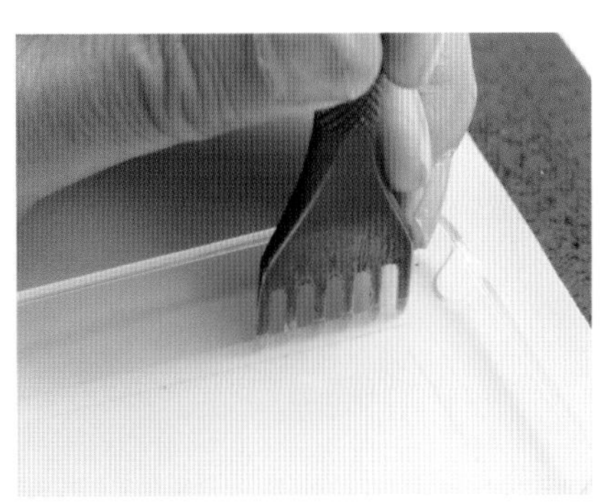

用菱斬壓出代表縫孔位置的壓痕。

11

調整縫孔的位置，盡可能的讓縫孔得到均等的間隔。

12

用木槌敲打菱斬來開出縫孔。

13

POINT

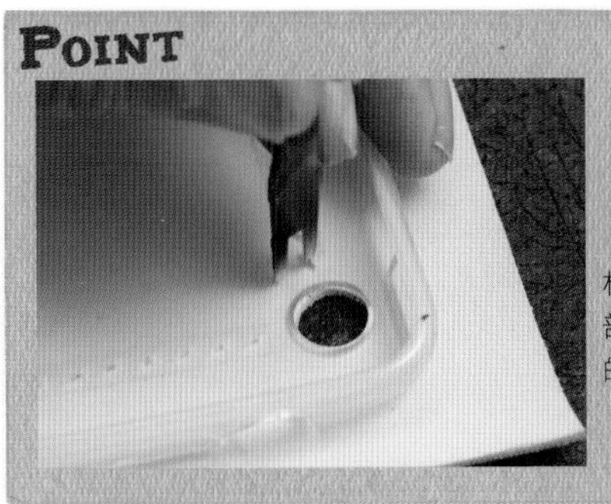

相機鏡頭跟轉角的部分，用2根刀刃的菱斬來開孔。

14

請勿使用塑膠製的外殼

如果在塑膠製的外殼開出縫孔，會產生裂痕而無法使用，因此選擇矽膠製的外殼。

將矽膠的外殼裝上

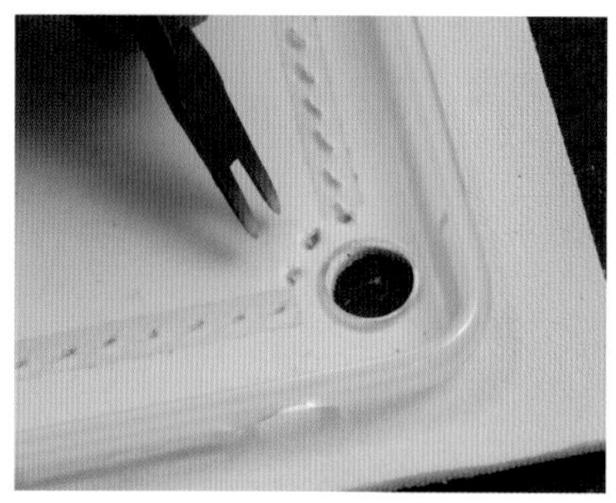

相機鏡頭的部分，要像這樣用5mm左右的間隔來開出縫孔。

15

在貼上去的矽膠外殼與內裡上面，將縫孔開好的狀態。

16

將貼上矽膠外殼的一方當作表面來進行縫合。要選擇細的縫線。

17

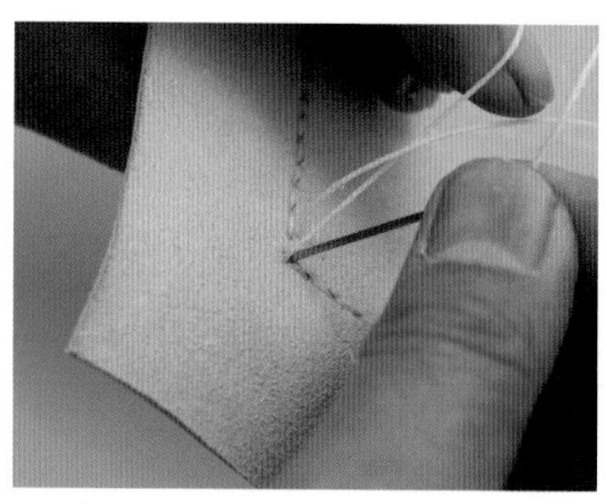

縫合的作業與一般的皮革相同，以平縫的方式來進行。

18

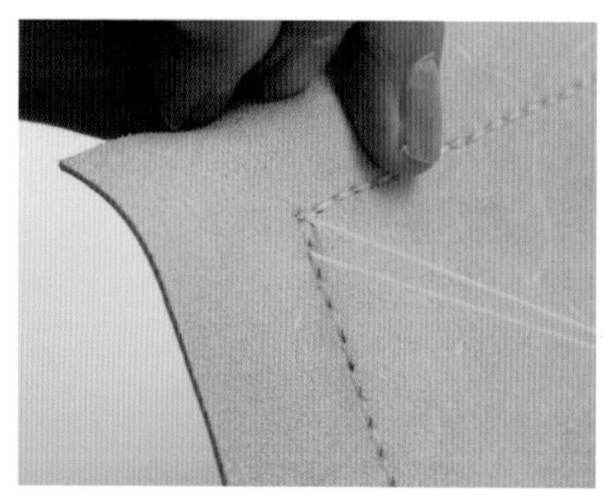

最後進行回針，讓線來到內裡的床面一方。

19

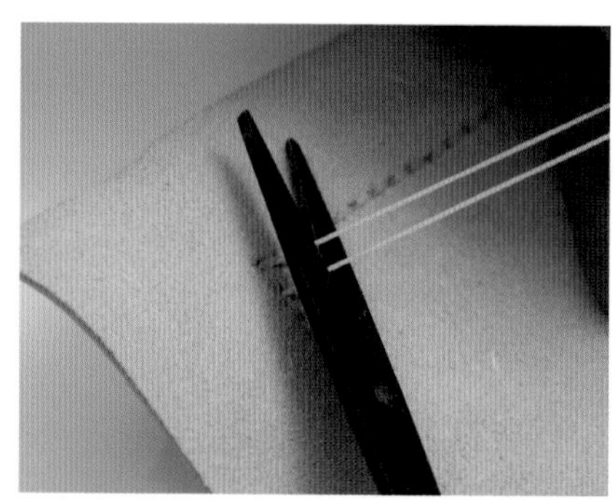

將縫好的線留下2～3mm左右來剪掉。

20

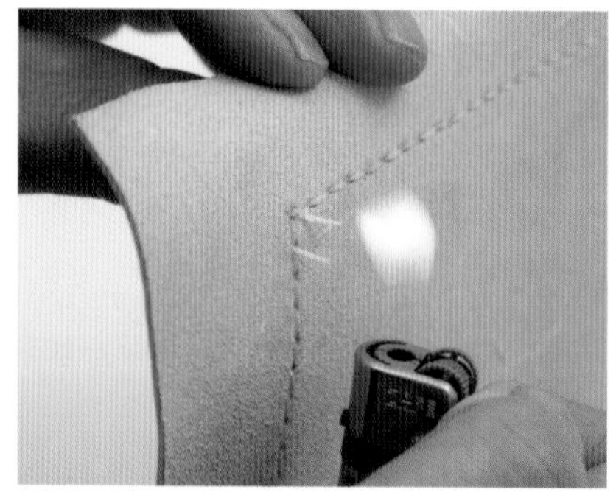

用打火機將剩下來的線烤過，進行燒熔與固定的處理。

21

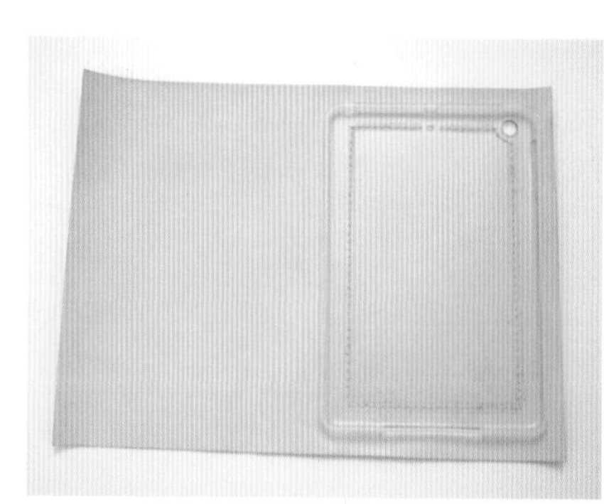

將主體的內裡跟矽膠外殼縫好的狀態。

22

皮帶、環套、裝飾革的準備作業

START

裝到主體上面的皮帶、環套、裝飾革，實際裝設之前，有些部分必須進行研磨與縫合。另外也要在主體上面決定好各個零件的裝設位置。

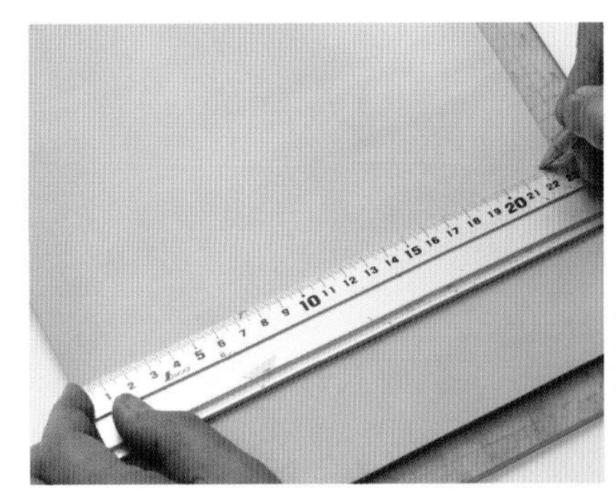

皮帶與環套的裝設位置，要以中心為基準來決定。

01

裝飾革的內側裝好之後無法研磨，要先用削邊器處理，然後進行研磨。

02

POINT

每一片裝飾革的內側，都要經過研磨的處理。

03

準備皮帶與環套的表面與背面的零件。

04

在雙方零件的背面，塗上合成橡膠類的黏合劑。

05

用抹刀塗抹在整個表面上，以免黏合劑太厚。

06

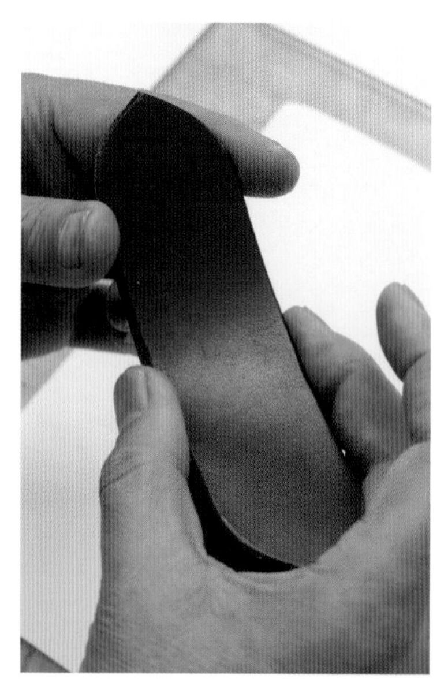

07 把邊緣對齊，將表面與背面的零件進行貼合。

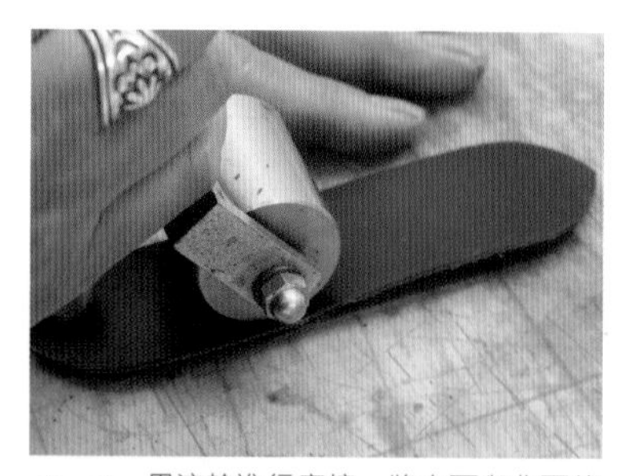

08 用滾輪進行磨擦，將表面與背面的零件確實的壓合在一起。

09 表面與背面的形狀如果產生誤差，要切齊將形狀調整到位。

用小型刨刀將貼合的切邊削過來整理形狀。
10

更進一步的用三角研磨器磨過，將形狀整理到位。
11

用削邊器將縫合的兩個面的切邊的角削掉。
12

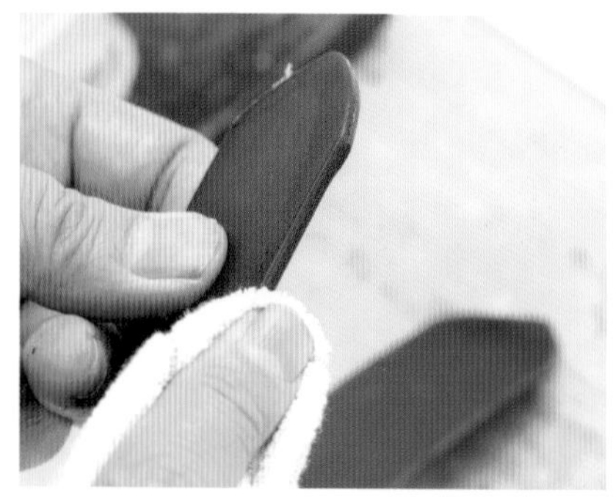

將CMC塗到切邊上面，用低級碎布磨過。
13

用低級碎布磨過之後，換成用玻璃（荻原先生使用玻璃杯）來進行研磨。
14

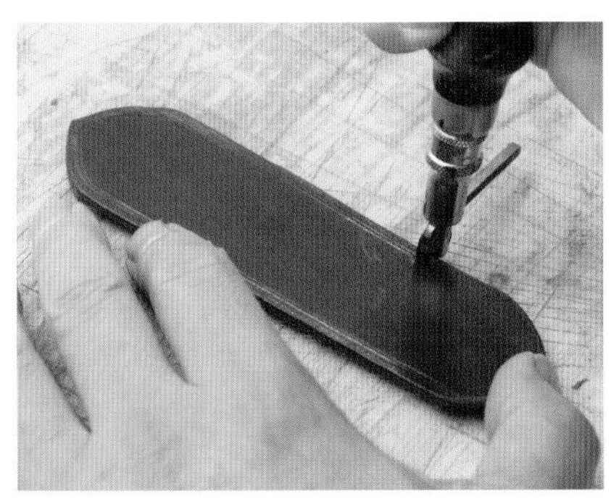

在貼合的皮帶、環套的表面一方，用挖溝器來畫出縫線。

15

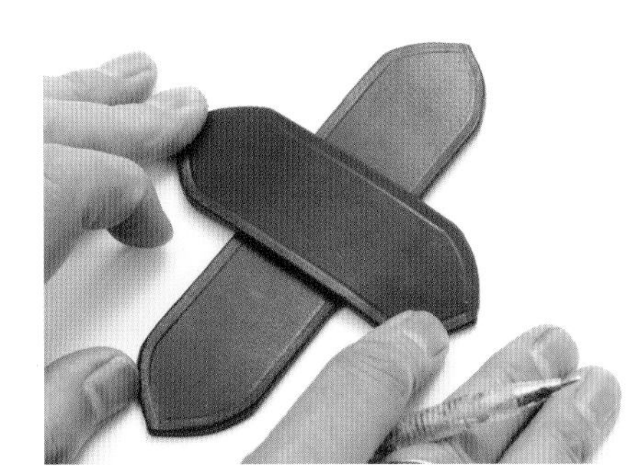

將環套疊在皮帶上面，擺成裝設之後固定起來的狀態。

16

POINT

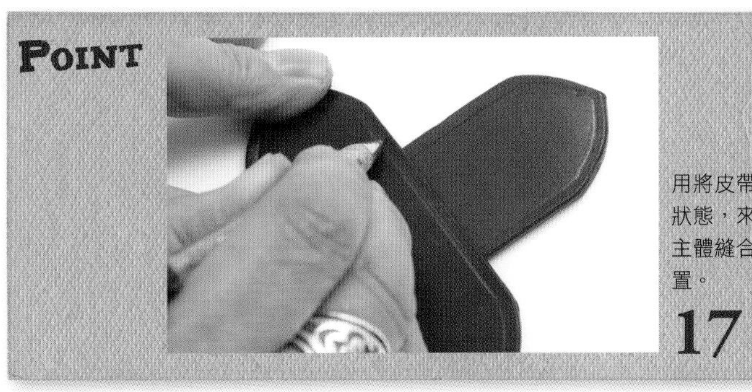

用將皮帶夾起來的狀態，來標示出與主體縫合的縫孔位置。

17

在標上記號之間的部分（不跟主體縫合的部分）開出縫孔。

18

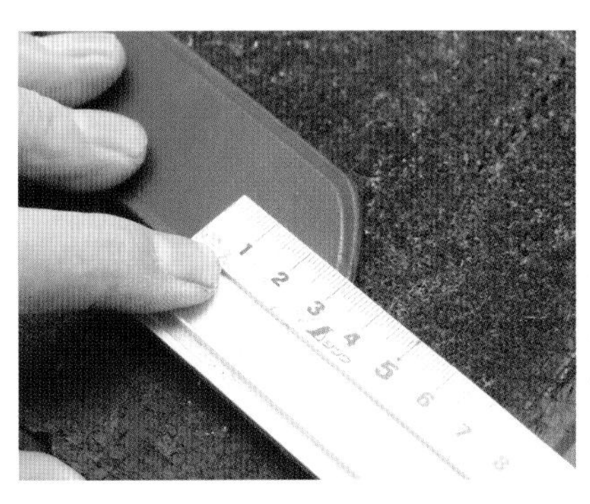

皮帶從其中一端量出30mm的位置，在縫線上面標上記號。

19

一直到標上記號的部分，都會跟主體進行縫合，因此在這之外的部分開出縫孔。

20

皮帶要開出縫孔到這個狀態。

21

皮帶、環套、裝飾革的準備作業

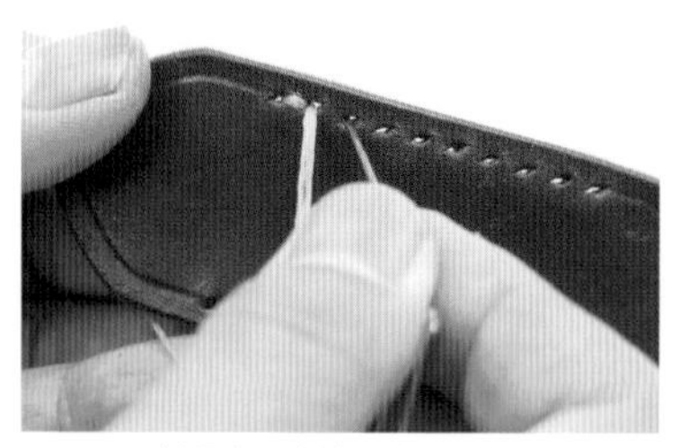

22 對環套開出縫孔的部分進行縫合。

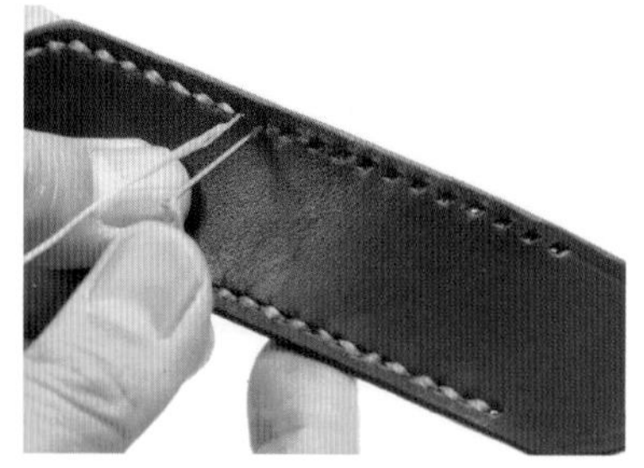

23 皮帶的縫線要準備長一點，將開出縫孔的部分進行縫合。

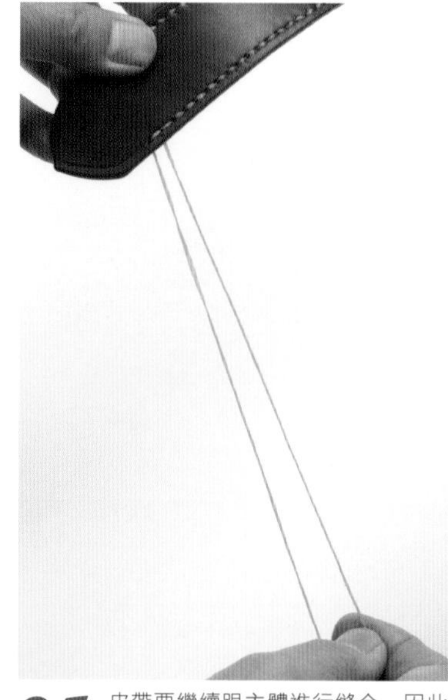

25 皮帶要繼續跟主體進行縫合，因此將縫線保留。

環套縫好的線，要從背面一方進行燒熔與固定的處理。

24

把飾釦擺到環套上面來確認位置。

26

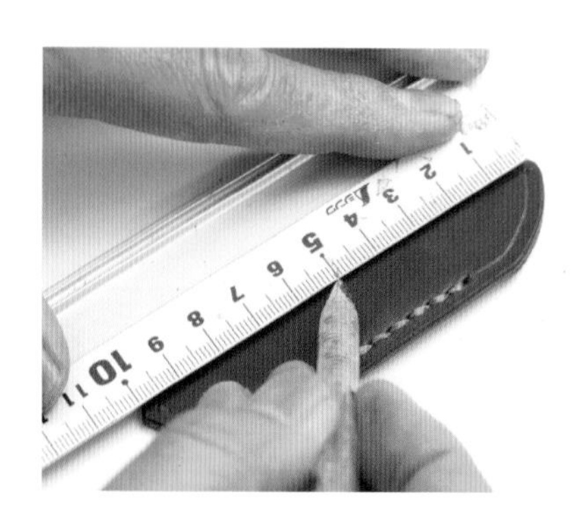

找出環套的中心，標上裝設飾釦的位置。

27

按照記號將飾釦擺上去，再一次的確認位置。

28

關於飾釦的裝設

飾釦純粹只是用來裝飾，可以按照自己的喜好來選擇（當然也可以不裝）。但飾釦同時也是一個相當顯眼的零件，請小心不要讓位置歪掉。

配合飾釦之軸心的尺寸，在裝設位置開孔。

29

將飾釦裝到環套開好的孔上。

30

這顆飾釦為固定式，擺到橡膠板上面用固定釦工具敲下來進行固定。

31

將飾釦裝好的狀態。

32

將皮帶跟環套準備到這個狀態，來裝到主體上面。

33

將各個零件裝到主體上面

START

用上一個項目所製作的皮帶、環套、裝飾革，跟主體進行組合。裝飾革的外側邊緣，會在主體跟內裡縫合的時候一起縫上去，在此只將內側縫合。

將各個零件擺到主體上面，確認裝設的位置。

01

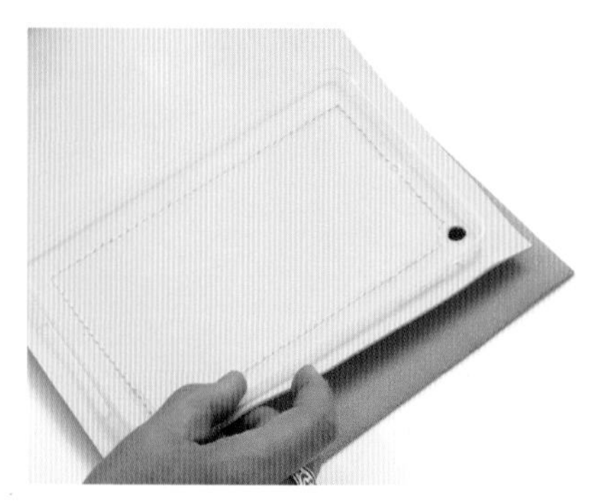

確認好位置之後將零件拿下來，讓內裡跟主體對齊。

02

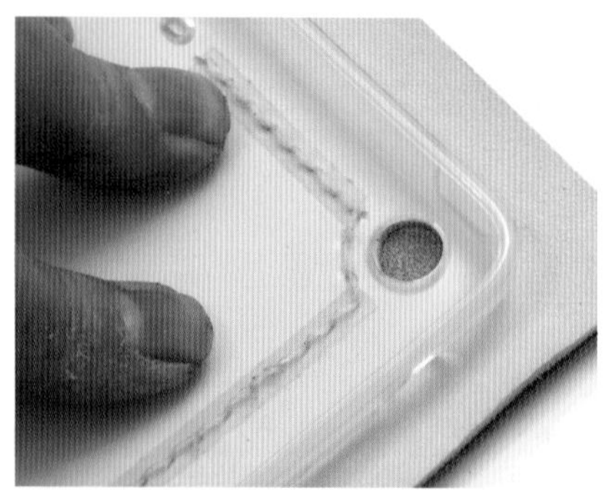

將內裡對準主體的床面，讓角落對齊。

03

將角落對齊的狀態，將鏡頭孔的位置畫在床面上。

04

在主體開出相機鏡頭的孔。

05

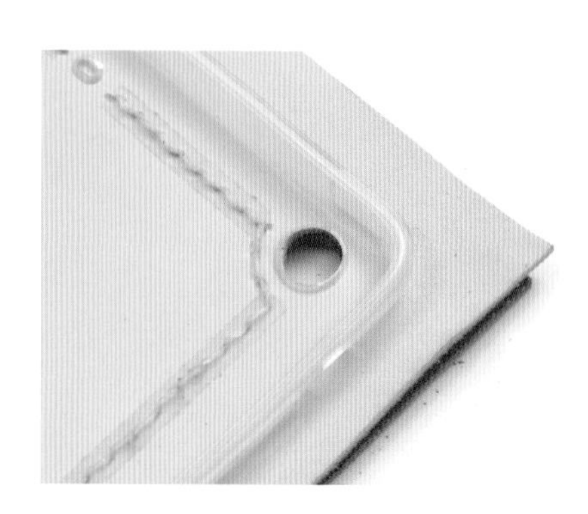

主體將孔開好之後，再次將內裡擺上去來確認孔的位置。

06

POINT

確認裝飾革的位置。帶有相機孔的那一片形狀不同，請多加注意。

07

08 在裝飾的周圍，用挖溝器畫線（在此先不挖出溝道）。

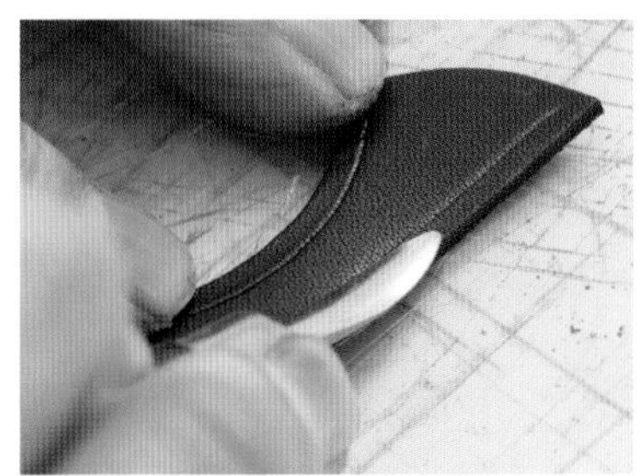

09 因為還沒有挖出溝道，用塑形刀順著縫線畫過，將線加深。

10 將畫好縫線的裝飾革，擺到主體上面。

在裝飾革的貼合位置，用銀筆稍微標上記號。

11

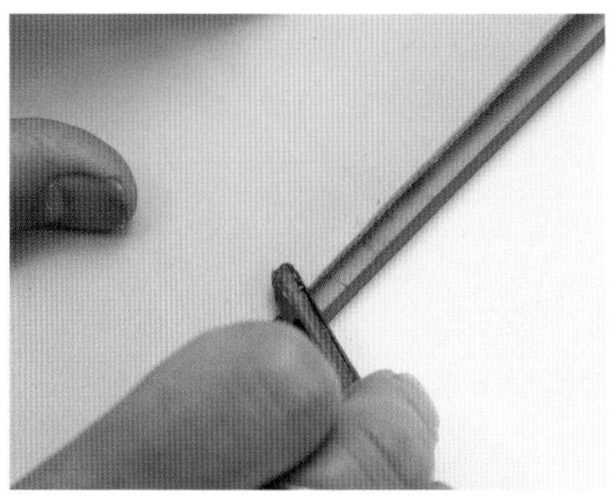

按照**11**所標上的記號，將主體的銀面刮亂。

12

像這樣子，按照裝飾革貼上的形狀來將表面刮亂。

13

將各個零件裝到主體上面

將銀面刮亂，可以讓接著劑更容易的附著上去。

14

將合成橡膠類的黏合劑塗到主體刮亂的部分。

15

裝飾革的床面也是一樣，塗上合成橡膠類的黏合劑。

16

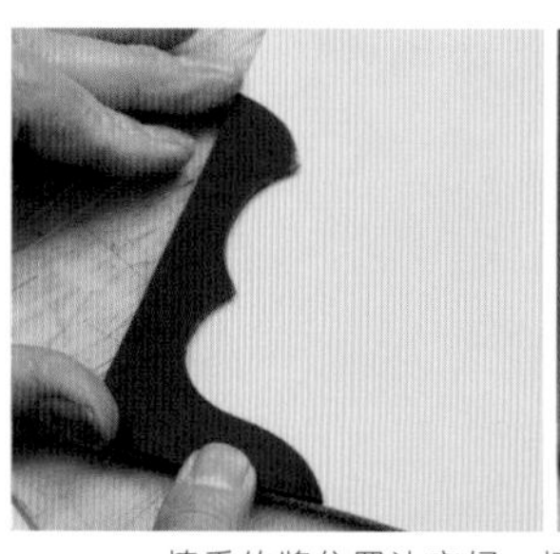

17 慎重的將位置決定好，把裝飾革貼到主體的四個角落。貼好之後用滾輪磨擦來進行壓合。

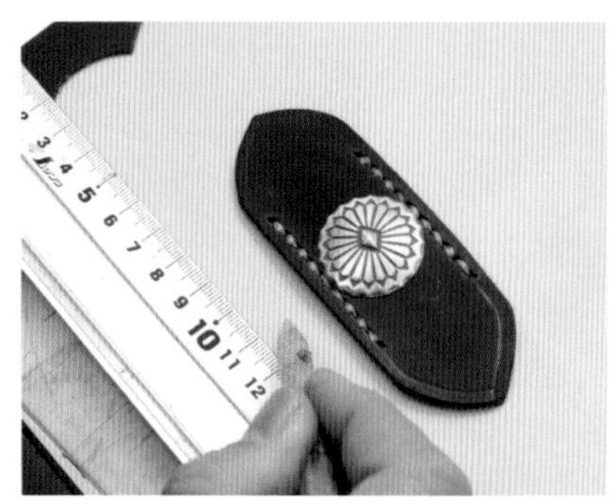

決定將環套裝上去的位置，首先將中央對準。

18

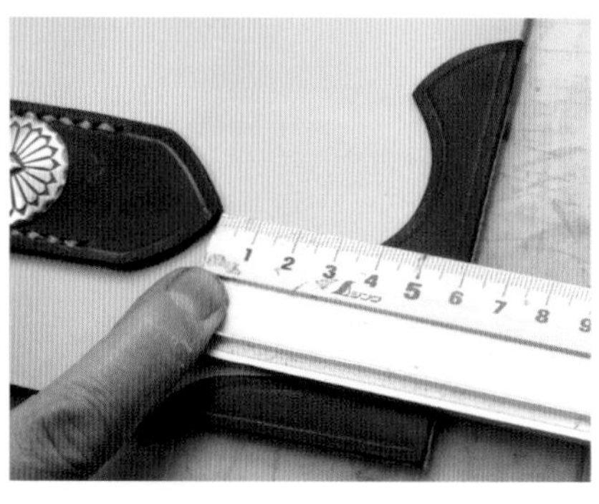

將位置對準的時候，要讓上下擁有同樣的距離。

19

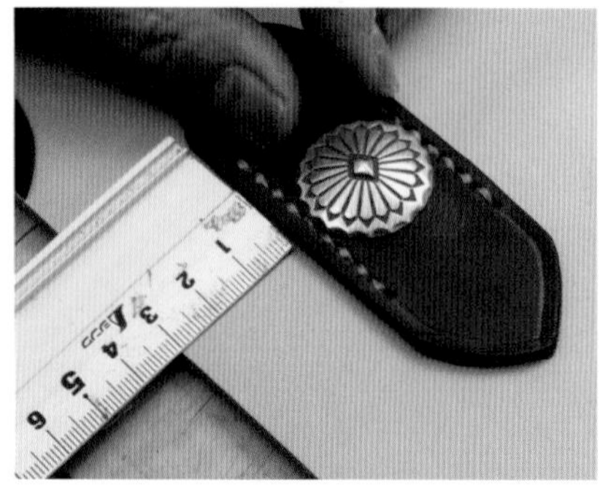

距離邊緣30mm的距離（如果使用紙型，則要對準裝設位置的記號）。

20

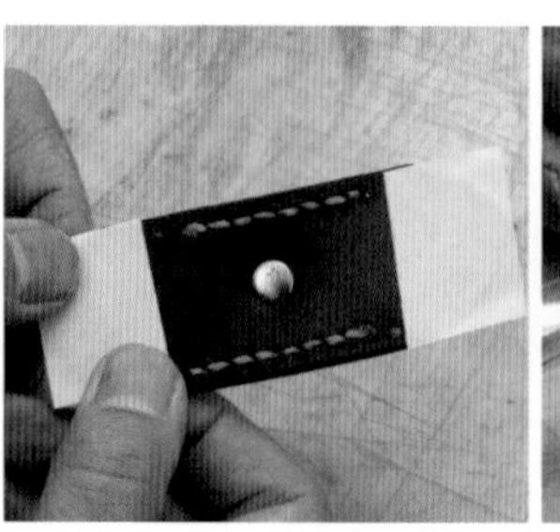

21 在環套背面的兩端（與主體縫合的部分）貼上雙面膠帶，按照環套兩端的形狀來裁切膠帶。

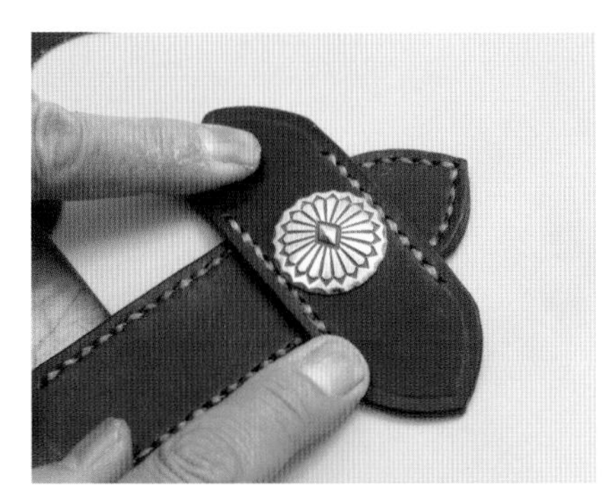

將皮帶夾住，配合環套的位置來跟主體進行貼合。

22

決定好環套的裝設位置之後，用雙面膠帶貼到主體上面，用滾輪進行壓合。

23

將環套貼到主體上面之後，壓出代表縫孔位置的壓痕。

24

環套要像這樣在兩側開出縫孔。

25

決定裝設皮帶的位置。首先標出中央的位置。

26

將皮帶對準中央的記號來進行標示（紙型已經標好對準的位置）。

27

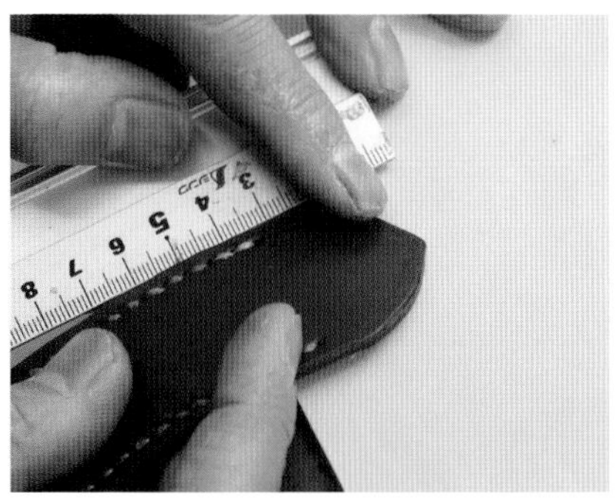

皮帶的背面也是一樣，貼上雙面膠帶來跟主體進行貼合。

28

皮帶貼好之後開出縫孔。

29

將各個零件裝到主體上面

裝飾革的內側也要開出縫孔。一邊觀察與外側縫孔之間的距離，一邊壓出壓痕。

30

要是孔的距離不合，則要改變菱斬刀刃的間隔。

31

距離較短而且彎曲，因此裝飾革的內側要用2根刀刃的菱斬來開出縫孔。

32

注意最後一個孔的位置，不要跟外側縫線空出太大的距離。

33

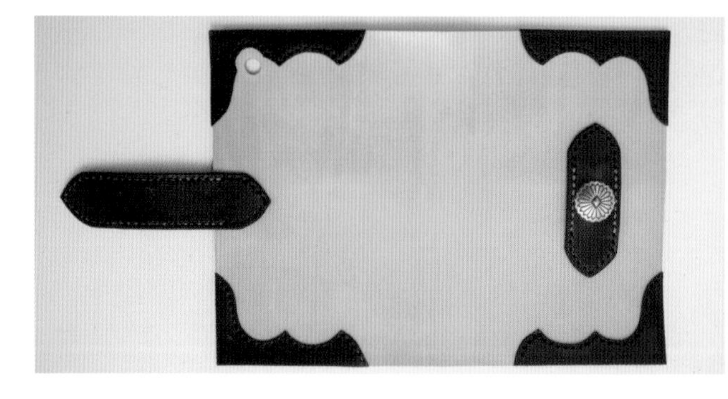

將各個零件的縫孔開好的狀態。

34

將環套的兩邊進行縫合。

35

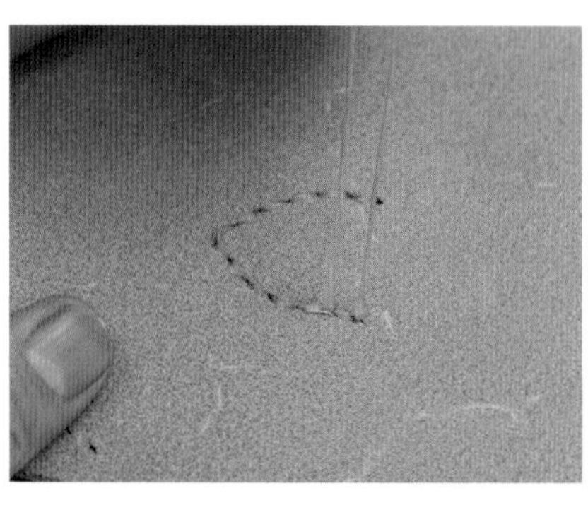

讓縫線來到床面一方收尾，進行燒熔與固定的處理。

36

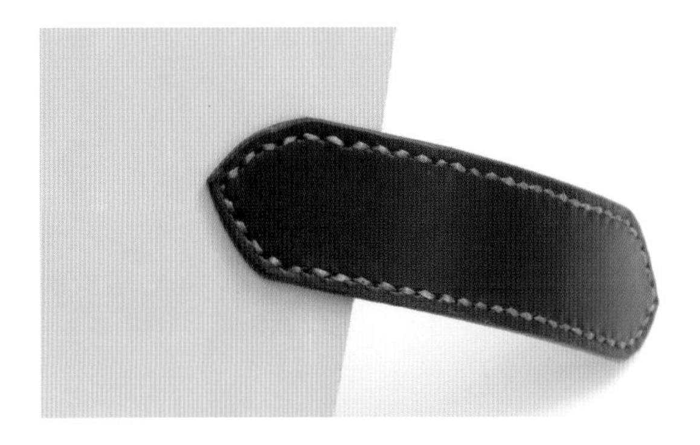

皮帶要用當初將表面與背面縫合時，保留下來的多餘的縫線來繼續縫下去。

37

將裝飾革的內側進行縫合。

38

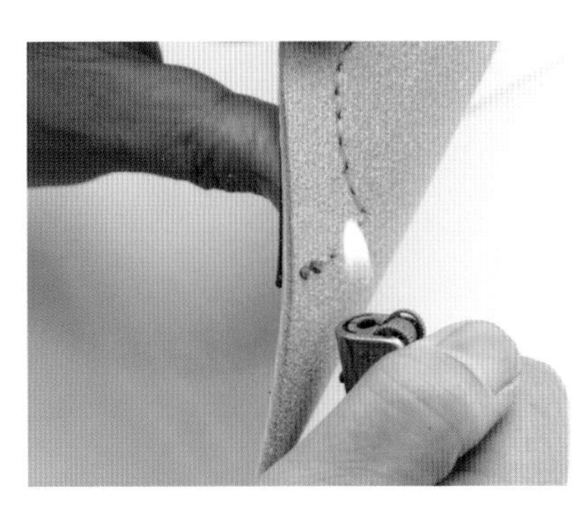

縫完的時候讓線來到床面，進行燒熔與固定的處理。4片裝飾革都以同樣的方式進行縫合。

39

40 將皮帶、環套、裝飾革縫上去的主體。主體這個零件到此完成。

主體與內裡的貼合

START

將各個零件裝到主體上面之後，要將主體與縫上電腦外殼的內裡貼合在一起。主體在使用的時候會折起來，因此要用一邊將主體與內裡彎曲一邊貼合的「彎貼」方式來進行作業。

從電腦外殼一方進行貼合。將角落對準，確認鏡頭孔的位置是否有對準。

01

POINT

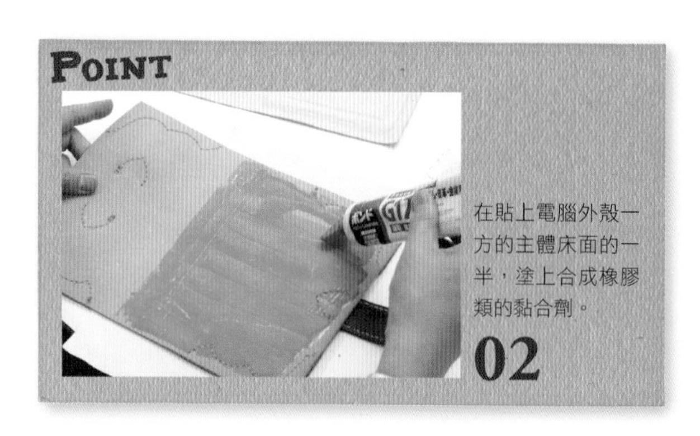

在貼上電腦外殼一方的主體床面的一半，塗上合成橡膠類的黏合劑。

02

用上膠片將黏合劑迅速的塗抹出去。

03

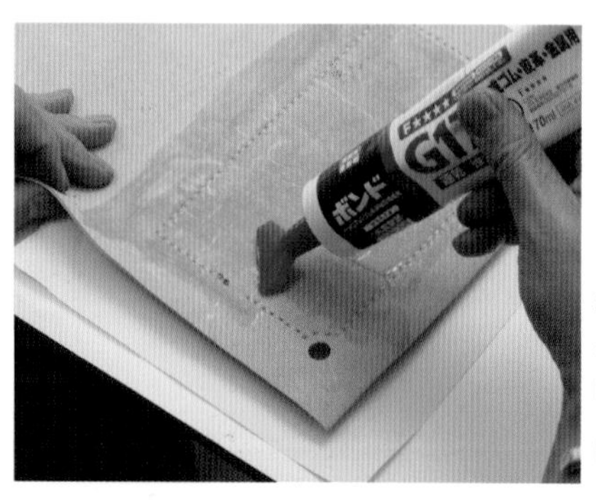

內裡的床面，一樣在電腦外殼的那一半塗上合成橡膠類的黏合劑。

04

用上膠片將黏合劑塗抹出去。

05

一邊將角落跟鏡頭孔的位置對準，一邊從邊緣慢慢的將主體與內裡貼合。

06

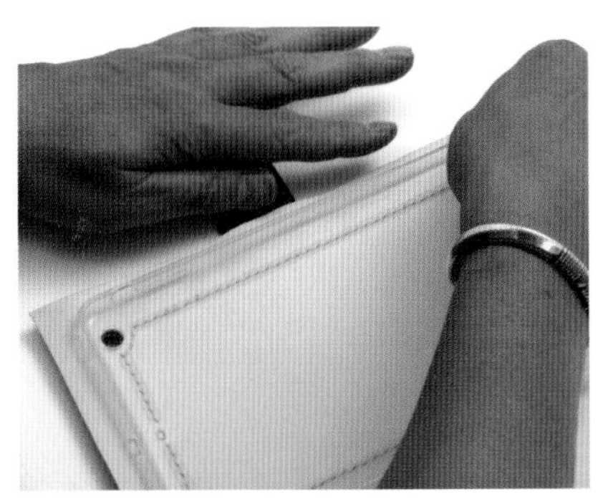

從邊緣慢慢的壓住來進行貼合，以免位置歪掉。

07

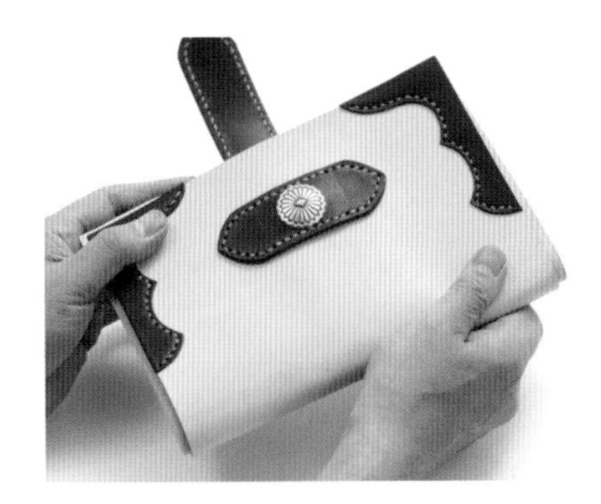

將單面貼好之後，從中央對折，成為將皮套合起來的狀態。

08

合起來之後，內裡應該會像這樣出現多出來的部分。

09

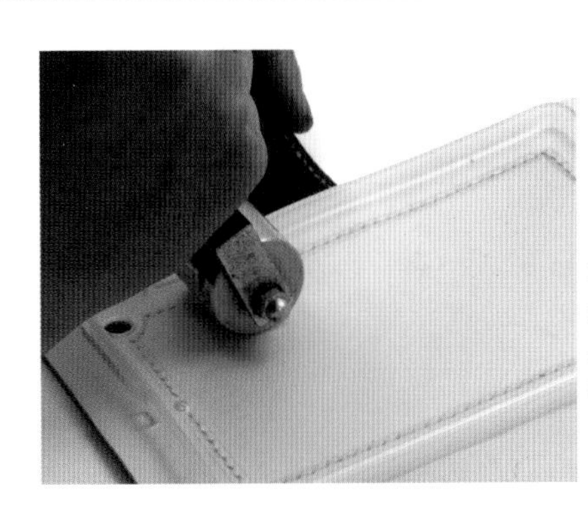

再次將主體翻開來，用滾輪磨擦，將主體與內裡壓合在一起。

10

將一半確實的貼好之後，把黏合劑塗抹在另外一半的床面。

11

內裡的床面也要塗上黏合劑。

12

用上膠片將塗上去的黏合劑塗抹出去。

13

用彎貼的方式作業
使用時會比較方便

貼合的時候如果沒有將主體與內裡彎曲，則實際使用的時候皮革會比較不容易彎曲，而且在彎起來的時候會讓內裡產生皺折。

主體與內裡的貼合

一邊將主體彎成大約90度，一邊與內裡進行貼合。

14

用滾輪磨擦貼合的部位來進行壓合。

15

16 就如同**09**確認的一般，以彎貼的方式進行作業，內裡會像這樣多出幾公分。

17 配合主體將多餘的內裡切掉。

折起來將皮帶插進環套，確認是否有任何問題。

18

翻到背面，確認相機鏡頭的孔沒有歪掉等各個細節。

19

主體與內裡的貼合與完成

START

終於來到最後的工程。在主體周邊開出縫孔，將主體與內裡縫在一起。縫合的距離稍微比較長，但縫合的方式基本上跟一般相同。縫好之後對切邊進行處理即可完成。

用轉角切刀將四個角落切成弧形。用美工刀等其他刀具來裁切也可以。

01

用削邊器將表面一方的菱邊削掉。

02

POINT

如果切邊不齊，則用小型刨刀來削平。

03

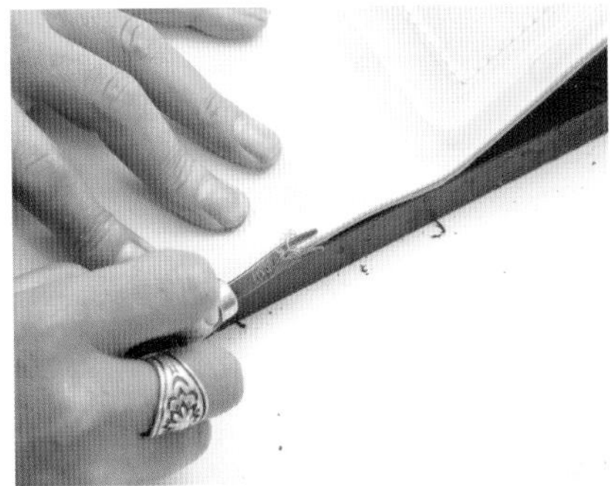

背面一方的菱邊，一樣用削邊器來削掉。

04

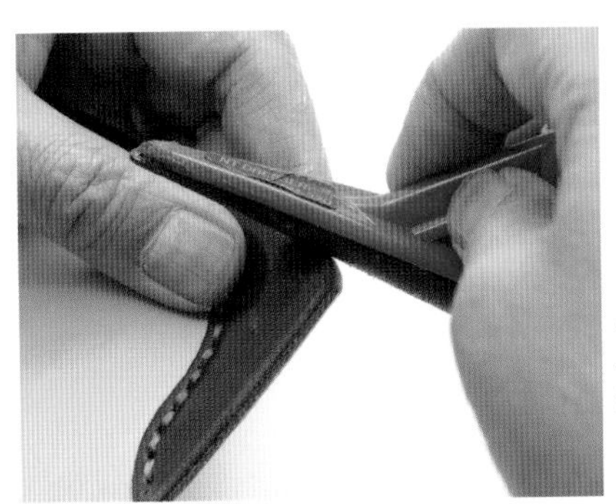

用三角研磨器等研磨工具，將切邊的形狀整理到位。

05

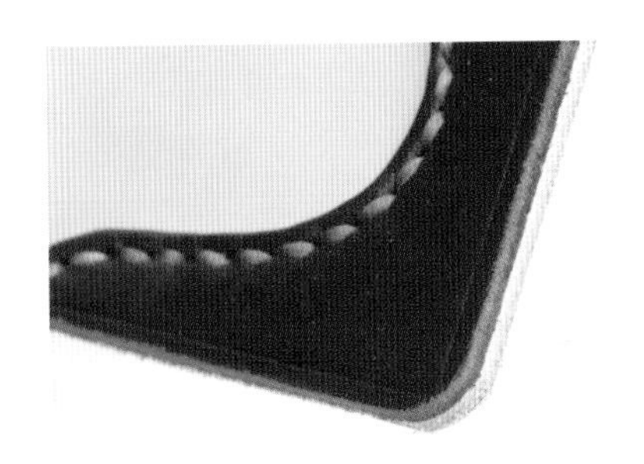

將切邊的形狀整理好的狀態。

06

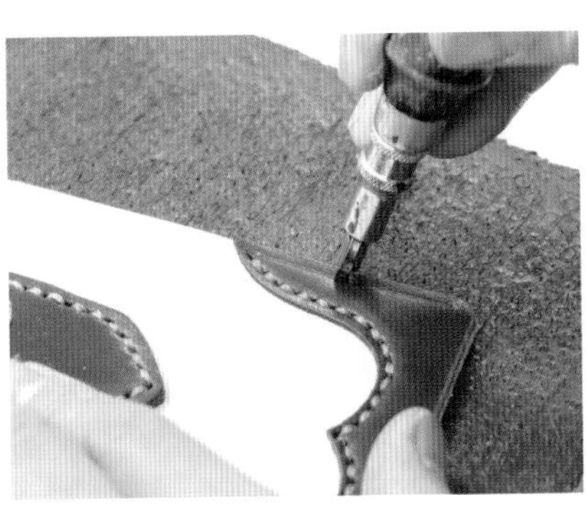

用挖溝器在主體周圍畫出縫線。

07

主體與內裡的貼合與完成

按照縫線來開出縫孔。裝飾革產生高低落差的部分要進行調整，不要讓刀刃去傷到表面。

08

皮帶的部分要像這樣一邊翻起來一邊開出縫孔，注意不要讓孔歪掉。

09

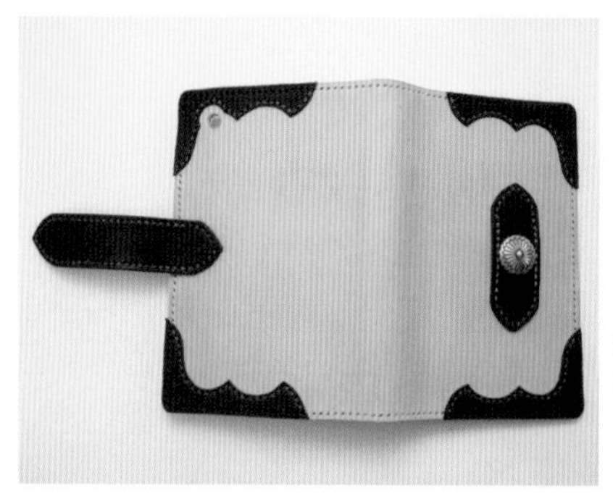

在主體周邊開好縫孔的狀態。

10

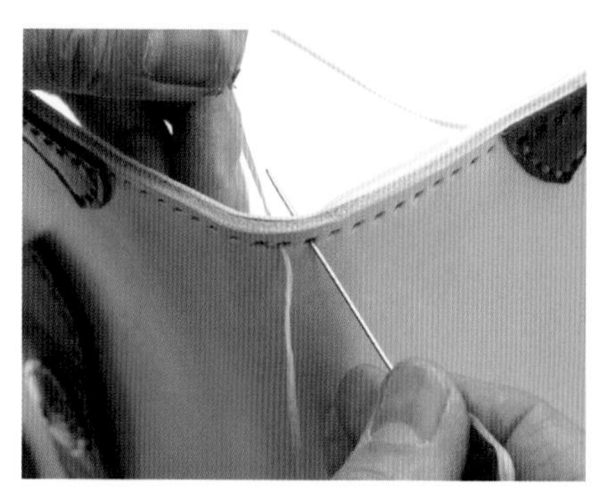

不想讓縫線收尾的部分太過顯眼，因此從彎曲部分的下方開始縫合。

11

順著主體周邊來縫上一圈。裝飾革的部分皮革較厚，縫起來比較不容易，作業時要多加小心。

12

在開始縫的部分重疊2孔，讓線來到內側（貼上內裡的一方）來進行收尾。

13

將縫好的線留下2～3mm來剪掉。

14

用打火機對剪掉的線進行燒熔與固定的處理。

15

在縫好的切邊塗上CMC，用布、矮玻璃杯的順序來進行研磨。

16

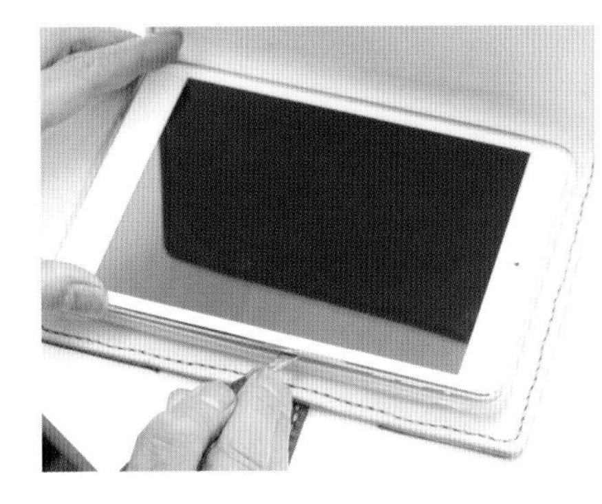

將iPad mini裝到矽膠外殼上面，來確認裝設的感覺。

17

將切邊磨好即可完成

精簡卻又好用的平板電腦皮套，主體用鞣製革製作，邊緣貼上裝飾來得到男性的氣氛，是經得起長久使用的作品。

SHOP INFORMATION

特別訂製，只屬於自己的一件作品

荻原啓士先生

MACK的店主兼皮革工藝師。皮革業界屈指可數的創意大師。

附屬於美容院的MACK店內，裝潢以木材為主，擁有沉穩的氣氛。可以一邊觀察樣品，一邊商量怎樣製作出心目中理想的作品。

Leather Craft MACK位在吉祥寺鬧區一段距離之外的鬧中取靜的場所。同時以美容師的身份活躍的荻原先生製作出來的皮革作品，總是以獨自的創意來顛覆皮革業界的常識，讓實用性更進一步的提升。荻原先生同時也是機車騎士，大多數的作品都是以騎士品味為主的狂野派

Leather Craft MACK

東京都武藏野市吉祥寺本町2-31-1　Tel.0422-22-4440

營業時間 11：00〜20：00

公休日 每週的禮拜二、第3個禮拜三

越是使用 越是美好的鞣製革

用鞣製革製作的作品，剛剛完成的時候表面為肌膚色。這是沒有經過任何加工、只用鞣質鞣製而成的皮革所擁有的顏色，被稱為原色（Unbleached）或天然色（Natural）。有些皮革會在一開始就用染料染成茶色，但是由自己親手使用來轉變成所謂的「麥芽糖色」所帶給人的喜悅，才是使用皮革配件的主要樂趣之一。

鞣質鞣製的皮革濕掉的時候會變軟，因此含水的時候如果沒有將形狀整理到位，會在乾掉的時候讓外形產生扭曲。再加上鞣製革沾到水的部分會形成斑點，基本上要盡可能的不去沾水。汗水等也會成為斑點的原因，因此在一開始使用的時候一切都要謹慎。

但使用經過一段時間之後，表面會因為磨擦而得到光澤，鞣質浮現使表面的顏色加深，污垢也變得比較不容附著。使用時間越長，鞣製革就會變得越來越是美麗、強韌。將皮革這種素材的本質充分表現出來讓人享受，正是鞣製革所擁有的最主要的特徵。

LONG WALLET

長型皮夾

越是使用風味越是增加的鞣製革，長型皮夾可以說是這種素材最為經典的作品。使用4.0mm超厚皮革的特製皮夾，就算徹底的使用也能維持完好的機能。

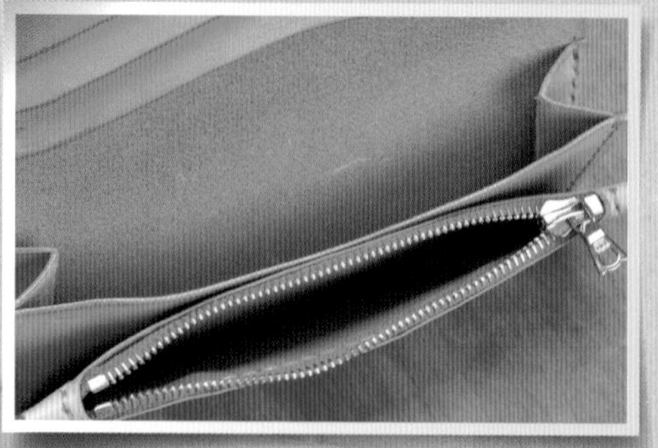

TOOLS 工具

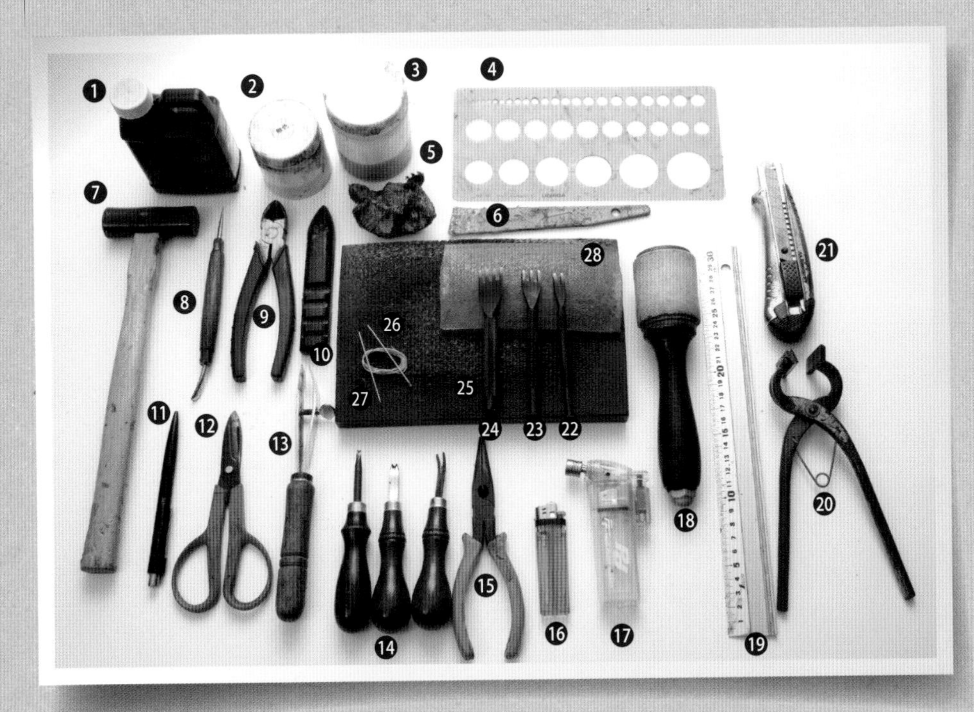

①牛腳油
②TOKONOLE
③合成橡膠類黏合劑
④圓尺
⑤絲瓜絡
⑥上膠片
⑦鎚子
⑧塑形刀
⑨鉗剪
⑩修邊器
⑪銀筆
⑫剪刀
⑬邊線器
⑭各種削邊器
⑮尖嘴鉗
⑯打火機
⑰瓦斯打火機
⑱膠槌
⑲尺
⑳板金用鉗子
㉑美工刀
㉒2孔菱斬
㉓3孔菱斬
㉔4孔菱斬
㉕橡膠板
㉖手縫針
㉗人造撚線
㉘塑膠板

PARTS 材料

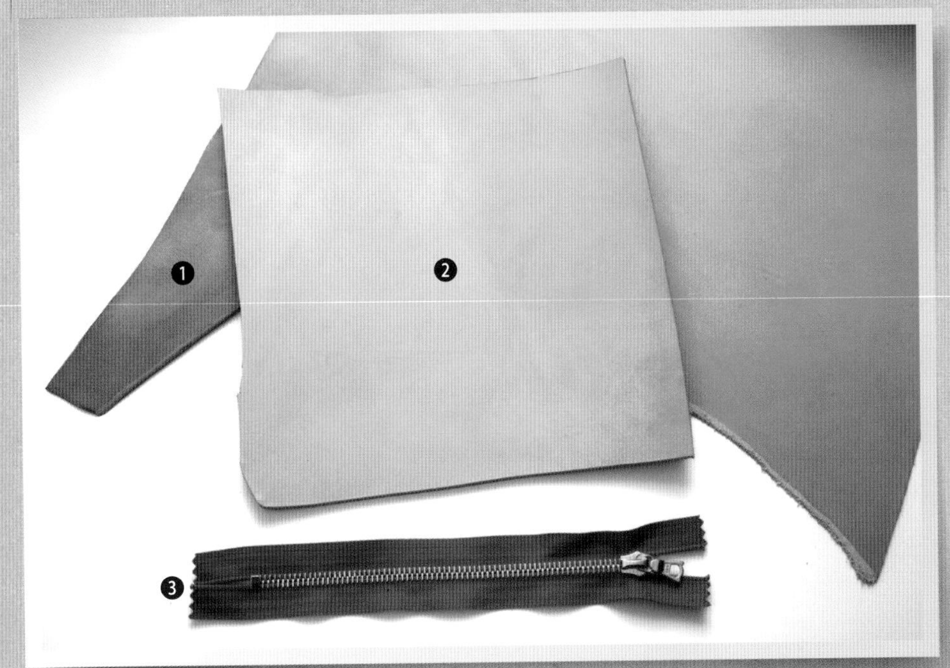

①鞣製革
（給各個零件使用1.6mm厚）
②鞣製革
（給主體使用4.0mm厚）
③拉鍊
（使用的長度為160mm，
必須超過這個距離）

各個零件的裁切與拉鍊的調整

START

按照紙型將零件裁切下來。拉鍊會使用160mm的長度，要是找不到剛好合適的尺寸，則選擇比較長的款式來進行調整，在此連同調整的方式一起介紹。

各個零件的裁切

將紙型擺到皮革表面上，在周圍畫線。

01

在皮革表面畫出零件的外形時，要盡可能的減少無謂的部分。

02

按照畫好的線，將零件裁切下來。

03

襯料會配合實際的成品來進行調整，因此將下面的部分保留不要切割。

04

卡片夾的上面那一邊要切出弧形。別讓刀刃停下，一氣呵成的切出流暢的線條。

05

卡片夾、零錢袋的轉角要切成弧形。

06

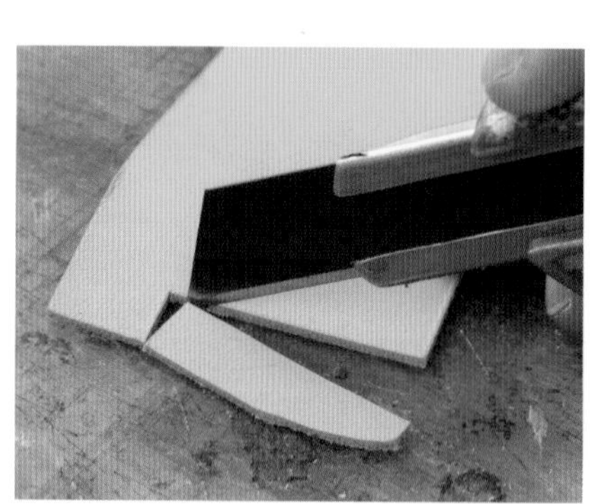

卡片夾A的兩邊的部分，要切成T恤的形狀。

07

畫線來標出拉鍊的裝設位置。首先在兩端的位置（距離邊緣15mm的位置）標上記號。

08

用線將兩個記號連起來，讓線跟邊緣維持6mm的寬度。

09

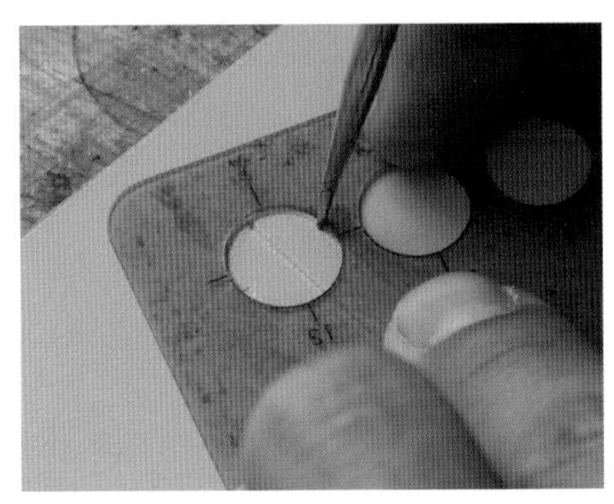

用圓尺12mm的孔在兩端畫出圓弧。

10

按照畫好的線，切出裝設拉鍊用的開口。

11

轉角的部分將美工刀的刀尖刺進去來切開。

12

裝設拉鍊的開口，要像這樣子切割下來。

13

POINT

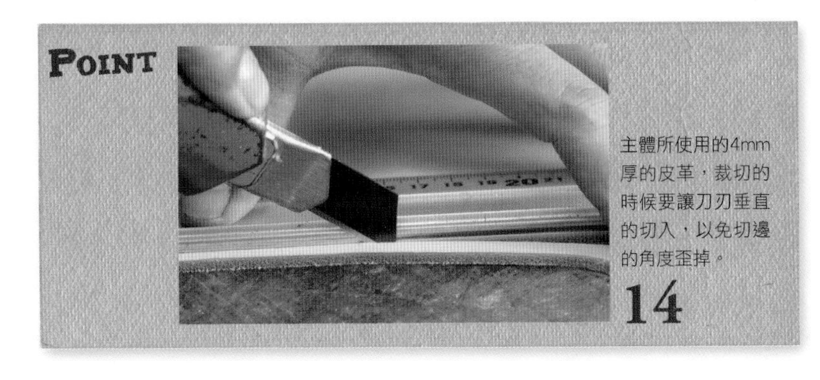

主體所使用的4mm厚的皮革，裁切的時候要讓刀刃垂直的切入，以免切邊的角度歪掉。

14

各個零件的裁切與拉鍊的調整

量出160mm的長度，在拉鍊帶標上記號。

15

用鉗剪等工具，將拉鍊的下止完好的從拉鍊帶拔下來。

16

一直到畫上記號的部分為止，用鉗剪將鍊牙拔下。

17

將鍊牙拆下的部分，要是拉鍊帶損壞的話，用打火機烤過。

18

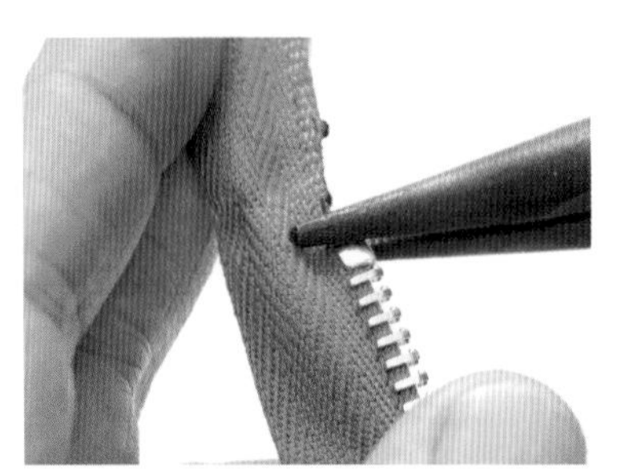

19 按照拉鍊帶上面的記號，用尖嘴鉗將下止裝上去。

20 將拉鍊長度調整好的狀態。等裝好之後再來調整拉鍊帶的長度。

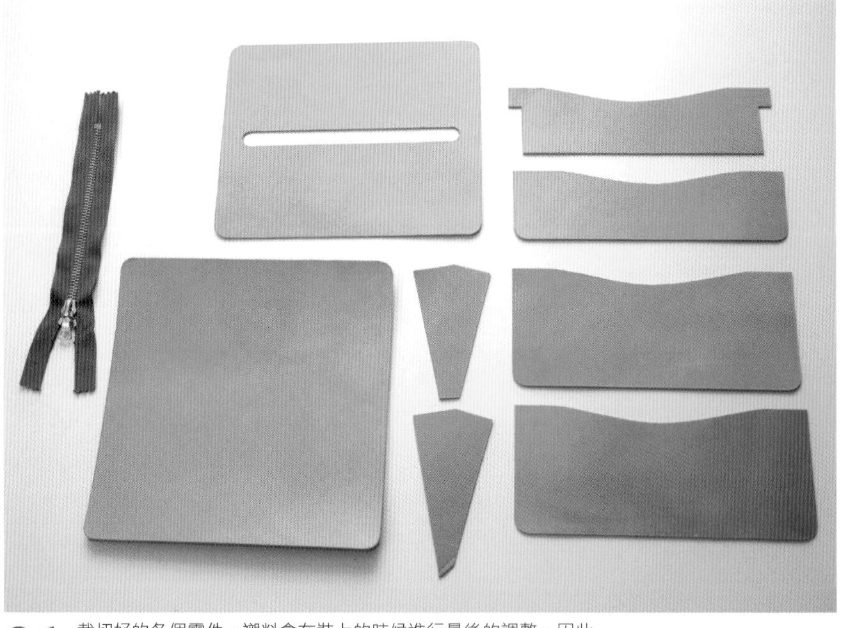

21 裁切好的各個零件。襯料會在裝上的時候進行最後的調整，因此下方的部分先不要進行裁切。

將必須事先處理好的切邊完成

START

卡片夾跟襯料的頂邊、拉鍊開口等縫合之後不容易處理的切邊，要以零件的狀態事先處理過。

將菱邊削掉

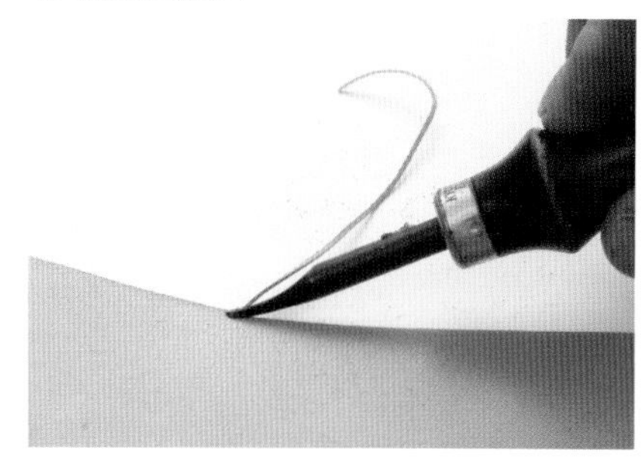

卡片夾要將所有頂邊的菱邊削掉。

01

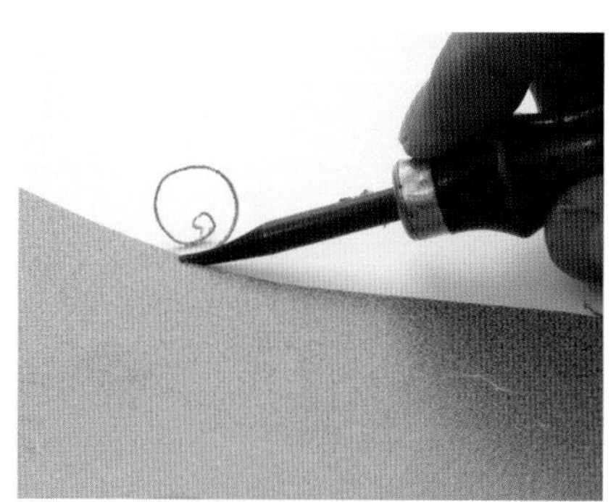

床面的菱邊也一樣的削掉。

02

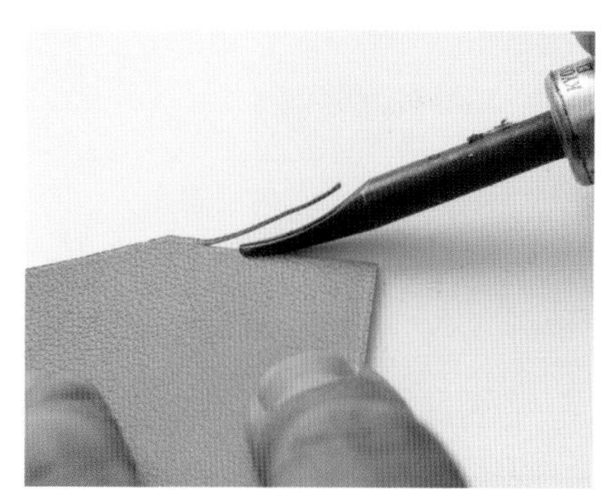

將襯料頂邊的菱邊削掉。

03

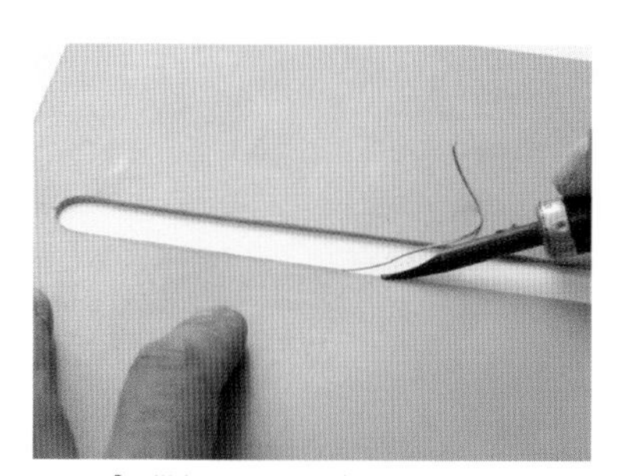

04 從銀面一方，將拉鍊開口的菱邊削掉。

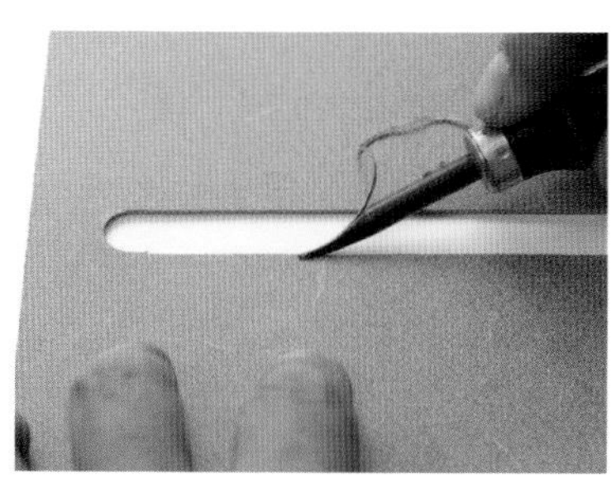

05 拉鍊開口的床面一方，也將菱邊削掉。

POINT

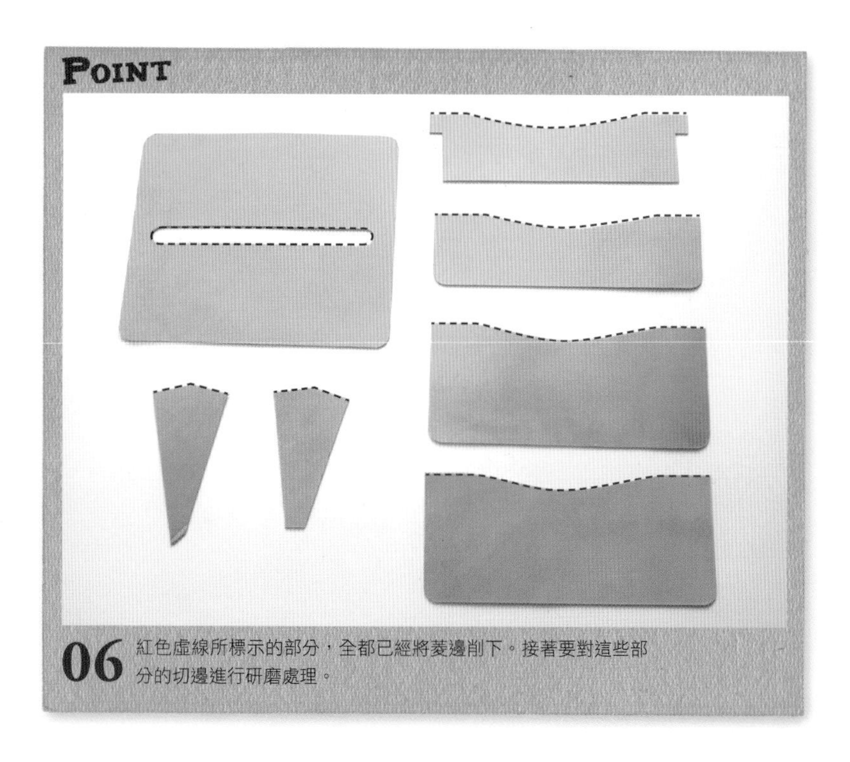

06 紅色虛線所標示的部分，全都已經將菱邊削下。接著要對這些部分的切邊進行研磨處理。

將必須事先處理好的切邊完成

● 研磨切邊

用低級碎布將水塗到切下菱角的切邊上面。

01

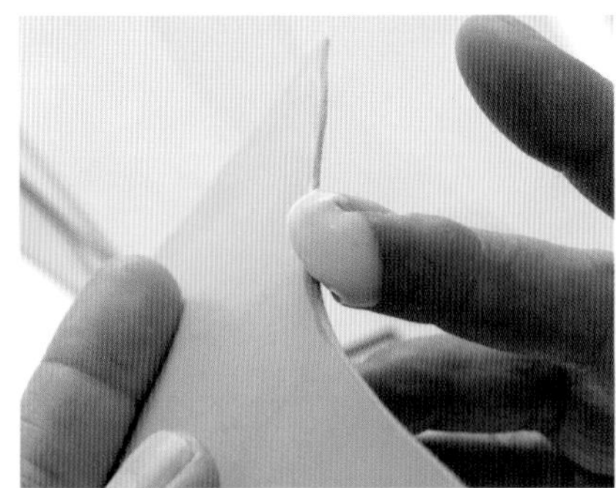

將TOKONOLE塗在已經含有水分的切邊。

02

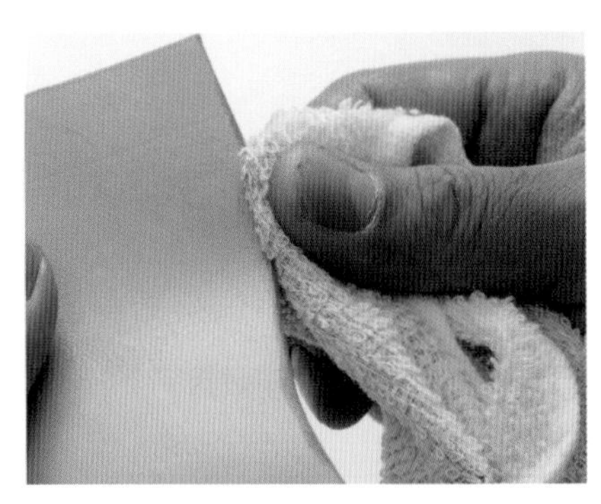

用乾的低級碎布，將多餘的TOKONOLE擦掉。

03

用絲瓜絡對切邊進行研磨。這將是卡片夾的頂邊。

04

襯料的頂邊也是一樣，塗上TOKONOLE用絲瓜絡磨過。

05

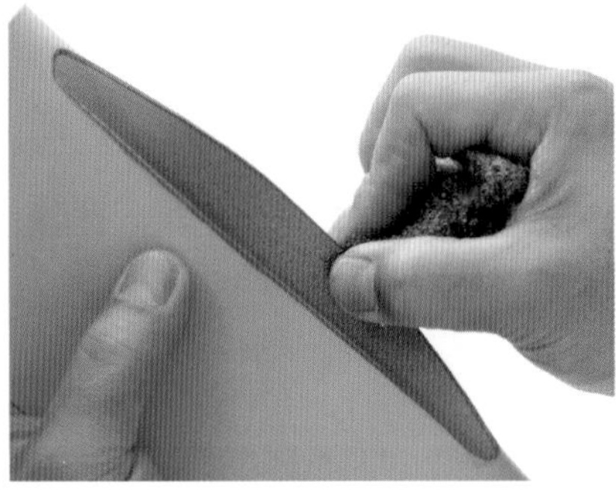

拉鍊的開口像這樣折起來，會比較容易進行研磨的作業。

06

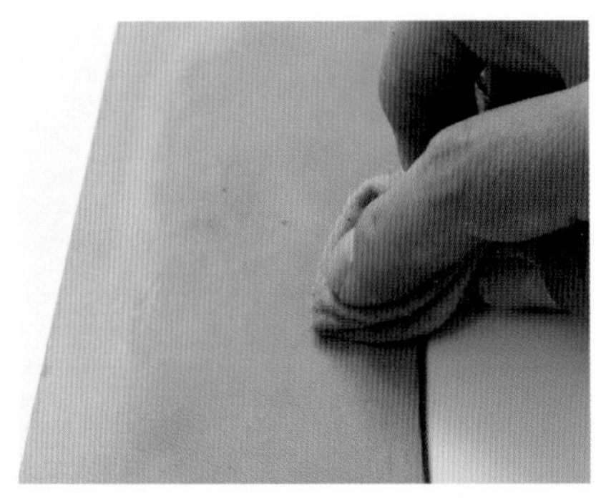

切邊磨好之後，塗上牛腳油來防止污垢。

07

牛腳油
不用塗也沒關係

塗上牛腳油可以防止污垢，但同時也會改變皮革的質感，因此不想塗的話不必使用也沒關係。

拉鍊
跟卡片夾的黏合

START

把拉鍊黏到卡片夾上面，將卡片夾的3片零件貼在一起。對於卡片夾的貼合，柿沼先生擁有自己獨自的祕訣，希望大家可以拿來參考。

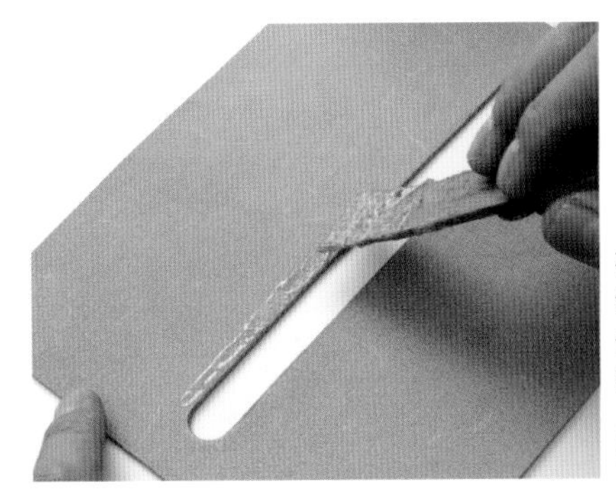

在零錢袋床面的拉鍊開口周圍，塗上合成橡膠類的黏合劑。

01

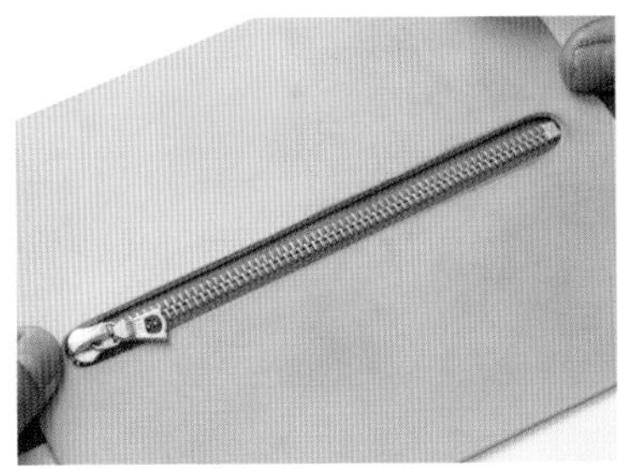

02 拉鍊帶一方也塗上黏合劑，將位置對準來進行貼合。

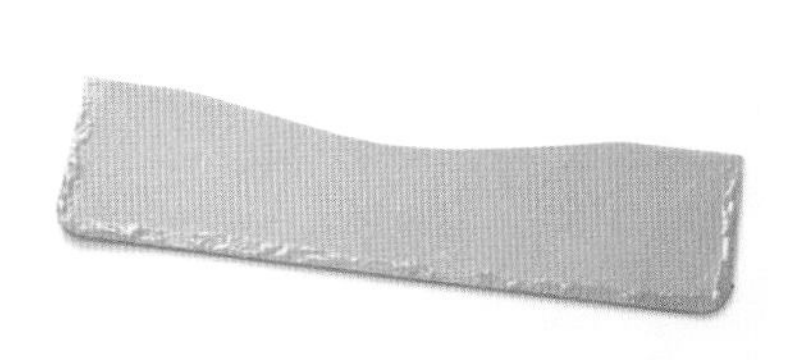

03 在零錢袋B的床面，像這樣子以匚字形來塗上黏合劑。

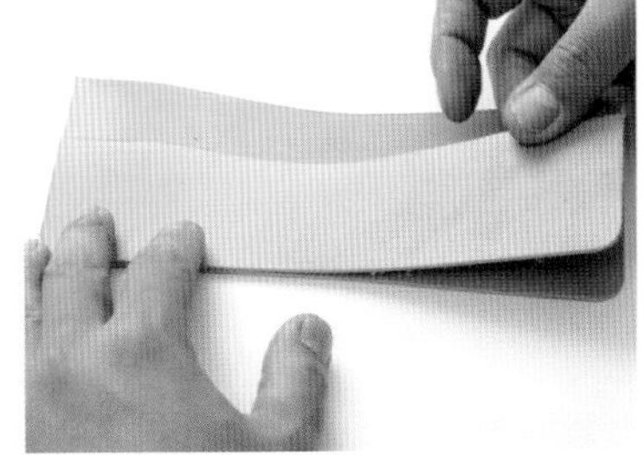

04 對準位置，將零錢袋B貼到零錢袋C的上面。

05 只有零錢袋B跟C的底邊，用板金用鉗子來進行壓合。在卡片夾A的袖子部分塗上黏合劑。

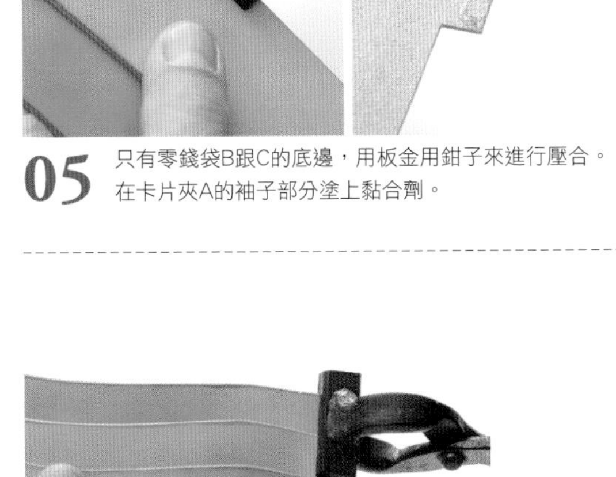

卡片夾A的袖子部分以及卡片夾C，用板金鉗子夾起來進行壓合。

07

POINT

將卡片夾A，插進卡片夾B與C之間。這樣卡片夾裝設的位置比較不容易歪掉。

06

在各個零件開出縫孔

START

考慮到作業效率的問題，柿沼先生將使用同樣工具之工程整理在一起來進行作業。在這個階段，要用菱斬在各個零件的縫合部位開出縫孔。

找出卡片夾的中央來標出記號。

01

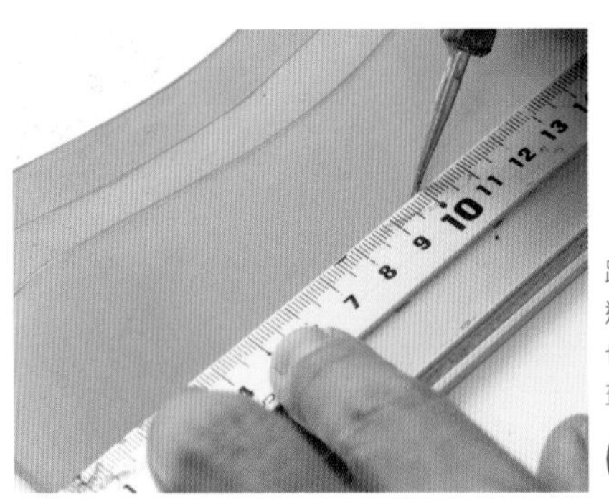

距離卡片夾B的底邊15mm的位置，也用圓形鑽孔器來畫上記號。

02

用圓形鑽孔器將標示的記號連起來畫出縫線。

03

調整縫孔的位置，不要讓菱斬的刀刃去傷到卡片夾的邊緣。

04

一路開出縫孔，一直到畫在卡片夾B的記號為止。

05

將縫孔開好的狀態。這個部分縫合之後，會將卡片夾分成左右兩邊。

06

別讓刀刃傷到邊緣的部分

開出縫孔的時候，要是讓菱斬的刀刃傷到邊緣，則會在使用的過程之中，讓零件從這個部分斷掉，請多加注意

像這樣子將還沒有完全貼合的卡片夾B的側面翻開。

07

在卡片夾A的底邊，開出將卡片擋下來的縫孔。

08

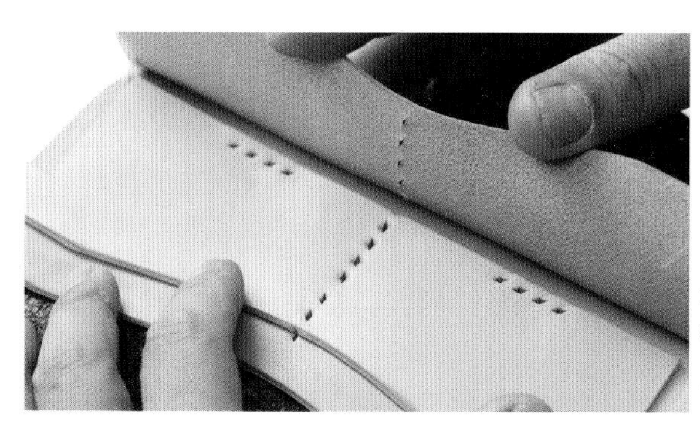

在卡片夾將必要的縫孔開好的狀態。

09

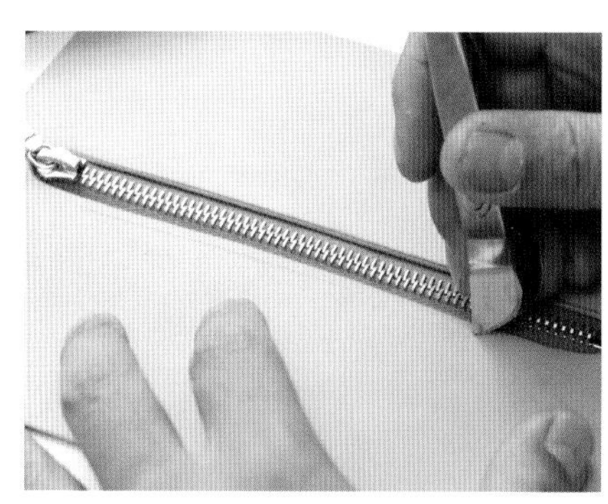

在拉鍊開口的周圍，用邊線器以3mm的寬度畫出縫線。

10

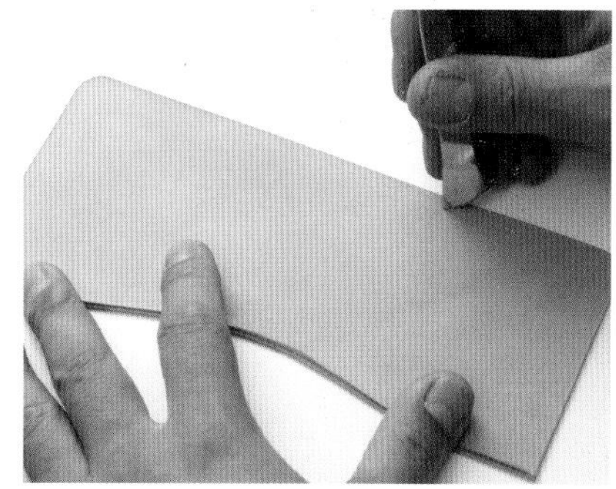

鈔票夾的周圍，一樣用邊線器以3mm的寬度畫出縫線。

11

在襯料的側邊，以3mm的寬度畫出縫線。

12

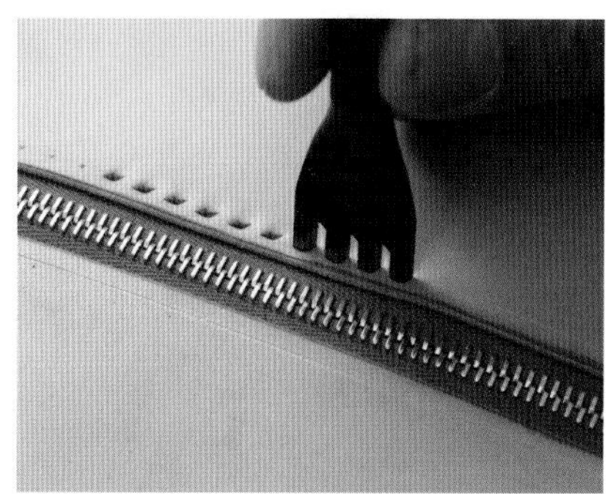

按照縫線，在拉鍊開口的周圍開出縫孔。

13

在各個零件開出縫孔

彎曲的部分，用2根刃刃的菱斬來開出縫孔。

14

開到剩下最後5孔左右的時候，必須調整間隔將縫孔的位置對好。

15

按照縫線，用菱斬在鈔票夾的周圍壓出代表縫孔的壓痕。

16

轉角的部分用2根刃刃的菱斬，順著轉角來開出縫孔。

17

將鈔票夾與襯料疊在一起，按照鈔票夾的縫孔的位置，在襯料壓出代表縫孔的壓痕。

18

先將縫孔開出來的時候要確實將位置對準

將縫合的零件貼在一起之前，如果要先開出縫孔，則必須正確的將孔開在同樣的位置，否則會在縫合的時候歪掉，請多加注意。

POINT

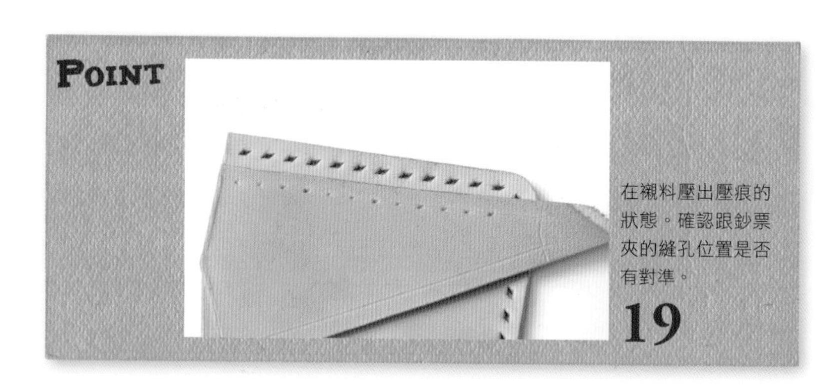

在襯料壓出壓痕的狀態。確認跟鈔票夾的縫孔位置是否有對準。

19

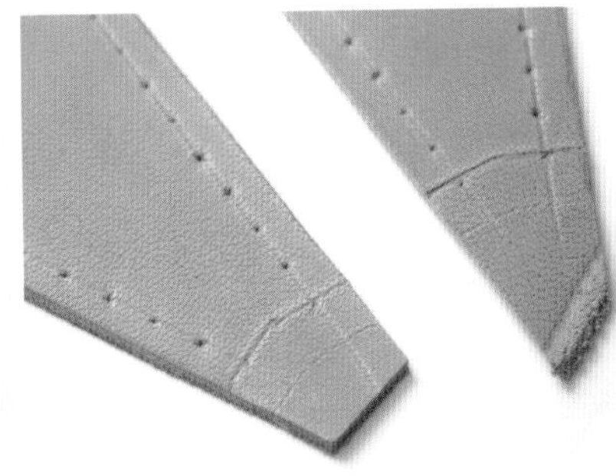

在襯料的兩邊壓出壓痕，像這樣子用線將最後的壓痕連起來。

20

按照畫好的線，將襯料進行切割。

21

按照壓痕來開出縫孔。

22

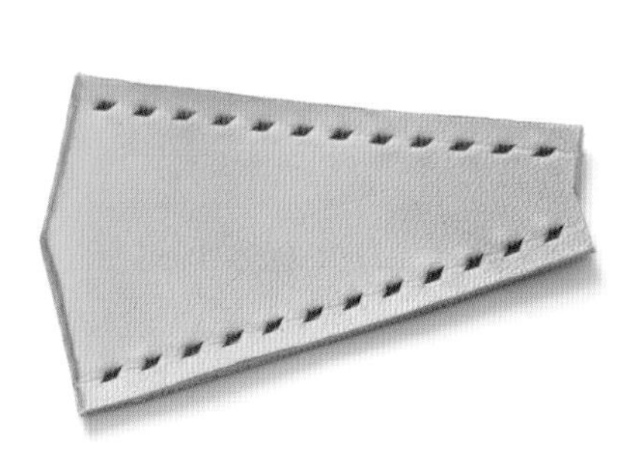

在襯料的兩邊開好縫孔。

23

從中央將襯料對折，用鎚子敲過來形成折痕。

24

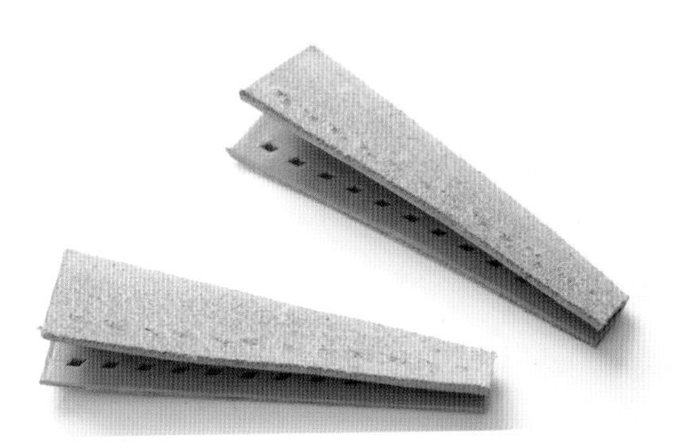

將左右兩邊的襯料都對折。

25

零錢袋
跟卡片夾的前置作業

START

將拉鍊縫到零錢袋上面，並且將鈔票夾與襯料縫合。卡片夾要將中央與固定卡片的部分縫合，橫的部分用黏著劑進行貼合並且壓在一起。

● 零錢袋周圍零件的前置作業

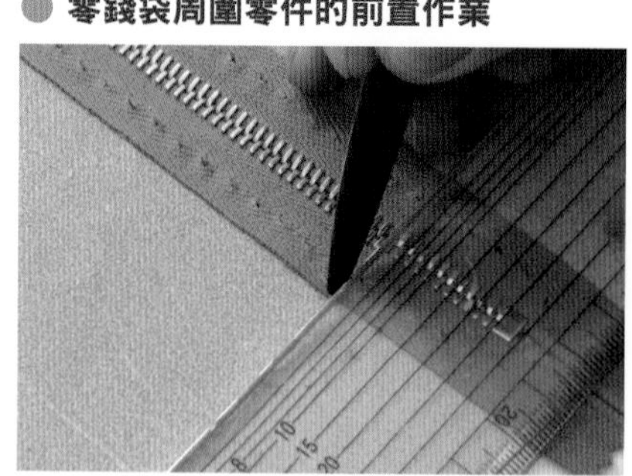

零錢袋跟鈔票夾的縫合部位，分別在距離左右45mm、距離下方15mm的位置標上記號。

01

轉角的部分用圓尺畫上圓形。

02

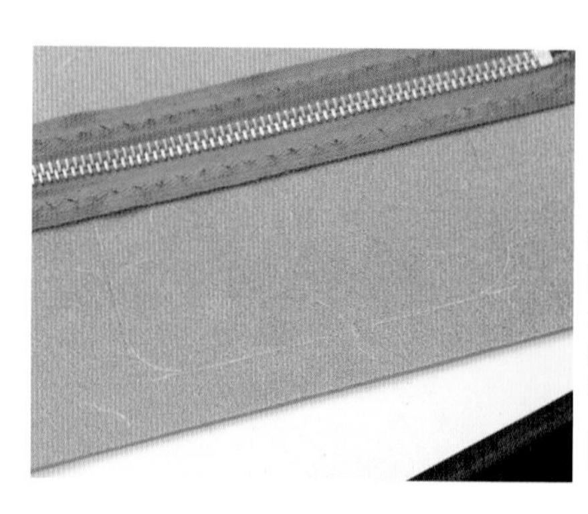

縫合的部分會成為這個狀態，為了形成讓卡片插入的構造，會將頂邊保留不進行縫合。

03

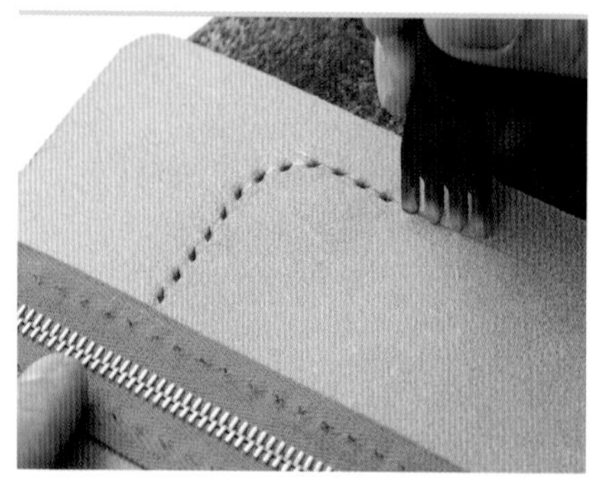

按照畫好的縫線，用菱斬開出縫孔。

04

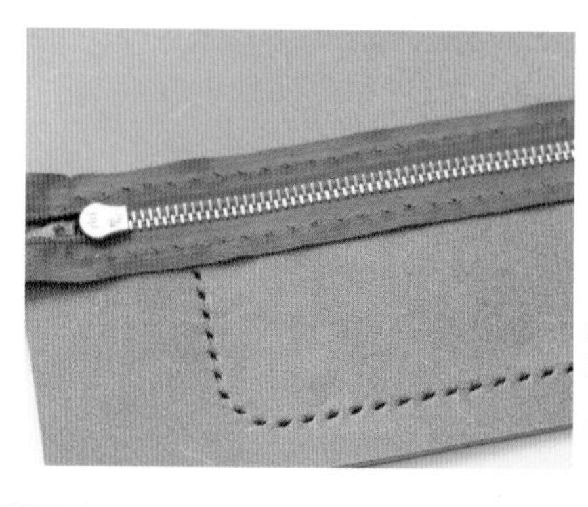

將縫孔開好的狀態。

05

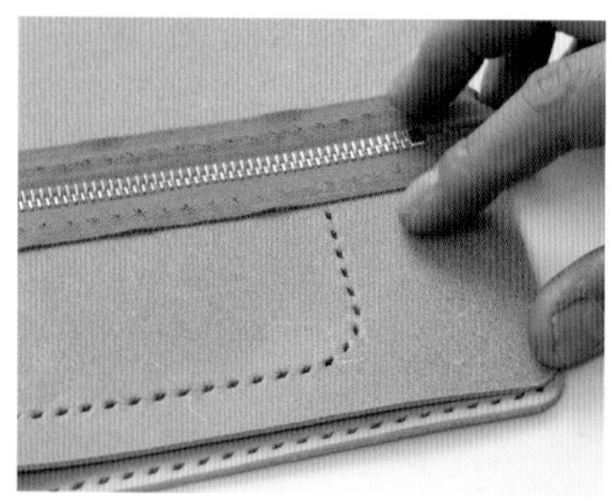

將鈔票夾疊在零錢袋的下方，將切邊的位置對準。

06

POINT

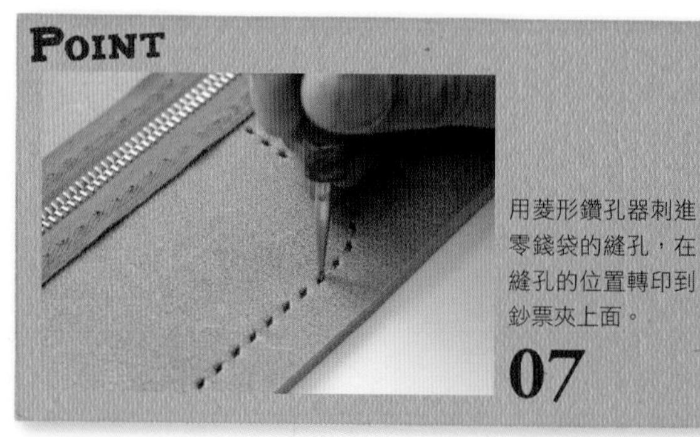

用菱形鑽孔器刺進零錢袋的縫孔，在縫孔的位置轉印到鈔票夾上面。

07

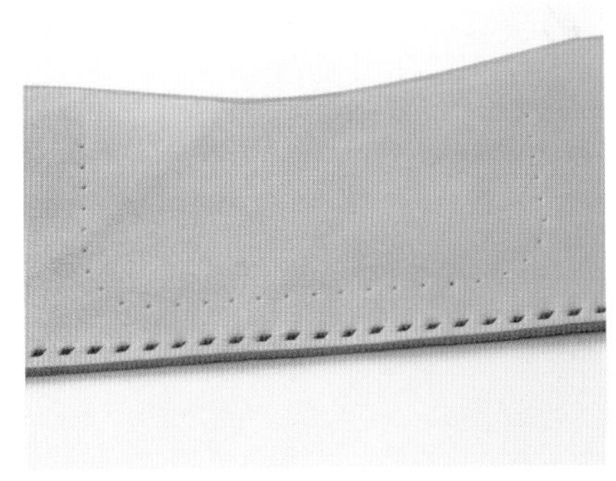

鈔票夾的一方，會像這樣子轉印出縫孔的位置。

08

按照標示好的位置，在鈔票夾開出縫孔。

09

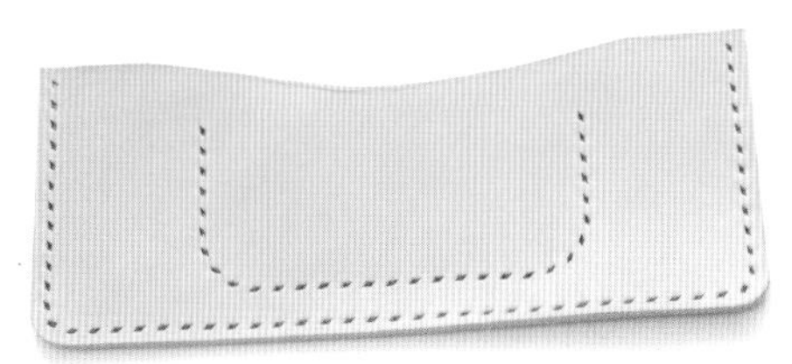

在鈔票夾開好縫孔的狀況。

10

POINT

為了保護主體的銀面，在銀面塗上牛腳油。

11

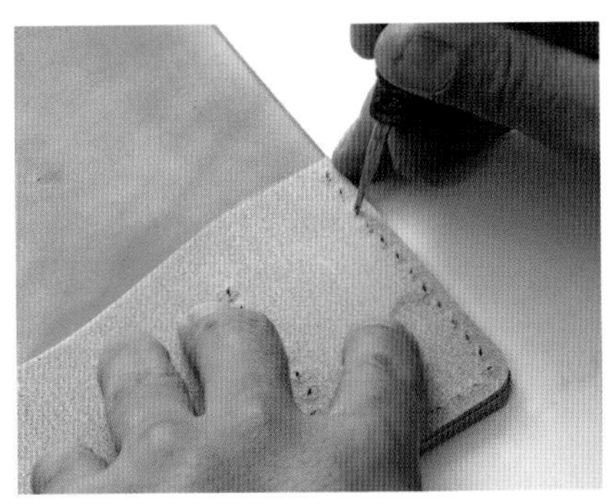

將鈔票夾疊到主體的銀面來對準，將周圍縫孔的位置轉印上去。

12

轉印在主體銀面上的縫孔位置。

13

在鈔票夾床面的貼上襯料的位置，塗上合成橡膠類的黏合劑。

14

襯料與鈔票夾貼合的部位也要塗上黏合劑。

15

零錢袋跟卡片夾的前置作業

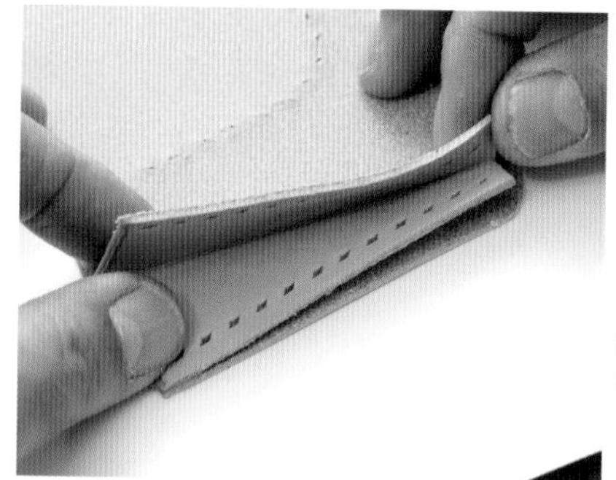

將鈔票夾的頂邊跟襯料頂邊，還有切邊的位置對齊來進行貼合。

16

用板金鉗子將貼合好的襯料跟鈔票夾壓合。

17

將拉鍊縫上

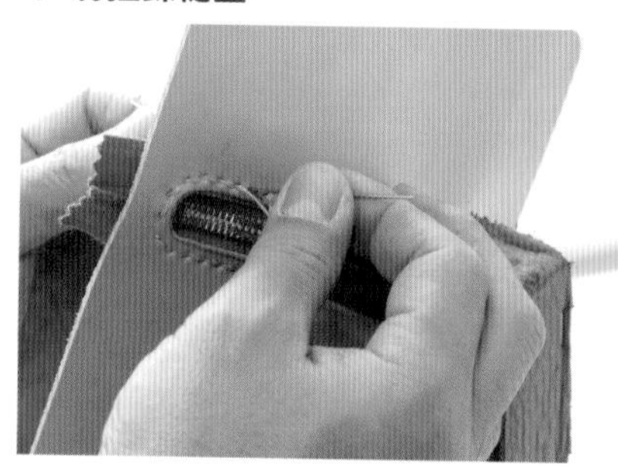

將拉鍊與零錢袋縫合。

01

縫合結束的部分重疊2個縫孔，讓最後的縫線來到背面。

02

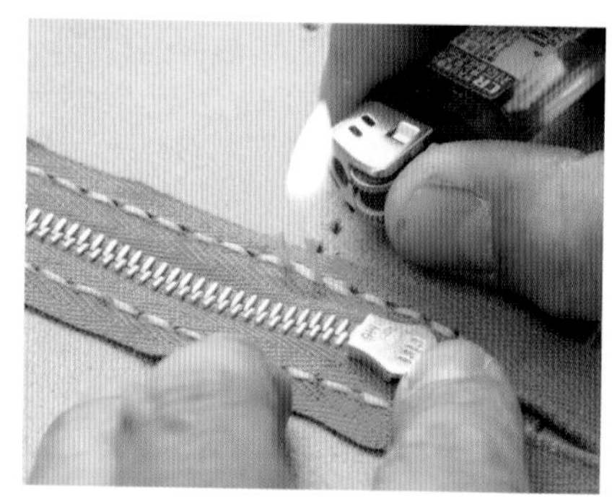

將縫線留下2mm左右來剪掉，用打火機烤過來進行燒熔與固定的處理。

03

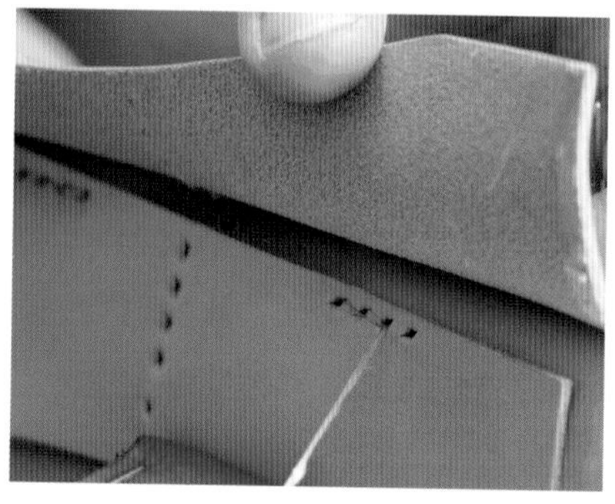

將卡片夾A翻開，將固定卡片的部分縫合。

04

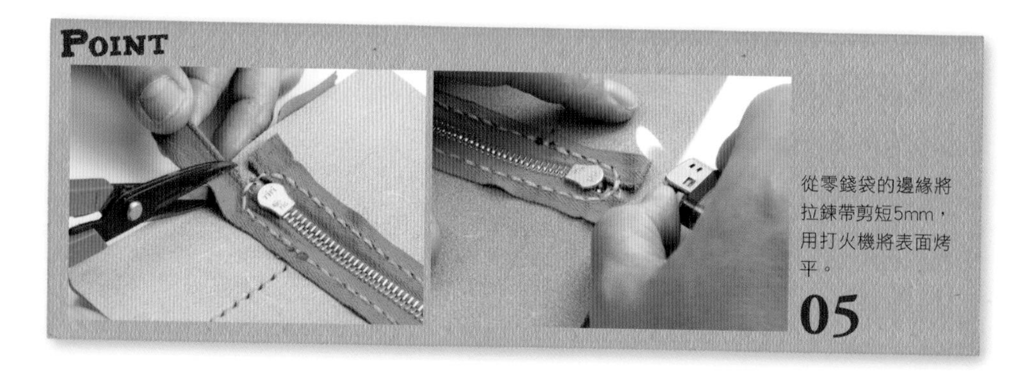

POINT

從零錢袋的邊緣將拉鍊帶剪短5mm，用打火機將表面烤平。

05

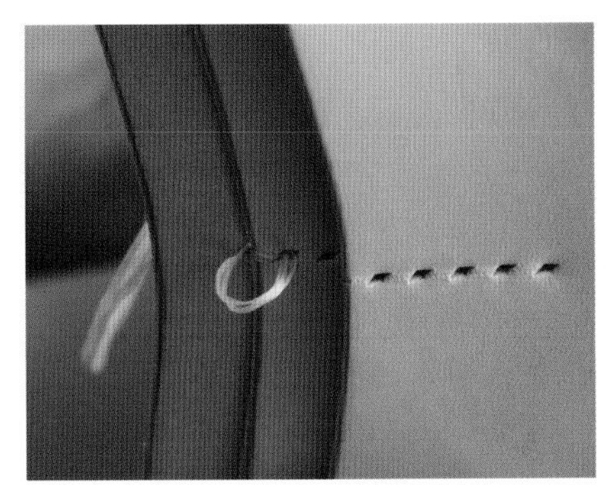

將卡片夾中央的部分縫合。最一開始的邊緣部分要繞縫2圈。

06

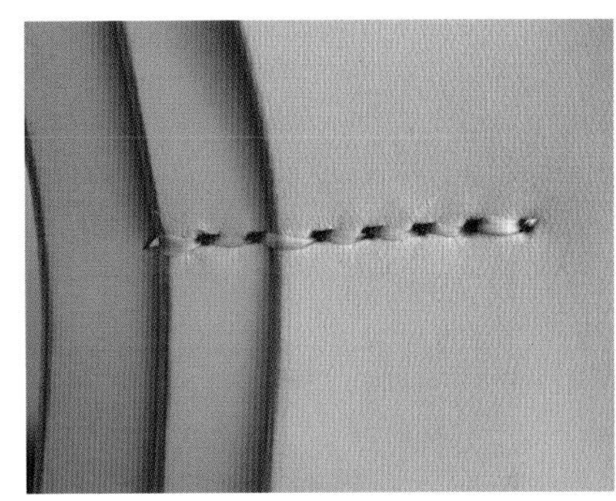

縫到最下面之後回針一孔。

07

用來到背面的線打個平結。

08

將多餘的線剪掉，用打火機將繩結燒熔使縫線固定。

09

10 在卡片夾側面的部分塗上合成橡膠類的黏合劑來進行貼合，用板金鉗子來進行壓合。

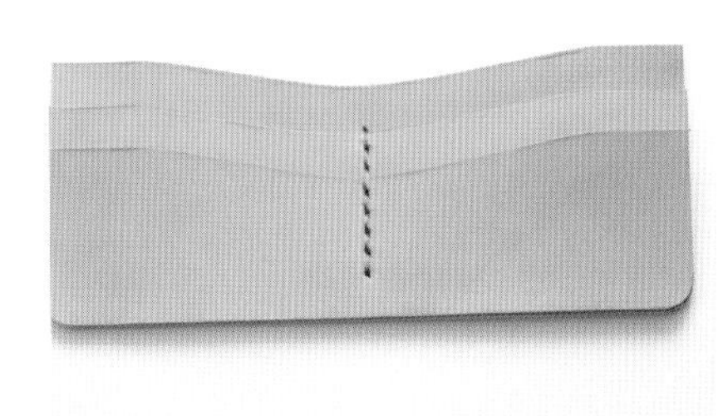

卡片夾製作完成。

11

襯料與鈔票夾的縫合

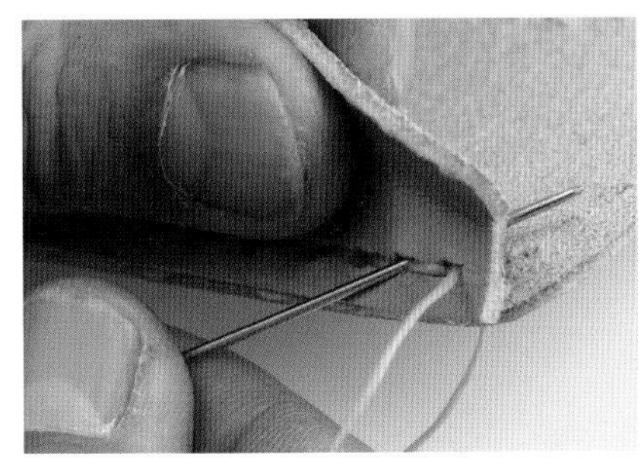

將襯料與鈔票夾縫合。縫合結束的部分讓表面的針回針一孔，讓縫線來到襯料與鈔票夾之間。

01

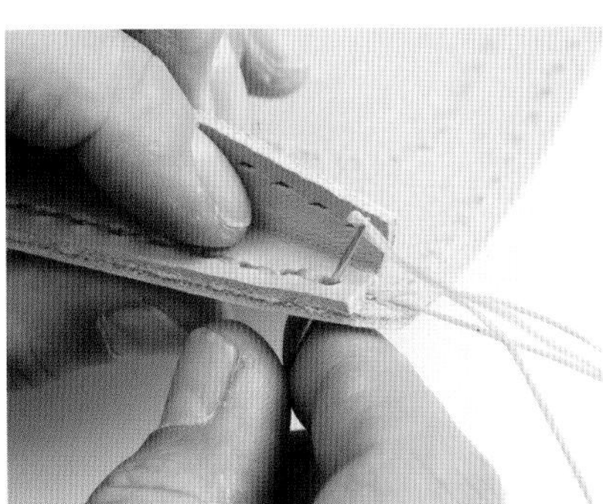

背面一方的縫線，在邊緣的部分繞縫一圈之後再進行回針。

02

零錢袋跟卡片夾的前置作業

背面的線也是一樣，回針來到襯料與鈔票夾之間。

03

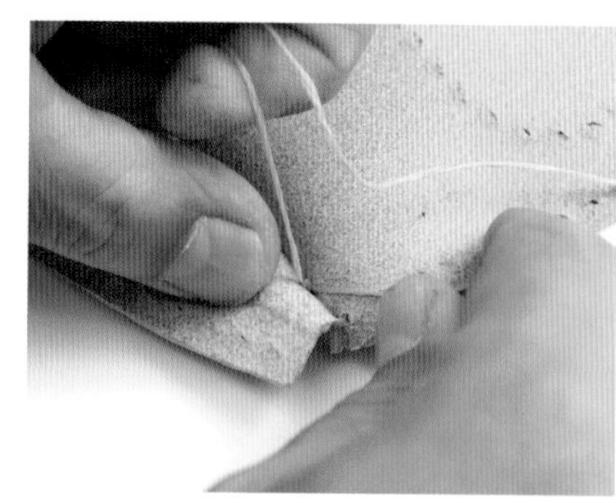

將兩側的縫線打個平結，把多餘的線剪掉。

04

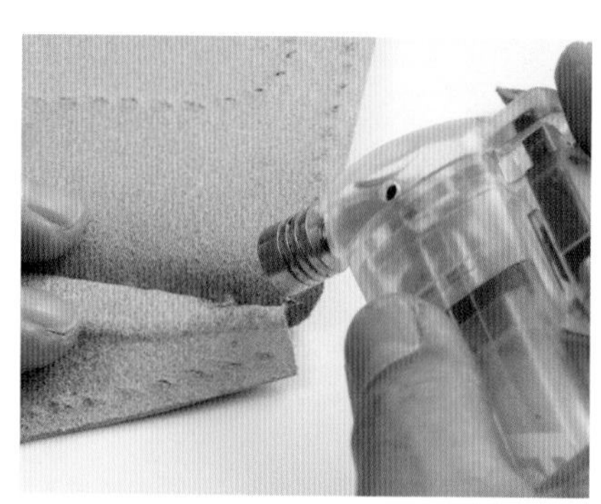

繩結位在深處的部分，進行燒熔與固定的處理時，要使用瓦斯打火機。

05

讓成為卡片夾的縫孔位置對準，將鈔票夾跟零錢袋縫合。

06

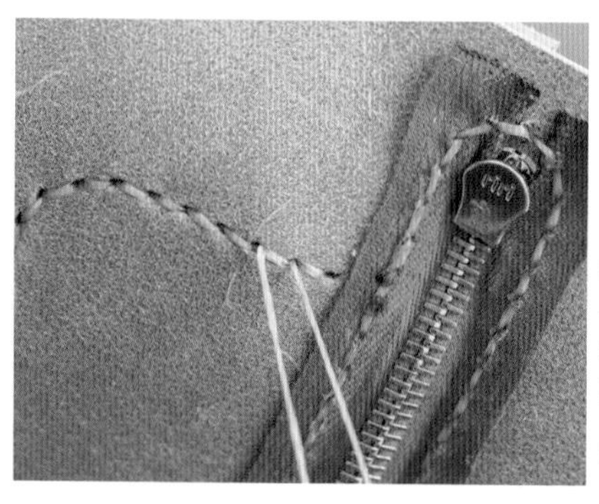

縫到最後一個縫孔之後進行回針，讓線來到零錢袋一方。

07

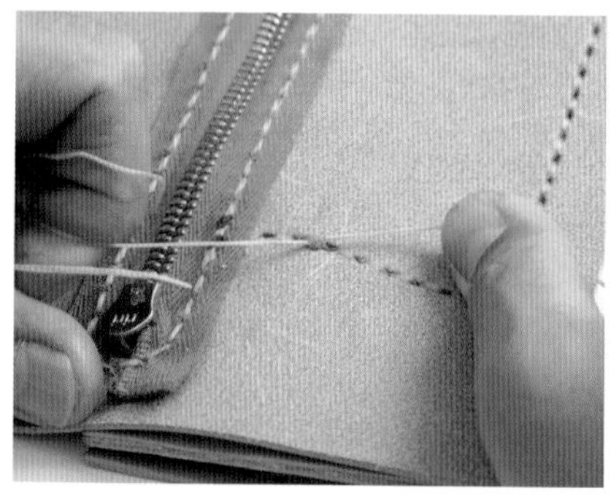

用縫線打個平結，將多餘的縫線剪掉，進行燒熔與固定的處理。

08

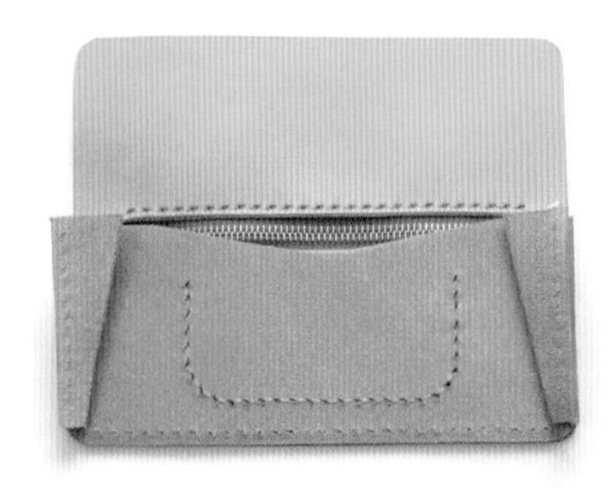

將零錢袋、襯料、鈔票夾縫合好的狀態。

09

各個零件與主體的縫合

START

將零錢袋跟鈔票夾組合好的零件、卡片夾，縫到主體上。襯料的部分跟卡片夾的高低落差等部位，在縫合的時候有幾個必須注意的重點，請多加注意。

在各個零件開出縫孔

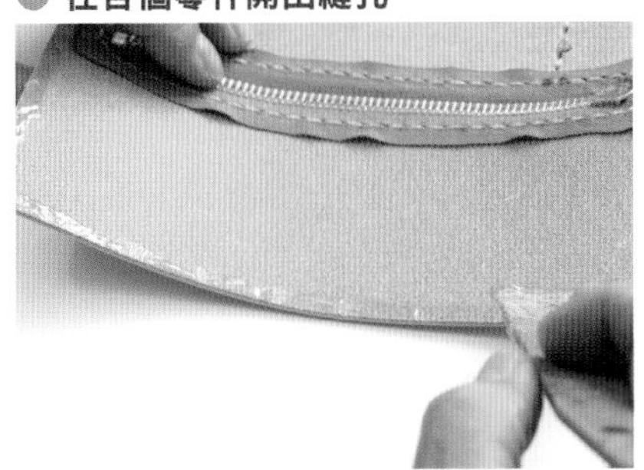

在零錢袋的縫合部位，塗上合成橡膠類的黏合劑。

01

拉鍊的部分對折，將切邊的部分對齊來進行貼合。

02

用板金鉗子將貼合的部位壓合。

03

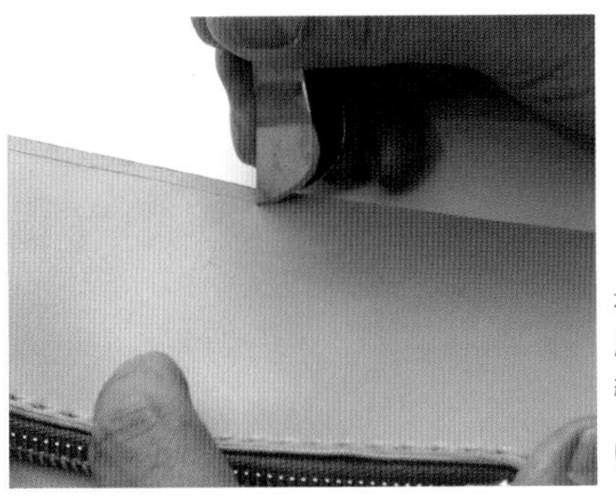

在零錢袋的周圍，用邊線器畫出縫線。

04

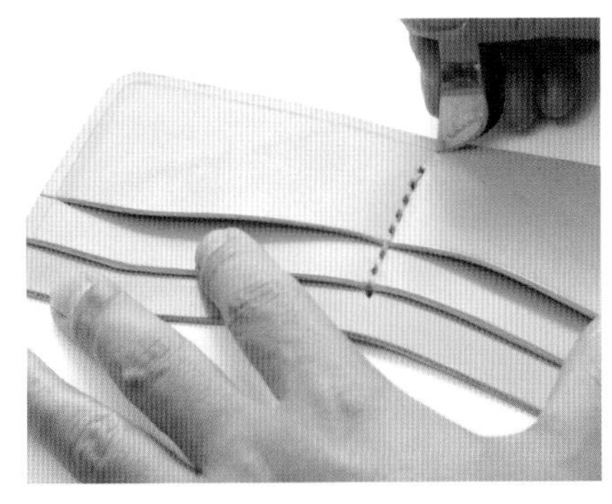

卡片夾的周圍也用邊線器畫出縫線。

05

按照縫線在零錢袋開出縫孔。注意別傷到鈔票夾。

06

卡片夾也開出縫孔，別讓刀刃傷到高低落差的部分。

07

各個零件與主體的縫合

將卡片夾對到主體的銀面上，將縫孔的位置轉印上去。

08

按照壓痕，用邊線器畫出縫線。

09

在卡片夾的邊緣，標上一組縫孔的記號。

10

按照壓痕來開出縫孔。先前壓好壓痕的鈔票夾，也一樣的開出縫孔。

11

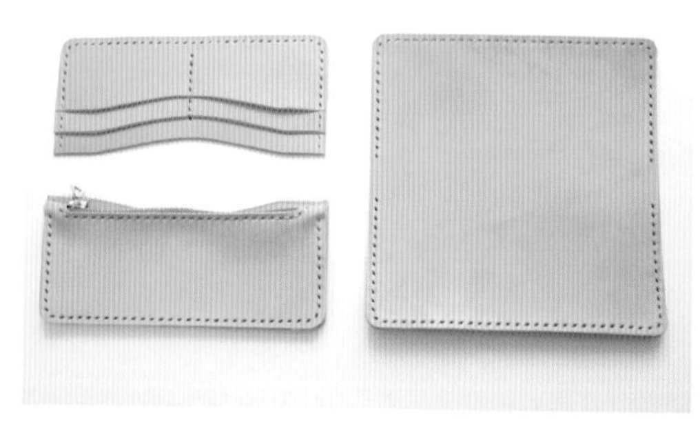

卡片夾、零錢袋＋鈔票夾、主體開好縫孔的狀態。

12

● 將零錢袋縫合

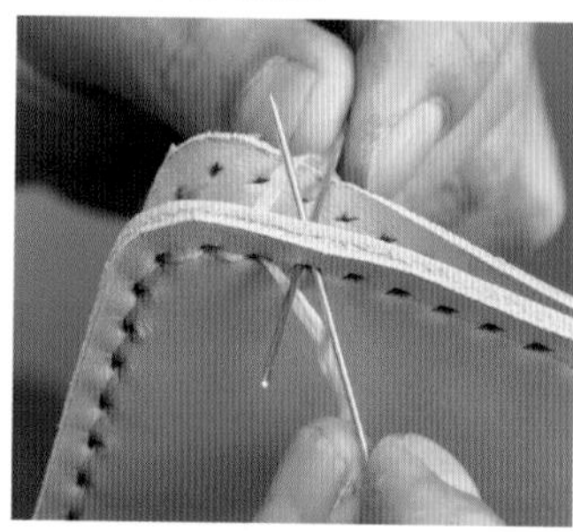

首先將零錢袋縫合。

01

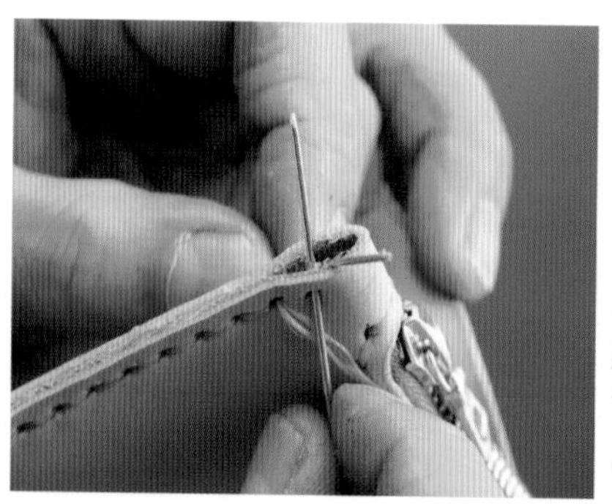

零錢袋縫合結束的部分，要像這樣讓縫線來到零錢袋內部。

02

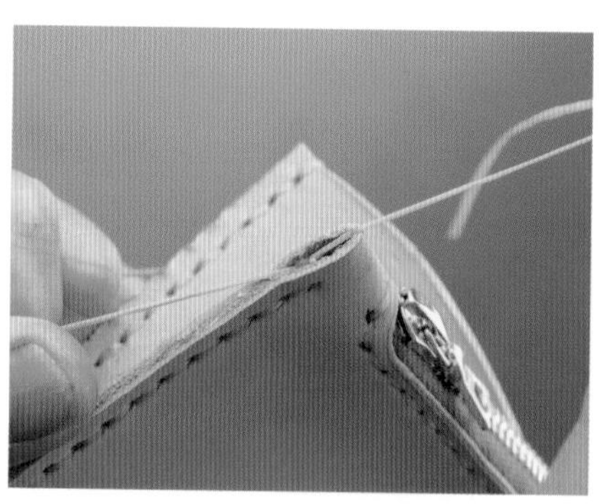

用來到零錢袋內部的縫線打個平結。

03

在打結的部份塗上黏合劑來進行固定。

04

主體與各個零件的貼合

主體縫合的部位，塗上合成橡膠類的黏合劑。

01

在卡片夾的縫合部位，塗上合成橡膠類的黏合劑。

02

在襯料的縫合部位，塗上合成橡膠類的黏合劑。

03

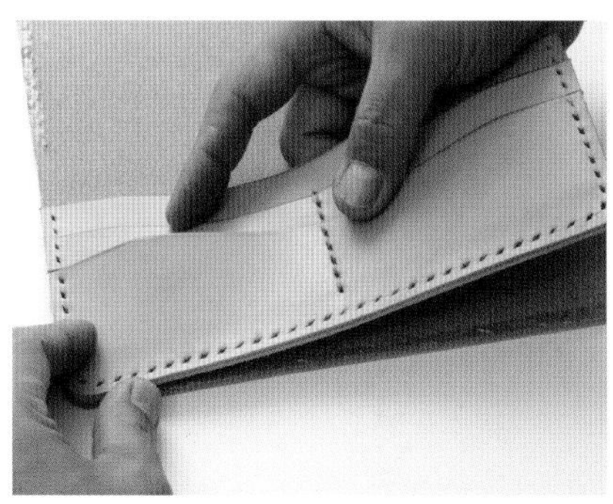

將主體與卡片夾貼合。

04

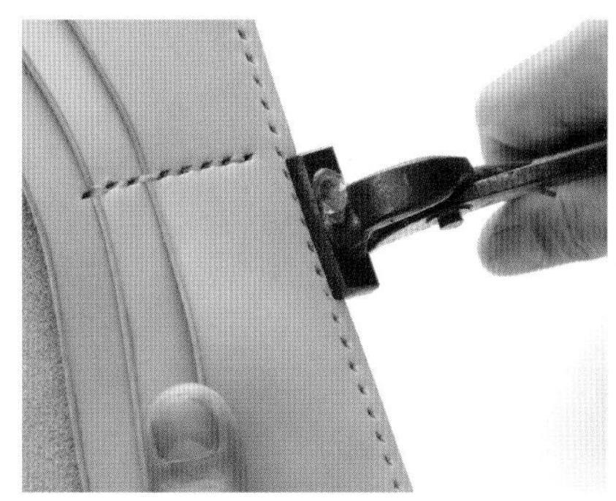

用板金鉗子將貼合的部位夾起來進行壓合。

05

POINT

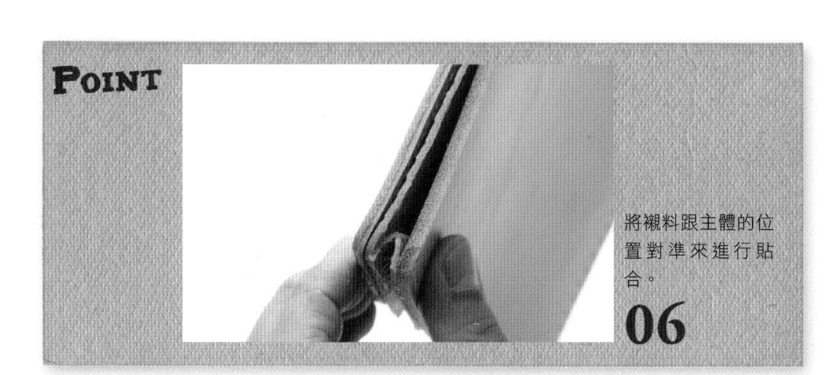

將襯料跟主體的位置對準來進行貼合。

06

主體與各個零件的貼合

用板金鉗子將貼合的襯料與主體進行壓合。

07

將卡片夾跟零錢袋貼到主體上面的狀態。

08

將主體與各個零件縫合

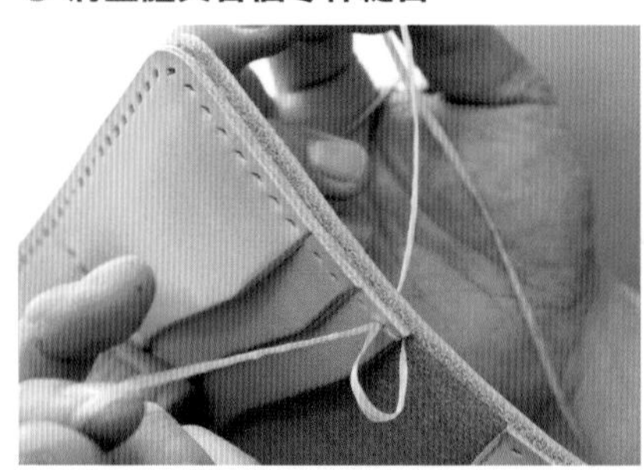

將卡片夾跟主體縫合。在卡片夾邊緣的部分繞縫2圈再來開始縫合。

01

從主體一方穿過最後一孔的線，回縫1孔讓線來到主體與卡片夾之間。

02

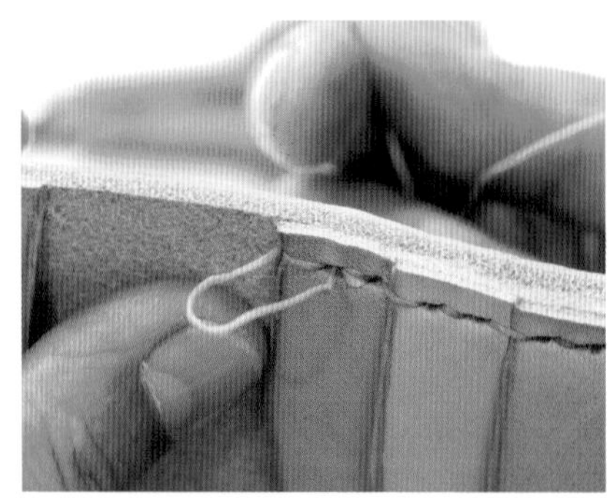

從卡片夾一方穿過最後一個縫孔的線，在邊緣繞縫2圈。

03

POINT

在邊緣繞縫2圈的線從主體一方穿過時，要讓線來到主體跟卡片夾之間。

04

讓縫線在主體跟卡片夾之間打個平結。

05

將多餘的線剪掉，用瓦斯打火機烤過來進行固定。

06

將零錢袋＋鈔票夾跟主體進行縫合。在襯料的邊緣繞縫2圈再來開始縫合。

07

縫到襯料的最後一個縫孔之後，像這樣子讓線穿過零錢袋一方的縫孔。

08

縫到下一孔將線拉緊，就會像這樣讓零錢袋的切邊合起來。就這樣維持讓切邊合起來的狀態來縫下去。

09

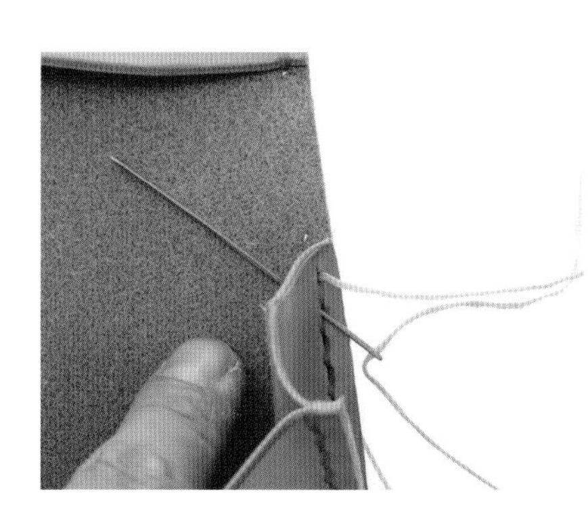

縫到襯料的最後一孔，回針1孔，讓線來到襯料跟主體之間。

10

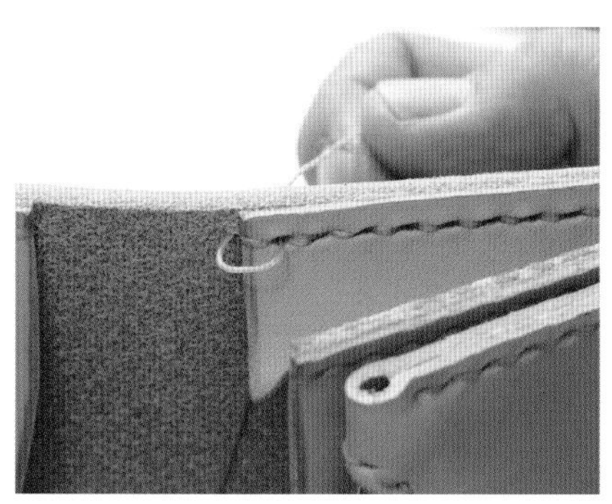

從主體一方穿過襯料最後一孔的線，在邊緣的部分繞縫2圈之後，再穿到襯料跟主體之間。

11

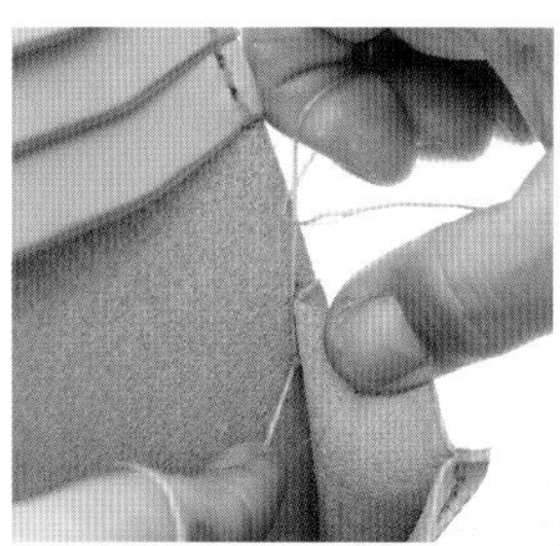

12 將來到襯料跟主體之間的線打個平結，用瓦斯打火機烤過來進行燒熔與固定的處理。

零錢袋跟卡片夾裝到主體上面縫好的狀態。

13

對縫好的切邊進行完成的處理

START

最後對縫合部位的切邊進行研磨即可完成。跟主體縫合的部位厚度超過6mm以上，處理的品質將大幅影響作品的完成度，因此要確實的進行研磨。

用研磨器等工具將縫合的切邊磨過，將表面的高度湊齊。

01

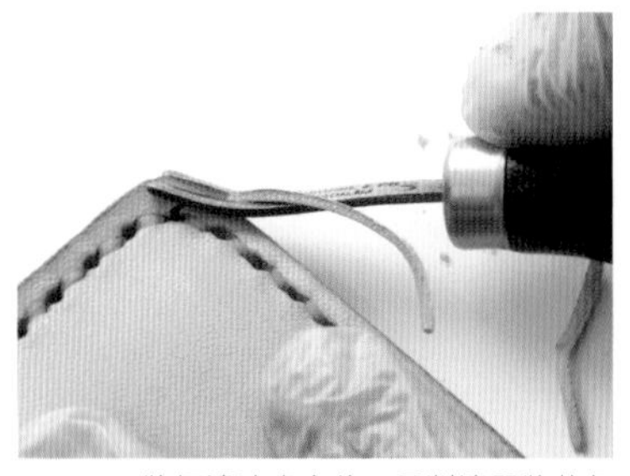

02 將切邊湊齊之後，用削邊器將菱角削掉。

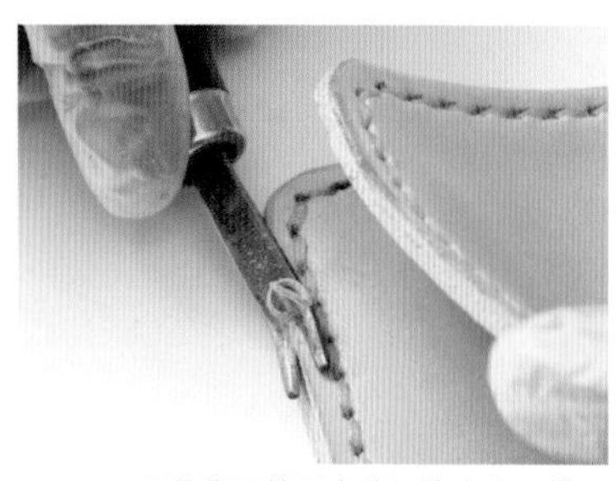

03 零錢袋跟鈔票夾的切邊也是一樣，將菱角削掉。

04 將菱角削掉之後，用低級碎布將水塗上去。

讓切邊含水之後，在整個切邊塗上TOKONOLE。

05

用低級碎布將多餘的TOKONOLE擦掉。注意不要讓銀面沾到TOKONOLE。

06

用修邊器將切邊磨過。

07

最後用絲瓜絡磨過，將切邊完成。

08

從中央將超厚皮革的主體對折即可完成

用4mm厚的皮革完成的主體，必須使用相當一段時間，折痕才會確實的固定下來。

SHOP INFORMATION

卓越的品味所創造出來的狂野派作品

柿沼浩幸先生

不斷提出新的創意，LEATHER WOLF的店主兼皮革工藝師。

以西部劇之中的建築為主題來進行裝潢的店鋪，從皮夾到背包等等，展示有許多鞣製革的作品。

LEATHER WOLF的店鋪位在常磐道的土浦北交流道附近。店主的柿沼先生擅於製作與機車騎士相關的皮革配件，對於素材的鞣製革也擁有很深的造詣。總是準確又迅速的將作業完成，精湛的技術只能用專業來形容。從經典的造型到特別訂購，經手的作皮革配件不勝枚舉。

LEATHER WOLF

茨城縣土浦市真鍋4-1124-11　Tel.029-804-1562

營業時間 平日13：00～20：00　週末與假日10：00～20：00

公休日 每週禮拜一

URL: http:www.leather-wolf.com

CAMERA BAG

相機包

簡單又容易使用，可以容納裝上鏡頭的無反光鏡可換鏡頭相機，以及更換用的鏡頭跟小配件的迷你相機包。用鞣製革製作，就算換了新的相機，希望也能持續使用來加深韻味。

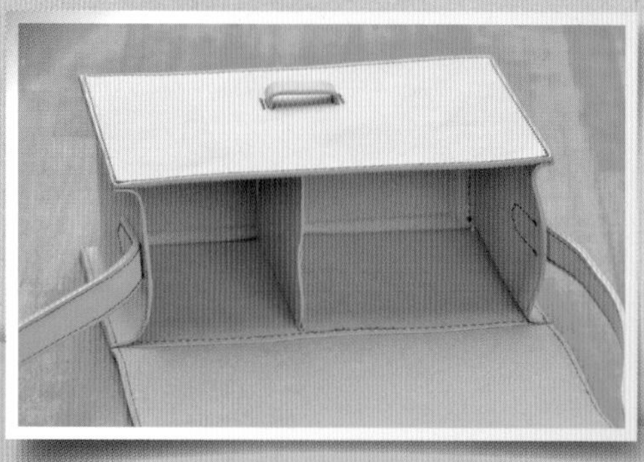

TOOLS 工具

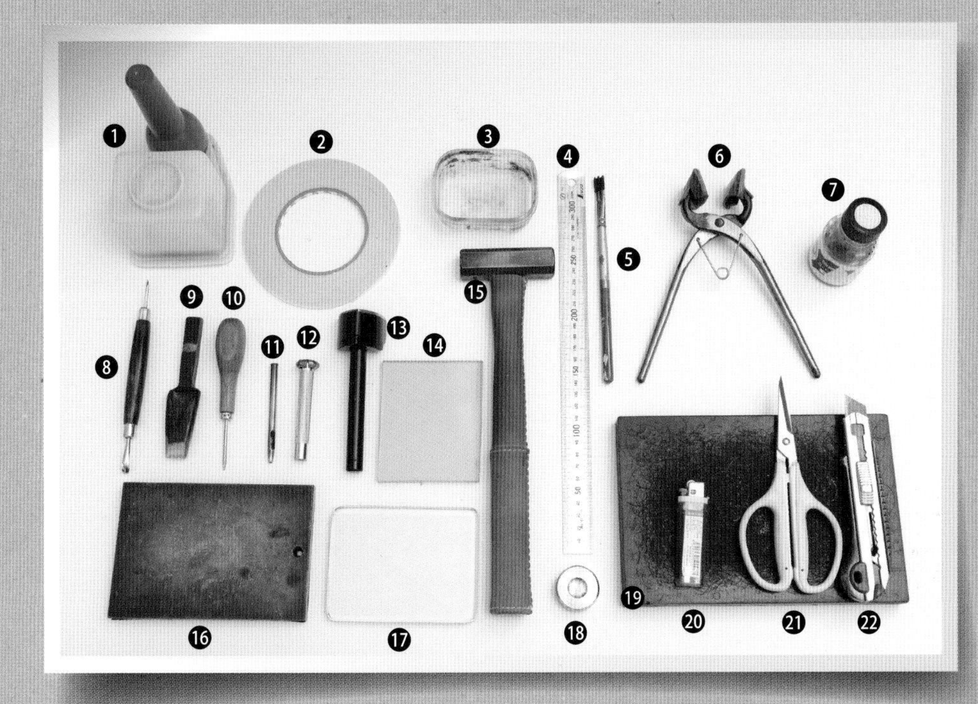

①橡膠糊　②雙面膠帶
③水　④尺
⑤毛筆　⑥板金鉗子
⑦切邊用墨水　⑧塑形刀
⑨皮帶斬
⑩圓形鑽孔器
⑪圓斬（直徑3mm）
⑫固定釦工具
⑬皮帶用V字斬　⑭塑膠板
⑮錘子　⑯金屬台座
⑰玻璃板
⑱金屬台座（圓）⑲橡膠板
⑳打火機　㉑剪刀
㉒美工刀
其他　雕刻刀／低級碎布

就算是較厚的皮革也能進行縫製的工業用縫紉機。這款包包雖然是用縫紉機製作而成，但也可以用手縫來製作。

PARTS 材料

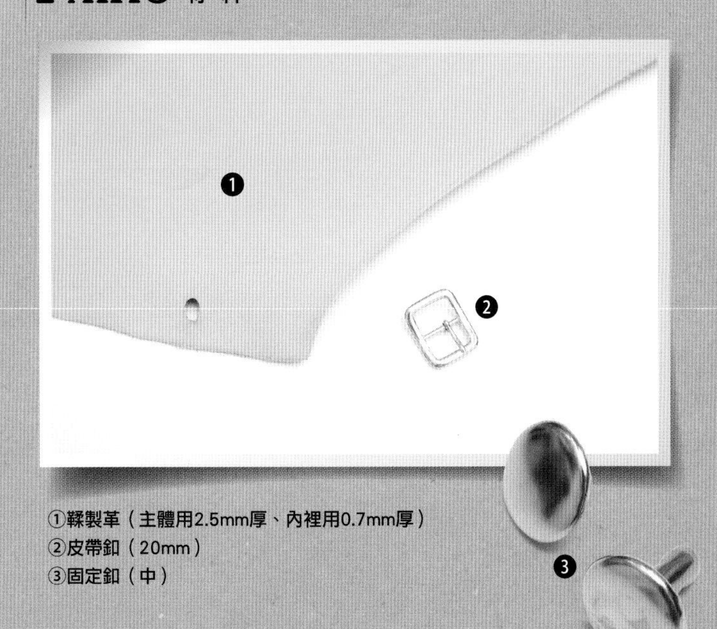

①鞣製革（主體用2.5mm厚、內裡用0.7mm厚）
②皮帶釦（20mm）
③固定釦（中）

各個零件的裁切

START

首先從做為材料的皮革上面，將各個零件裁切下來。此處是從半裁之中將零件分割下來，但肩帶相當的長，因此也可以購買皮帶專用的長條革來使用。

事先規劃好要從哪個部分切出哪些零件，然後從半裁上面將零件切割下來。

01

用35mm的寬度將肩帶裁切下來。

02

按照紙型將各個零件裁切下來。

03

04 主體跟肩帶是用2.5mm厚的皮革裁切下來，內裡跟區隔用的零件則是用0.7mm厚的皮革裁切下來。

各個零件的前置作業

START

按照不同的部位，將裁切下來的各個零件準備好，在此要製作的是肩帶跟襯料。肩帶會將表面跟背面縫合，襯料則是要將底部跟左右的襯料縫合來製作成分割式通底襯料。

製作肩帶

按照喜好來決定肩帶的長度。

01

考慮到使用者的體型，這次的肩帶用1,050mm跟450mm來進行組合。

02

將肩帶的零件切割成必要的長度。

03

將橡膠糊塗在肩帶的兩個床面上。

04

將兩端對準，讓皮帶進行貼合。

05

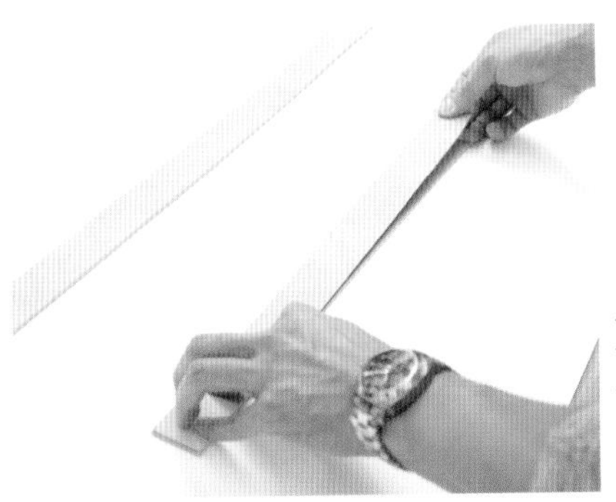

比較短的那條肩帶也將表面跟背面貼合。

06

透過磨擦來將貼好的肩帶壓合在一起。

07

各個零件的前置作業

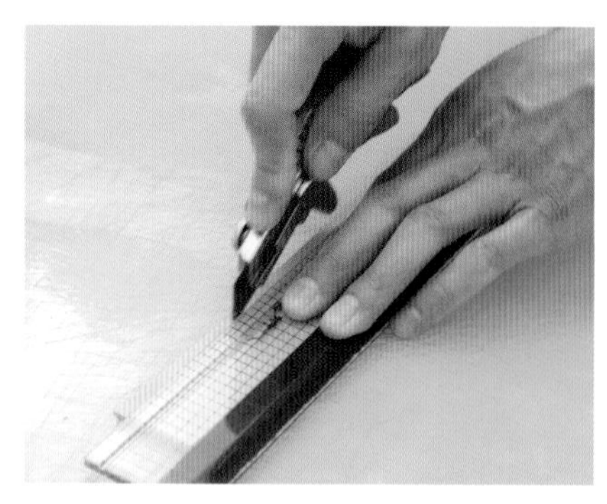

將表面與背面貼好的肩帶，切成20mm的寬度。

08

肩帶的前端，以皮帶用V字斬來將切掉。

09

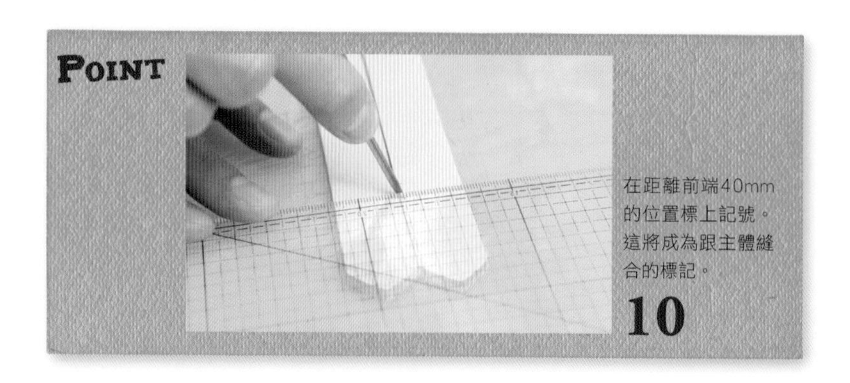

POINT

在距離前端40mm的位置標上記號。這將成為跟主體縫合的標記。

10

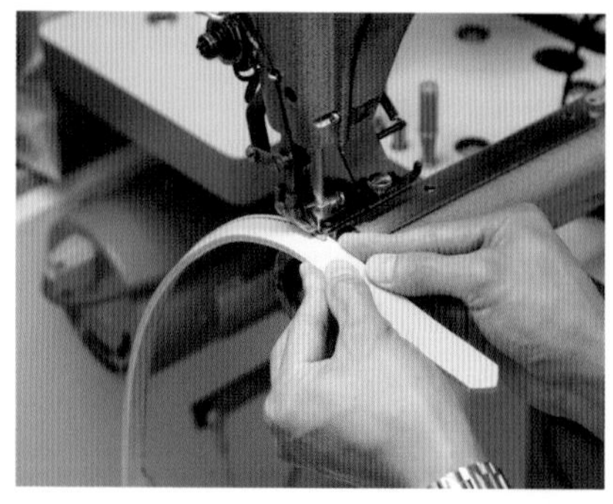

將肩帶標上記號的40mm以外的部分進行縫合。

11

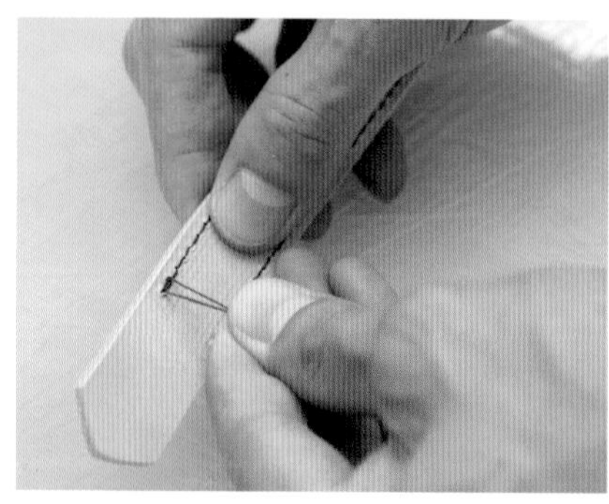

距離前端40mm的部分，要像這樣保留下來不要進行縫合。

12

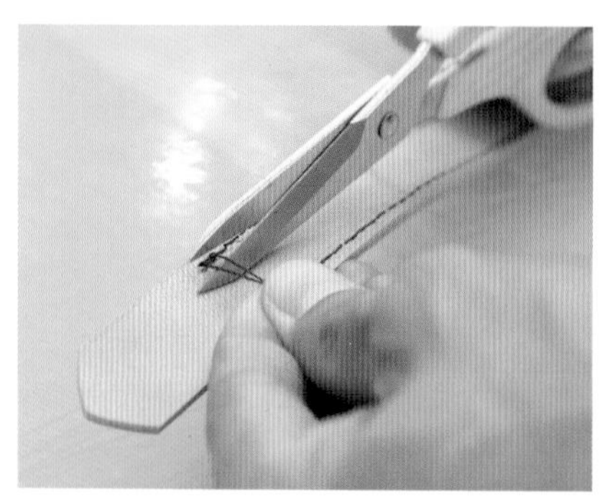

縫好之後讓線來到背面，留下2mm左右來剪掉。

13

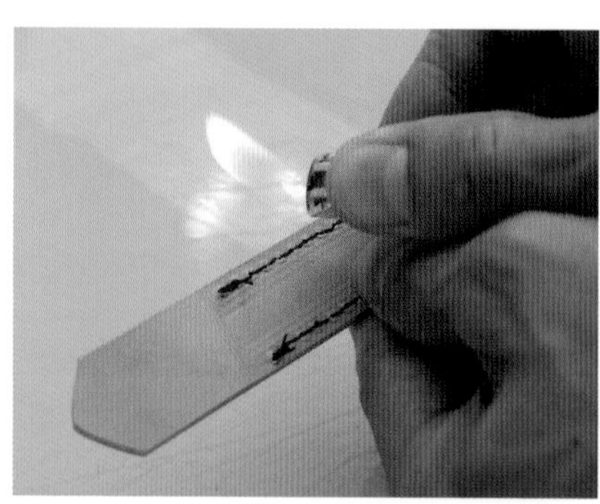

用打火機將線烤過，透過燒熔來進行固定。

14

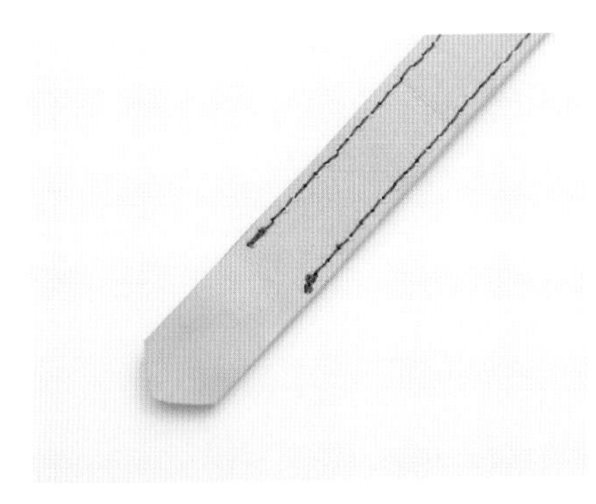

縫好的狀態。在此是用縫紉機來進行縫合，但是用手縫來作業也沒問題。

15

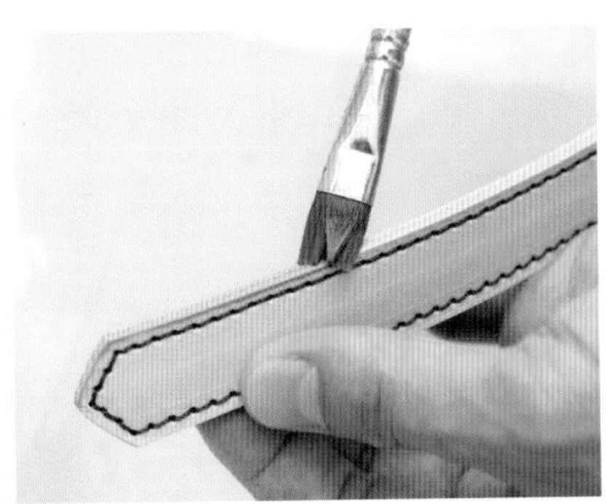

用毛筆將水塗在縫好的切邊上。

16

用低級碎布將含水的切邊確實磨過。

17

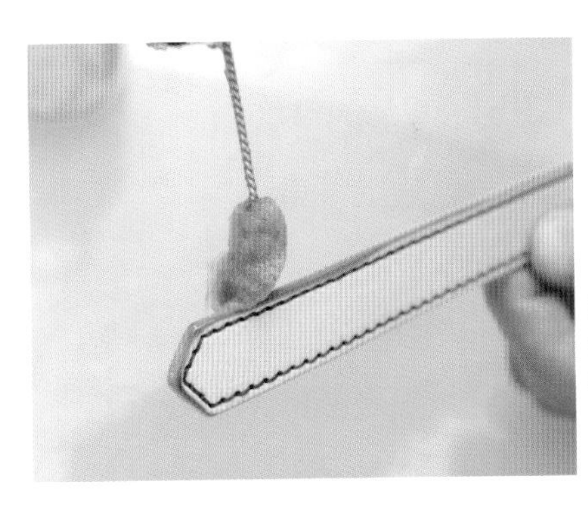

將切邊確實磨好之後，塗上切邊用墨水來進行乾燥。

18

製作分割式通底襯料

底部跟兩側襯料的床面，以傾斜的角度削掉約13mm的寬度。

01

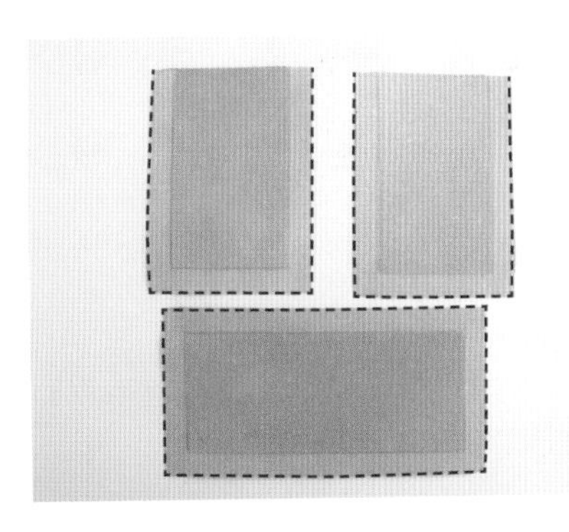

削好之後的各個零件的床面。底部是整個周圍，兩側的襯料則是將匚字型的範圍削薄。

02

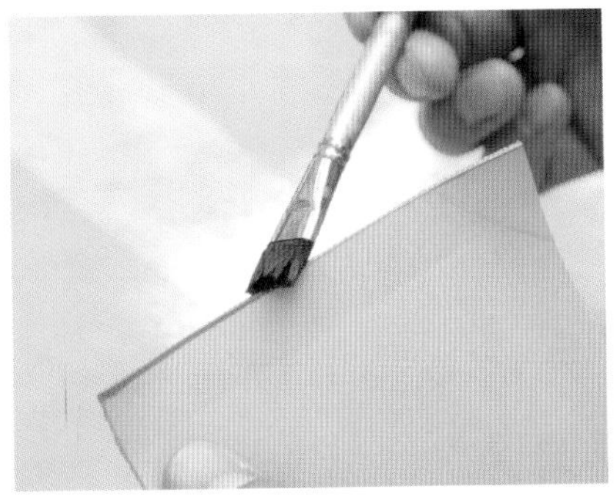

用毛筆讓底部的切邊含水。

03

用低級碎布將切邊確實的磨過。

04

各個零件的前置作業

從兩側襯料開口部分的邊緣量出3mm的距離，用塑形刀壓出邊線。

05

在開口部分壓出邊線的狀態。兩側的開口部位都要用這種方式處理過。

06

壓好之後，在切邊塗上切邊用墨水來完成。

07

08 底部跟兩側的襯料要像這樣連在一起，來成為分割式通底襯料。

兩側的襯料跟底部連接的那一邊，在距離邊緣10mm的位置標上記號。兩邊都要標上。

09

在標上記號的10mm的部分切出一道開口。

10

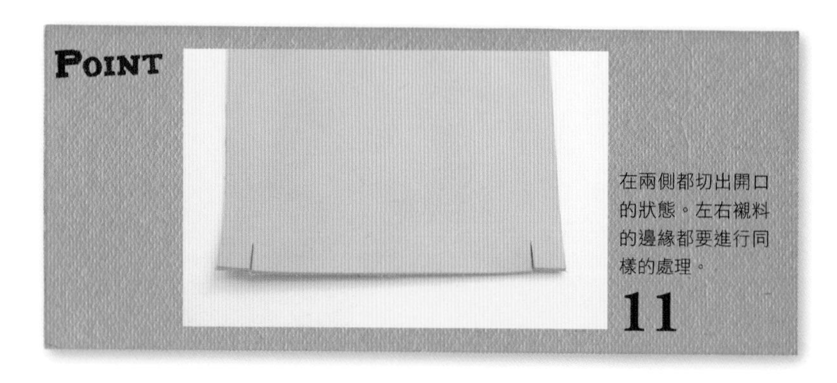

POINT

在兩側都切出開口的狀態。左右襯料的邊緣都要進行同樣的處理。

11

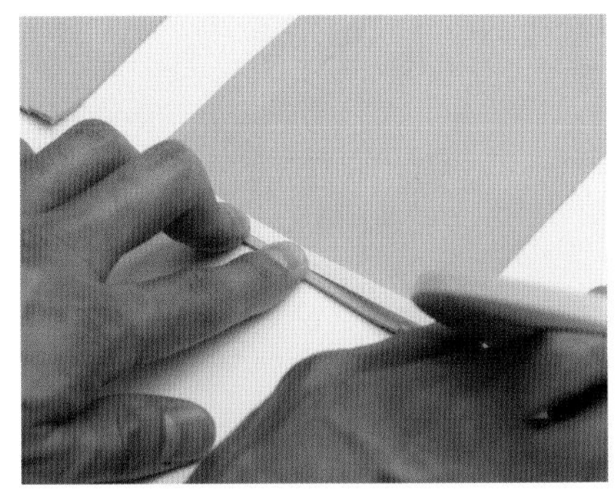

在兩道開口之間的銀面貼上雙面膠帶。

12

兩側的襯料，要以這個狀態來將雙面膠帶貼上。

13

讓底部跟兩側的襯料重疊10mm來進行貼合。

14

15 讓底部跟兩側的襯料貼合，成為這個狀態。

側面襯料切出開口的部分，要像這樣子來到外側。

16

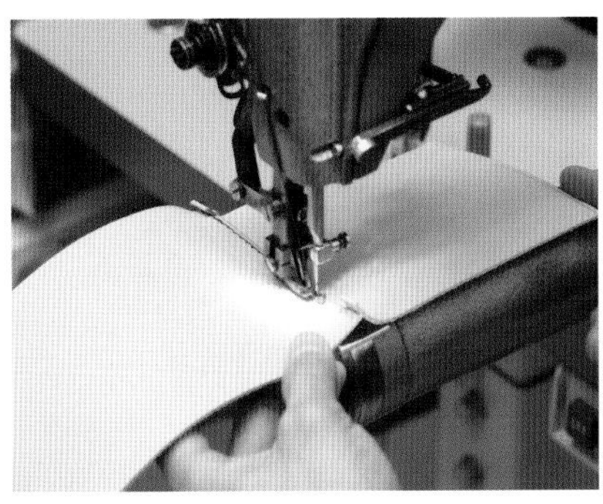

將貼上雙面膠帶的部分進行縫合。

17

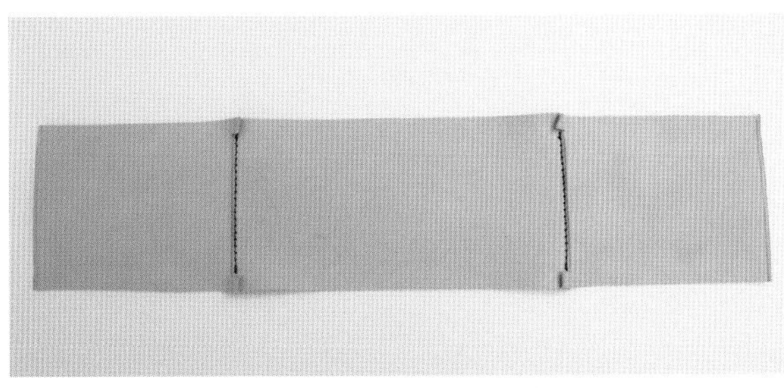

18 將兩側縫合，分割式通底襯料就算完成。

POINT

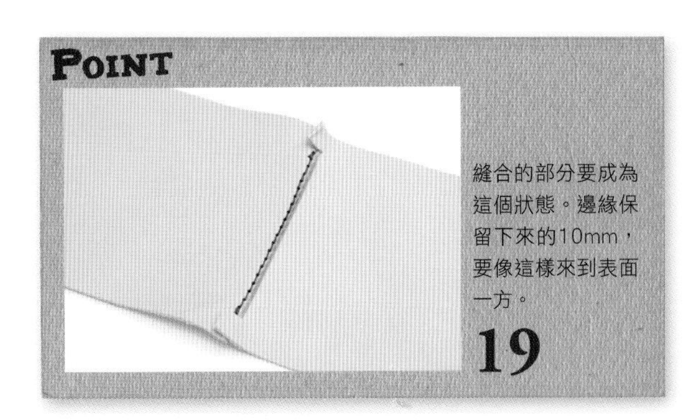

縫合的部分要成為這個狀態。邊緣保留下來的10mm，要像這樣來到表面一方。

19

將肩帶與襯料縫合

START

這個相機包，會將肩帶直接縫到襯料上面。裝設在距離襯料開口50mm的位置，利用肩帶先前保留的沒有縫的部分來進行縫合。

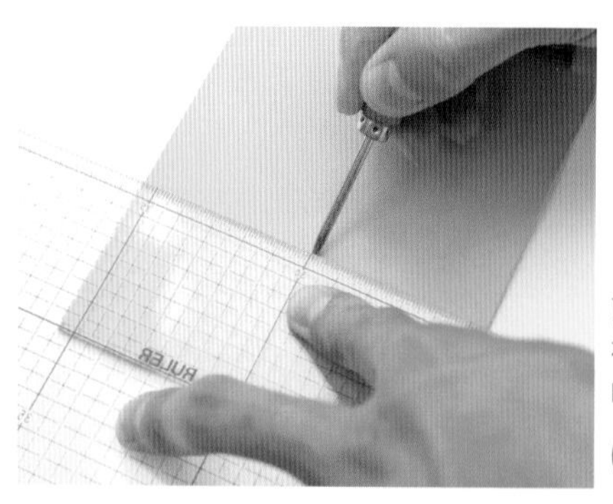

兩側襯料的中央，在距離開口50mm的位置標上記號。

01

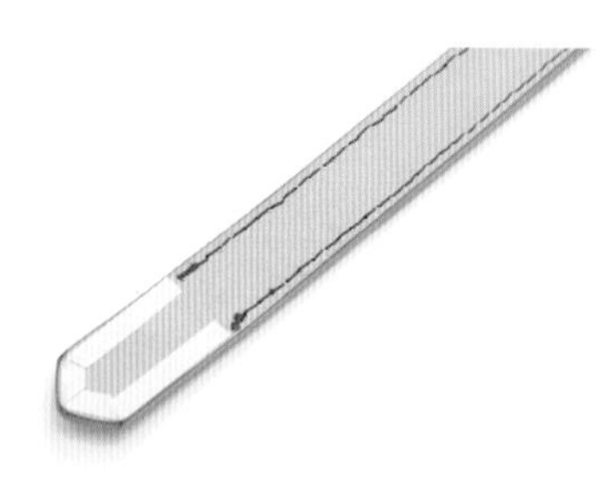

02 在肩帶跟兩側襯料縫合的部位，貼上雙面膠帶。

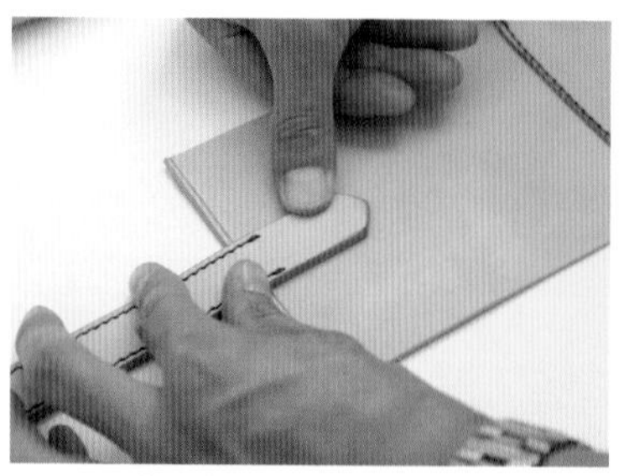

03 將肩帶的尖端對準**01**所標好的記號，用雙面膠帶進行貼合。

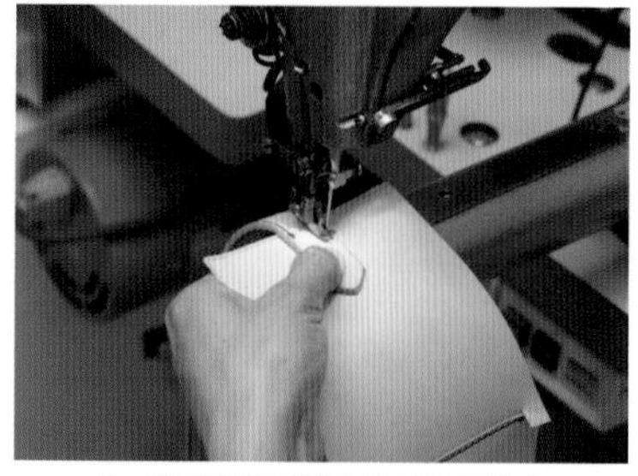

04 將肩帶跟兩側的襯料進行縫合。

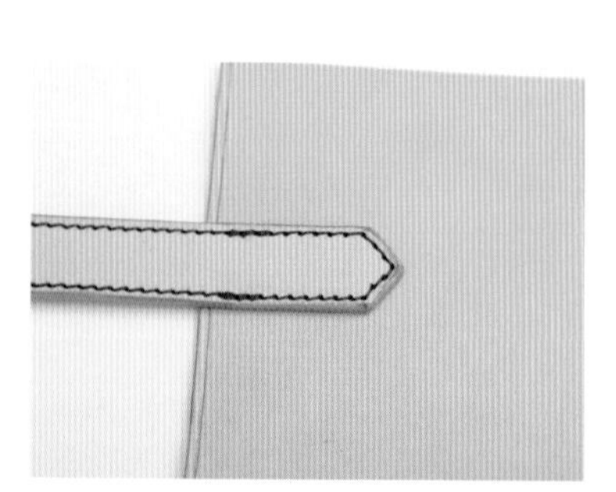

05 以這個狀態將肩帶縫到兩側的襯料上面。

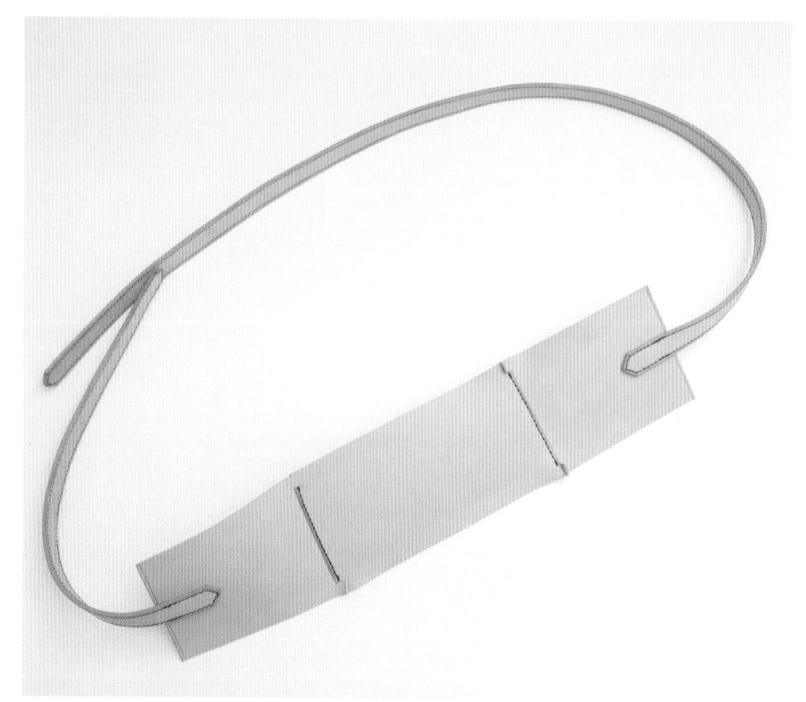

06 將肩帶縫到分割式通底襯料上，成為一個單一零件的狀態。

製作主體前方

START

在主體前方裝上環套。這個環套將用來固定蓋子的皮帶。裝設時的重點，是夾上一條厚度相當於皮帶跟蓋子的皮革。

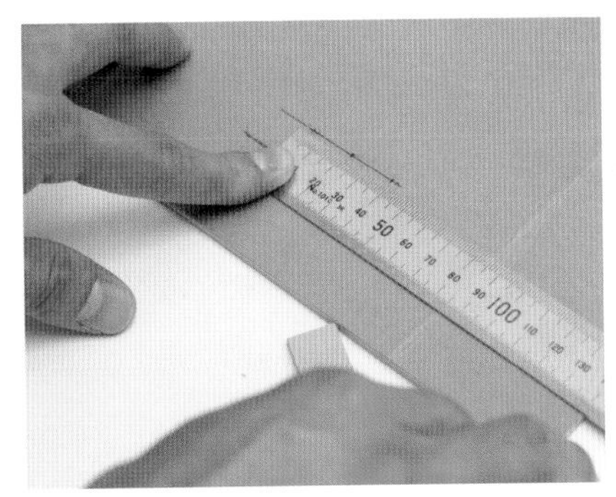

按照紙型來決定裝設環套的位置。

01

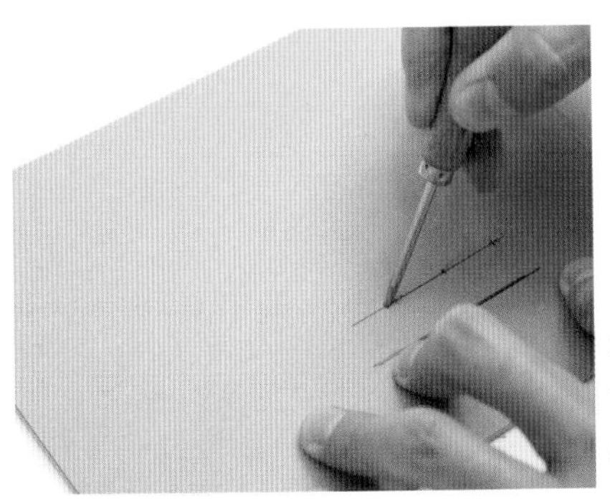

在環套的裝設孔的位置標上記號。

02

按照記號來開出裝設環套的孔。在此選擇用皮帶斬來開孔。

03

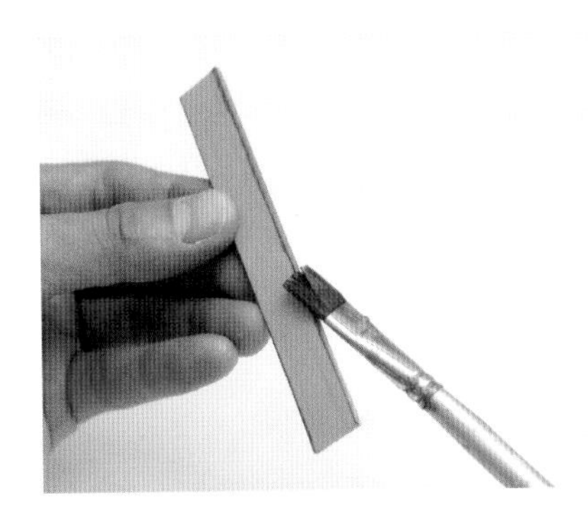

將水塗在環套上下的切邊。

04

用低級碎布將環套上下的切邊磨過。

05

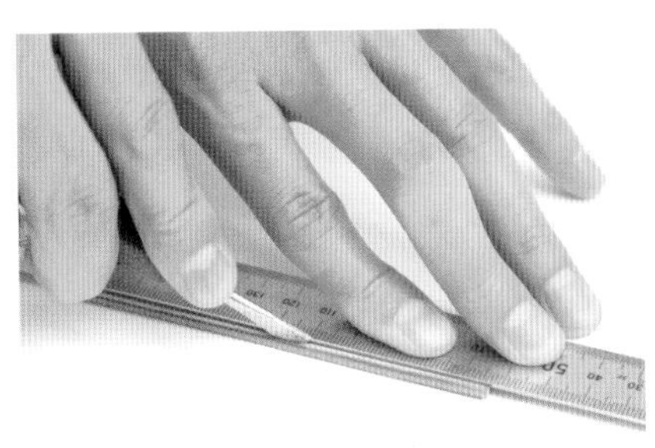

在環套的上下邊，以2mm的寬度壓出邊線。

06

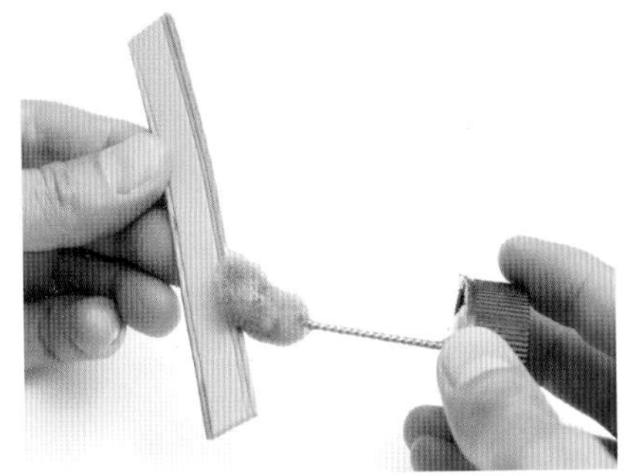

最後塗上切邊用墨水，將切邊的處理完成。

07

製作主體前方

POINT

將環套裝上去的時候，要準備一片5mm厚、35mm寬的不用的皮革。

08

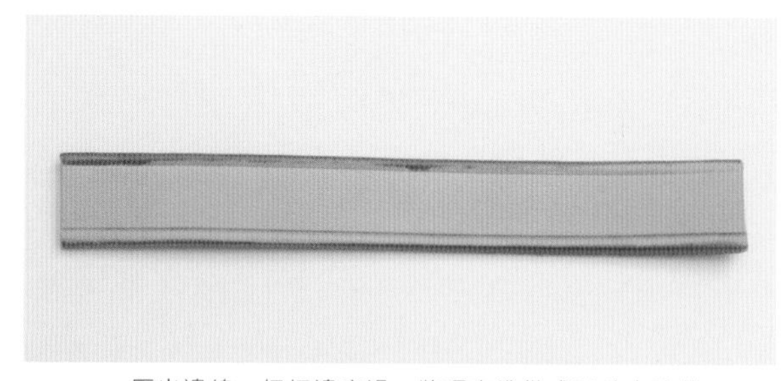

09 壓出邊線、把切邊磨過，將環套準備成照片中的狀態。

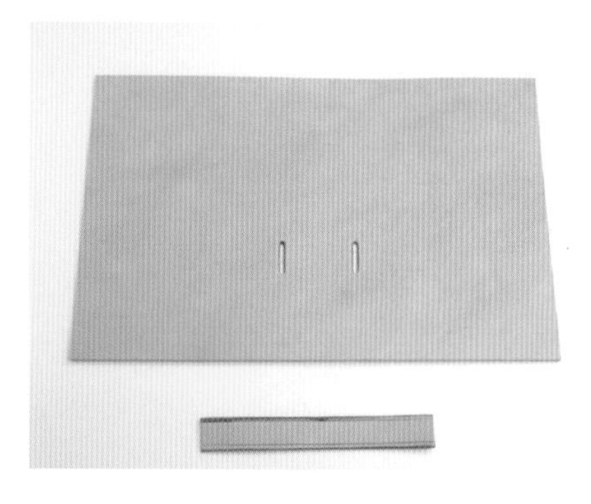

將環套裝到主體前方上面。

10

將環套的其中一端，插進主體前方開好的孔上。

11

在環套與主體前方之間夾上不用的皮革，將另外一端也插進主體前方的孔內。

12

將來到背面的環套，左右調整為同樣的長度。

13

POINT

環套跟不用的皮革的菱角接觸而彎曲的部分，塗上水來改變形狀。

14

15 運用塑形刀等工具，將環套確實的壓成彎曲的形狀。

16 將環套縫合。注意要讓左右得到均等的線跡。

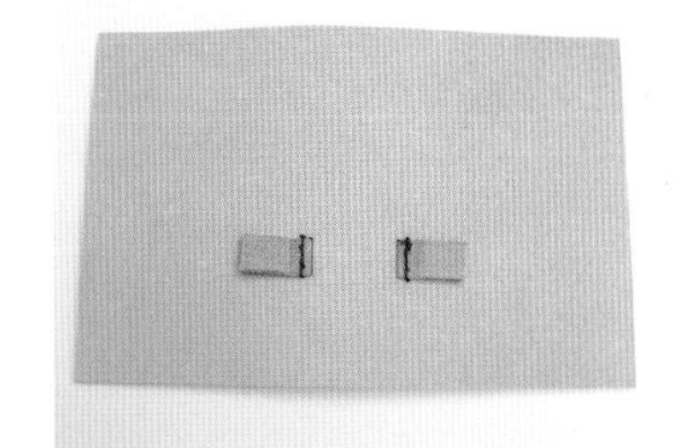

17 從背面觀察縫好的環套。

18 一直到水分乾掉、形狀固定之前，不用的皮革要一直插在環套之中。

19 水分乾掉之後，再將不用的皮革抽出來。這樣可以讓環套維持應有的形狀，且不容易變形。

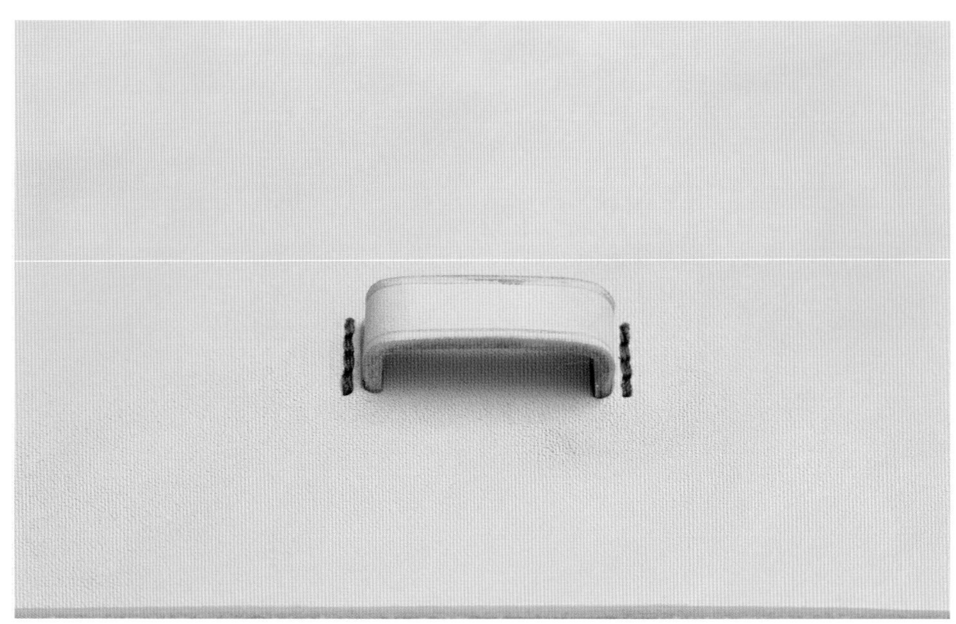

主體前方的前置作業到此結束。

20

製作區隔物
以及主體前方的貼合

START

製作皮包內部的區隔物，來跟主體前方進行組合。區隔物要按照相機的尺寸來進行調整。將主體前方與區隔物貼合之後，只將開口的部分進行縫合。

製作區隔物

在區隔物的中心畫出線條。

01

朝向**01**所畫好的中心線，將左右折過去。

02

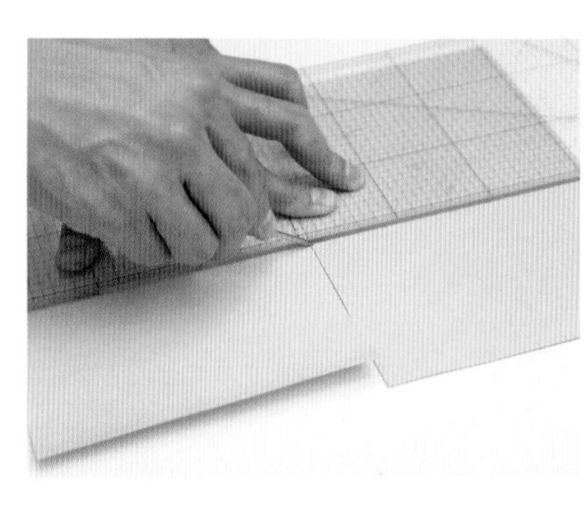

在主體前方跟主體後方的內裡的裝設區隔的位置畫線（請配合相機的尺寸來決定位置）。

03

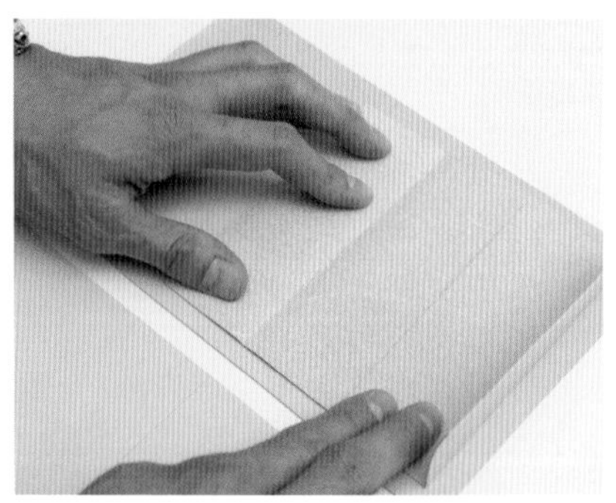

將單翻開之區隔物的折痕，對準**03**畫好的區隔物的裝設位置。

04

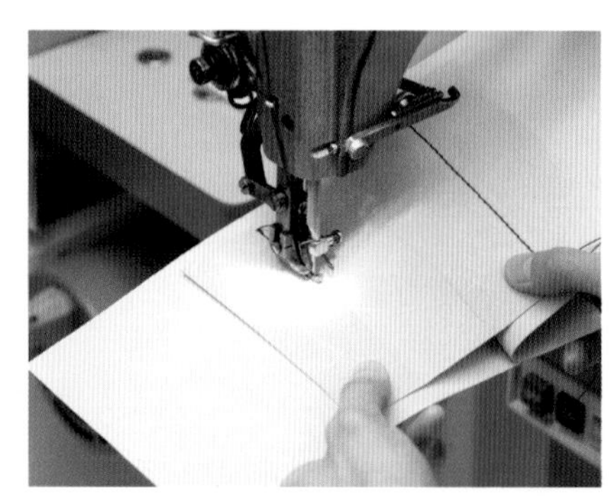

將區隔物跟內裡縫合。

05

POINT

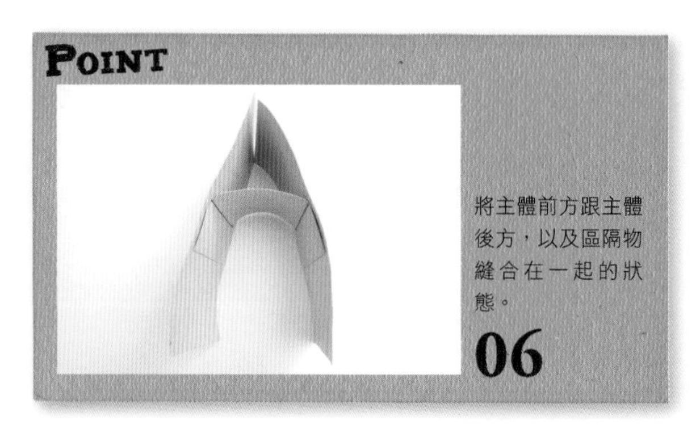

將主體前方跟主體後方，以及區隔物縫合在一起的狀態。

06

在區隔物的床面塗上橡膠糊。

07

將區隔物折過去，
將床面貼合。

08

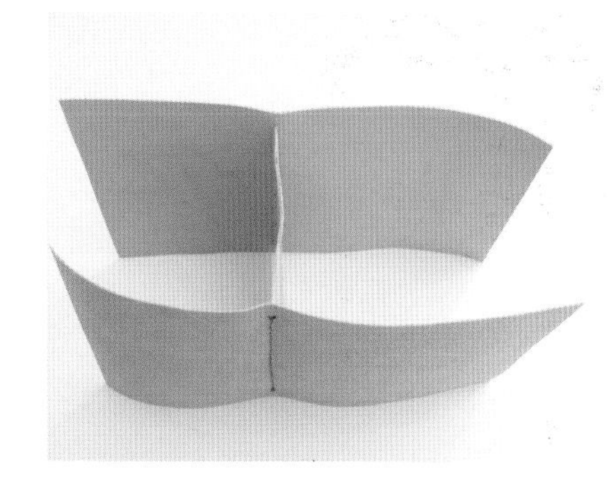

區隔物跟內裡組合
之後，會像這樣成
為H型。

09

● 主體前方與區隔物的貼合

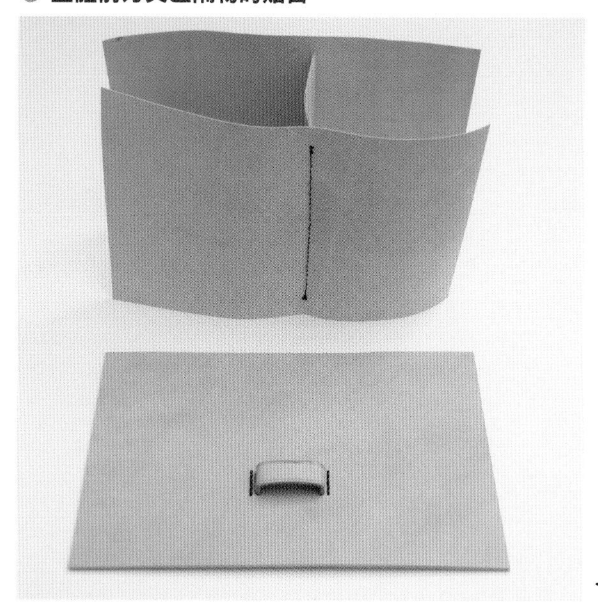

01 將主體前方與內裡（已經將區隔物縫上）貼合，只將
開口的部分縫合。

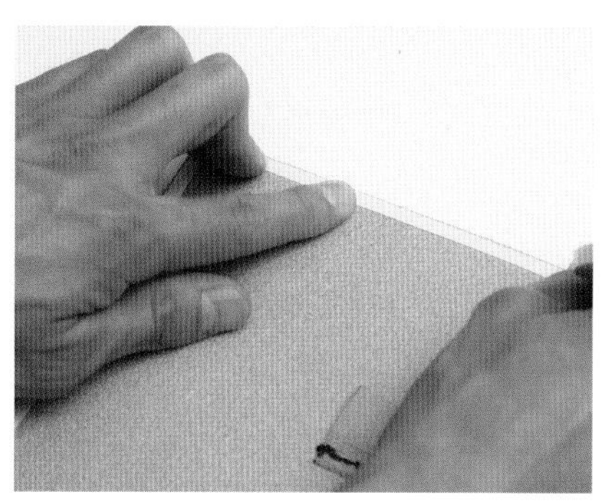

在主體前方的床面
周圍，貼上雙面膠
帶。

02

在主體前方的床面
（貼上雙面膠帶的
內側）塗上橡膠
糊。

03

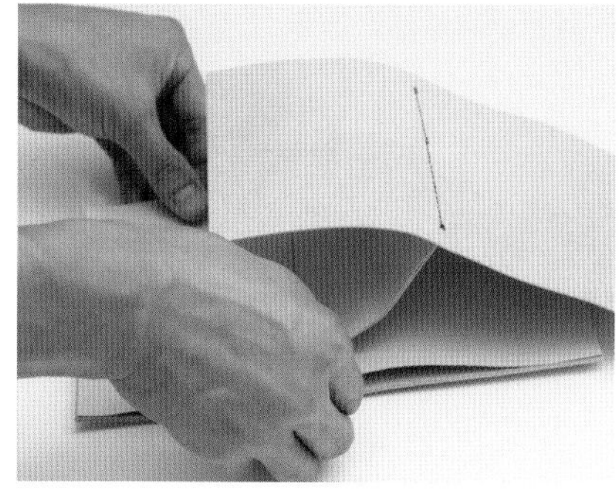

跟主體前方貼合的
內裡的面，也塗上
橡膠糊來進行貼
合。

04

對貼合的面確實的
進行壓合。

05

區隔物的製作與主體前方的貼合

主體前方跟區隔物貼好之後，只對開口部分進行縫合。

06

區隔物的位置將改變維持重量的感覺

裝設區隔物的位置，可以用相機的寬度＋10mm左右來決定，形成剛好可以讓相機放入的空間。這次設定成130mm。

將主體前方跟區隔物縫好的狀態。

07

縫好的開口部分的切邊，塗上水，用低級碎布來磨過。

08

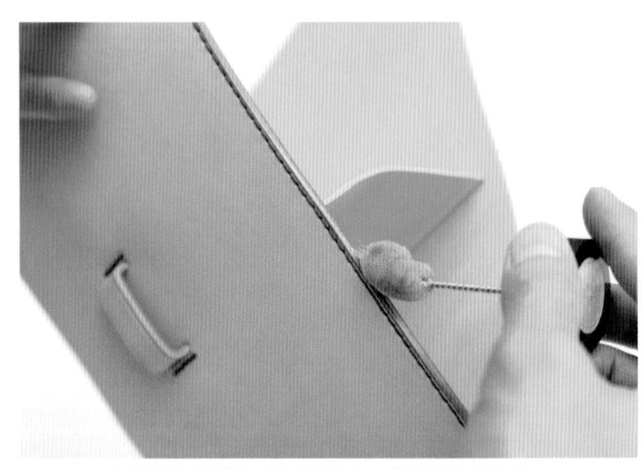

09 在磨好的切邊塗上切邊用墨水，將切邊處理完成。

主體後方
跟蓋子的前置作業

START

這個相機包採用主體後方跟蓋子一體成型的構造，透過裝在主體後方上片的皮帶，來將蓋子固定。在此要在蓋子開出讓環套穿出來的孔，並將皮帶裝到主體後方上面。

準備主體後方＋蓋子，以及皮帶的零件。

01

按照紙型的位置，標出環套用開孔的記號。

02

用美工刀將四個角落連起來，將孔與孔之間切開。

03

將每一個孔之間切開，像這樣子開出讓環套穿出來的孔。

04

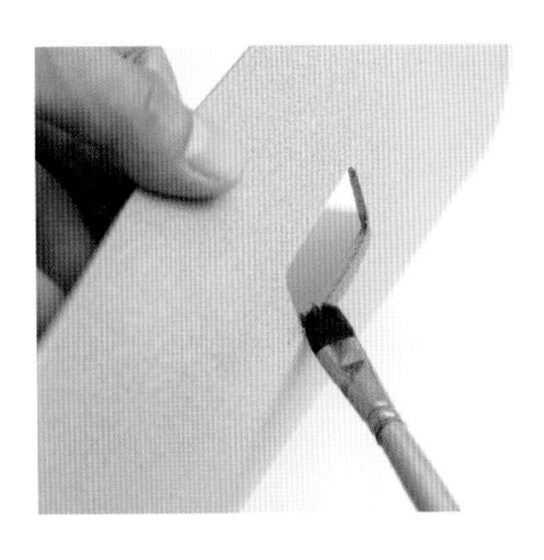

在環套用開孔的內側切邊塗上水。

05

用低級碎布將環套用開孔的內側切邊磨過。

06

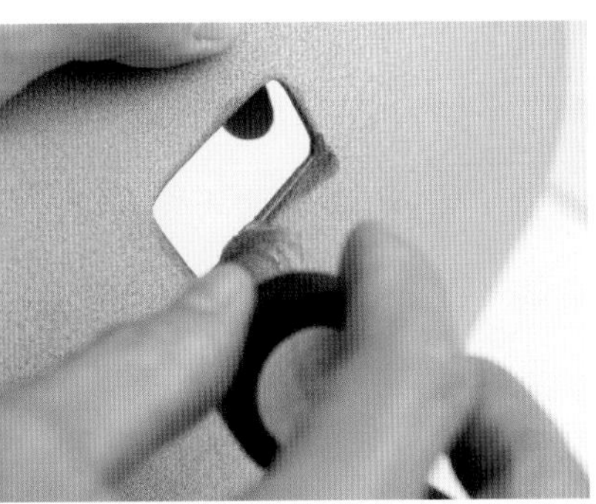

最後將切邊用墨水塗到切邊上面來完成。

07

主體後方跟蓋子的前置作業

將皮帶用的零件，跟主體後方＋蓋子的零件對齊來決定長度。

08

皮帶要設定成主體後方＋5mm的長度。

09

用決定好的長度來將皮帶切割。

10

皮帶的前端以皮帶用V字斬切過。

11

POINT

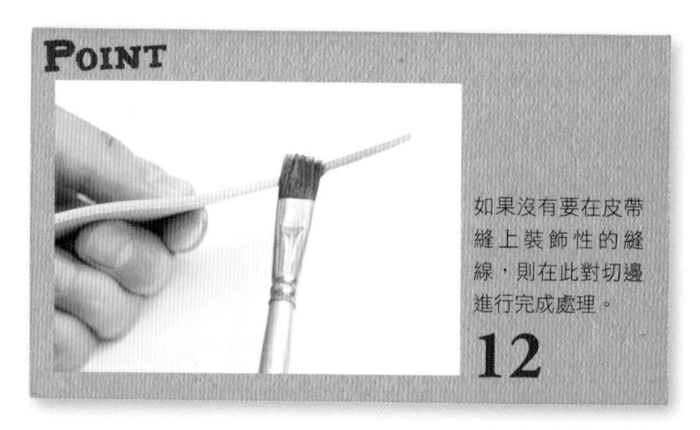

如果沒有要在皮帶縫上裝飾性的縫線，則在此對切邊進行完成處理。

12

在皮帶的主體後方一方（沒有用V字斬切過的那端）130mm的位置標上記號。

13

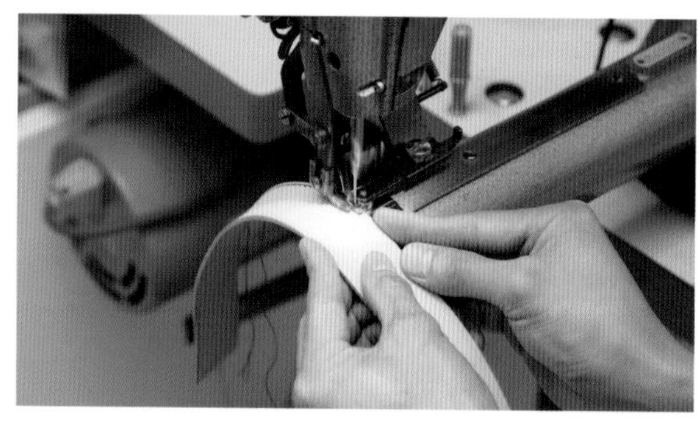

往V字斬切過的那端，從記號開始繞一圈回到記號，縫出裝飾性的線跡。

14

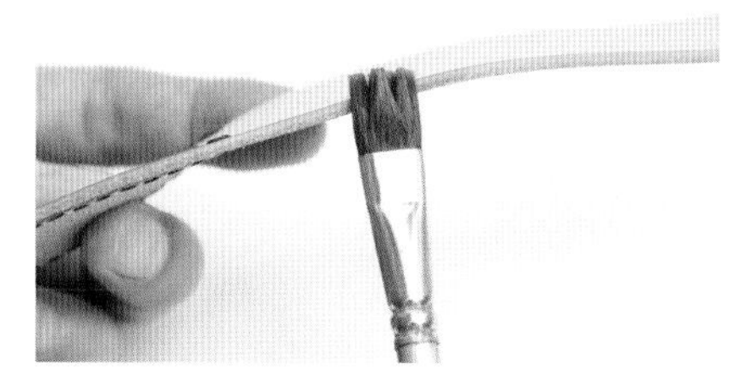

將裝飾性的線跡縫好之後，在皮帶的切邊塗上水來磨過。

15

在磨好的切邊塗上切邊用墨水，對皮帶切邊進行完成處理。

16

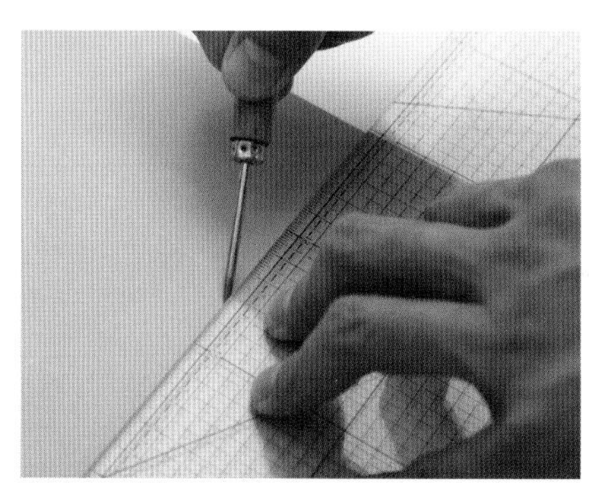

量出主體後方的中心，畫出將皮帶對齊的位置。

17

在皮帶跟主體後方縫合的部分貼上雙面膠帶。

18

將位置對齊，用雙面膠帶將皮帶貼上去。

19

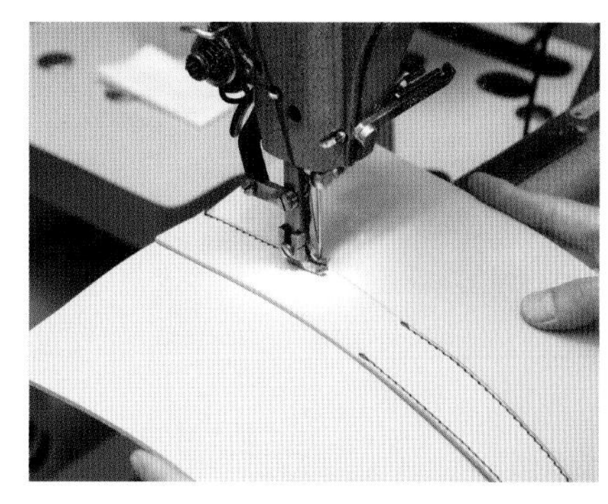

將皮帶跟主體後方縫合。

20

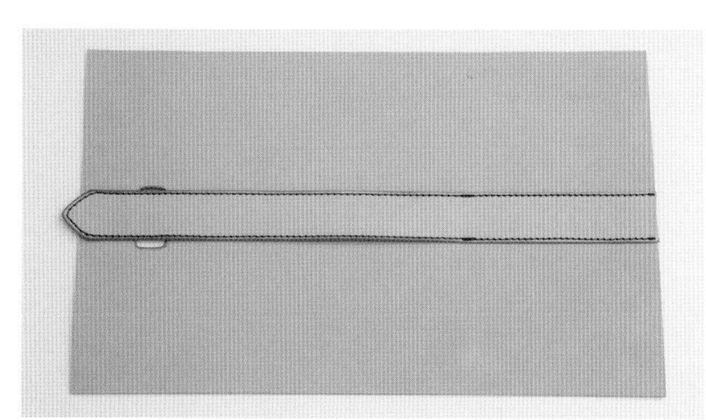

將皮帶縫到主體後方上面的狀態。

21

將主體前方與主體後方貼合

START

將裝上區隔物跟內裡的主體前方，與裝上皮帶的主體後方＋蓋子縫合。縫合的某些部分會跟襯料一起進行，在此只將開口的部分縫在一起。

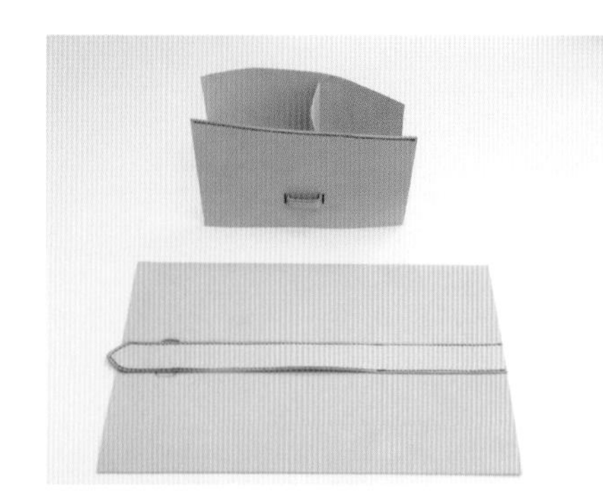

準備好主體後方＋蓋子加上皮帶的零件，以及主體前方縫上內裡跟區隔物的零件。

01

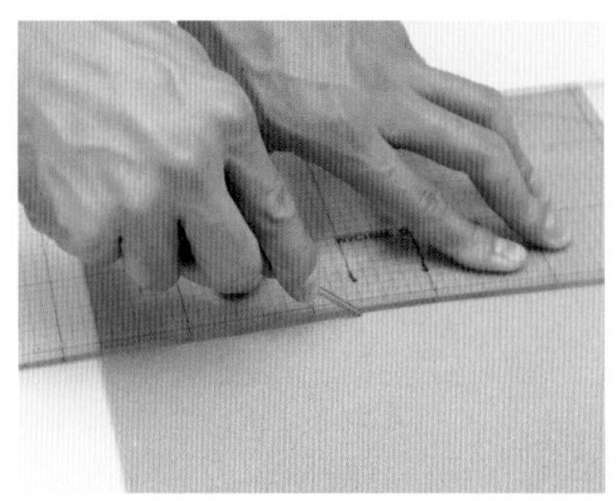

首先將主體後方＋蓋子的零件擺到床面一方，在貼上內裡的主體部分畫線。

02

按照畫好的線將雙面膠帶貼上。

03

在主體後方的整個周圍都貼上雙面膠帶。

04

在貼上雙面膠帶的內側範圍，塗上橡膠糊。

05

內裡的床面也塗上橡膠糊來進行貼合。注意不要將上下搞混。

06

為了標示出縫合用的記號，在內裡開口的部分，距離左右3mm的位置開孔。

07

將兩端開出來的孔連在一起，畫上縫線。

08

順著縫線，將開口的部分縫合。

09

主體前方跟主體後方，透過內裡跟區隔物成為一個單一的零件。

10

要是將順序搞錯
會出現縫不到的部分

包包的製作就像是智力遊戲一樣，組合的順序非常重要。要是將順序搞錯的話，會出現事後縫不到的部分，請多加注意。

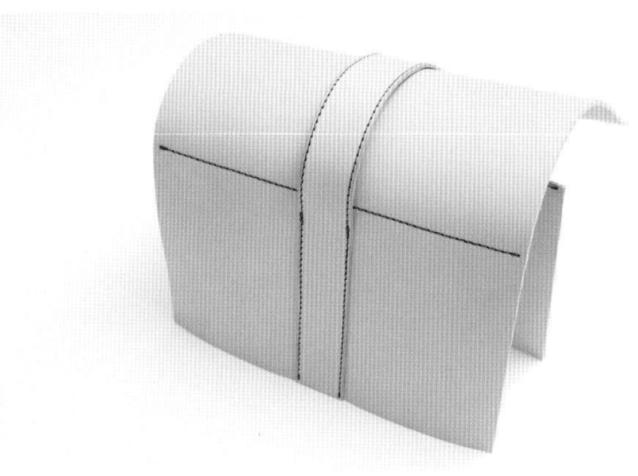

11 從背面進行觀察，主體後方跟內裡縫合的線跡，感覺就像是重點性的裝飾。

主體跟襯料的縫合與完成處理

START

將分割式通底襯料跟主體前方與主體後方的貼合零件進行組合，將主體完成。分別在主體前方、主體後方以匚字進行縫合，並且將縫好的切邊部分研磨來完成。

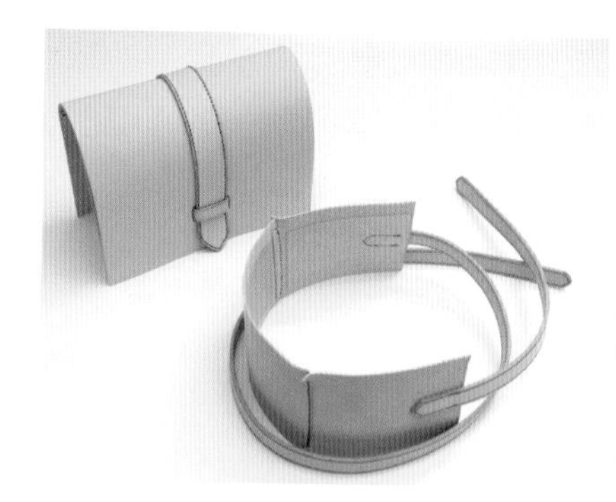

將主體前方＋主體後方＋區隔物的零件，肩帶＋分割式通底襯料的零件準備好。

01

將蓋子的轉角切成圓弧。

02

在主體前方跟主體後方的襯料的縫合部位，貼上雙面膠帶。

03

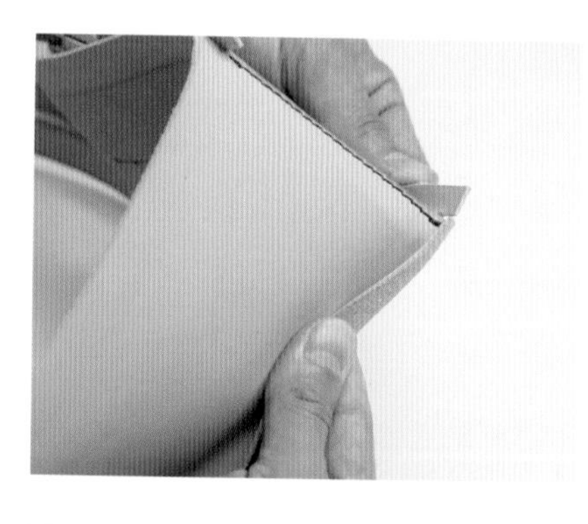

襯料邊緣10mm左右往外折出去。

04

將襯料的邊緣折成這個狀態。

05

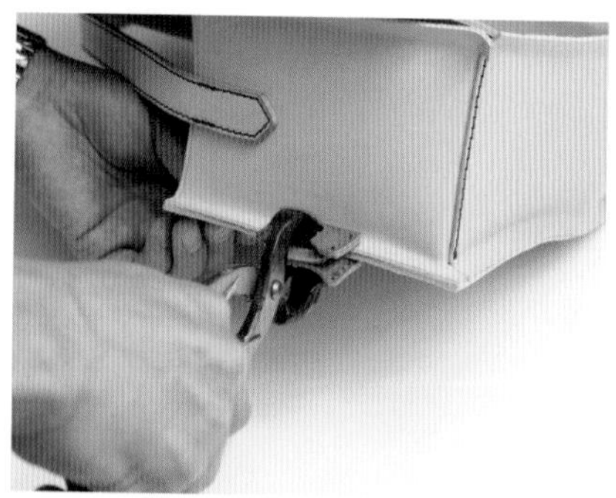

將襯料折好的部分貼到主體前方上面，用板金鉗子進行壓合。

06

將主體前方跟襯料貼合之後，將主體後方跟襯料貼合。

07

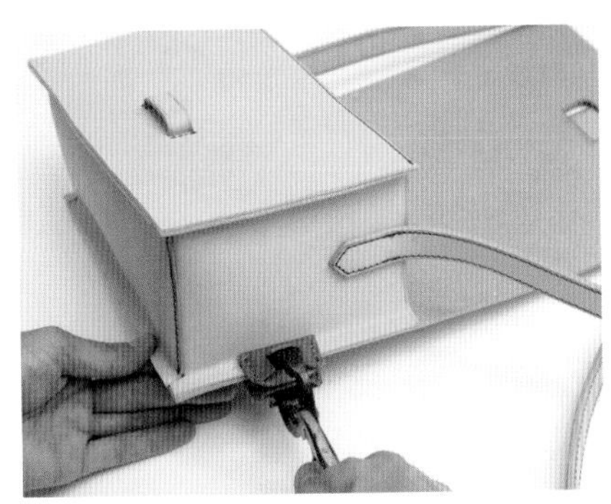

主體後方也用板金鉗子進行壓合，來確實的進行貼合。

08

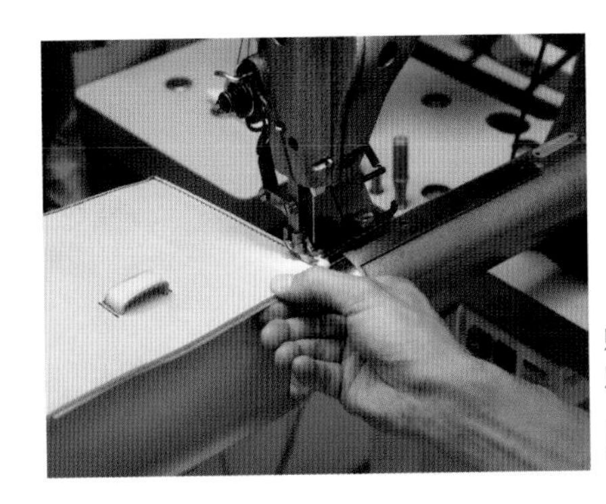

貼合之後，將襯料跟主體進行縫合。

09

縫合部分的角落，用雕刻刀等工具切成圓弧。

10

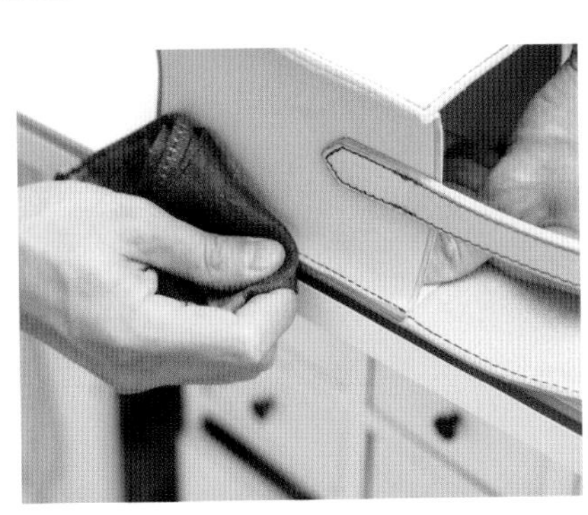

在縫好的切邊塗上水，用低級碎布磨擦來進行研磨。

11

12 在磨好的切邊塗上切邊墨水，將切邊處理完成。

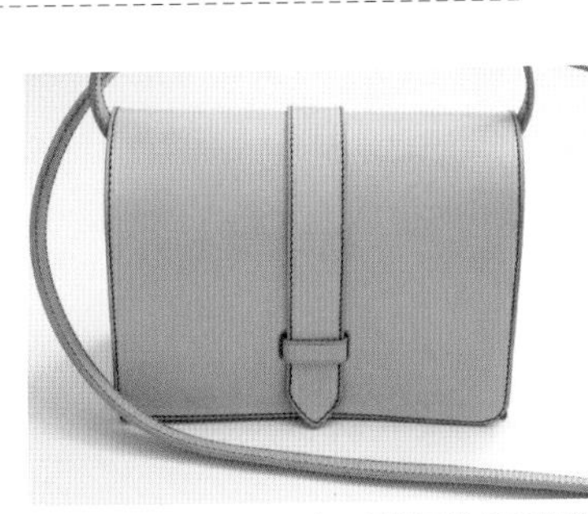

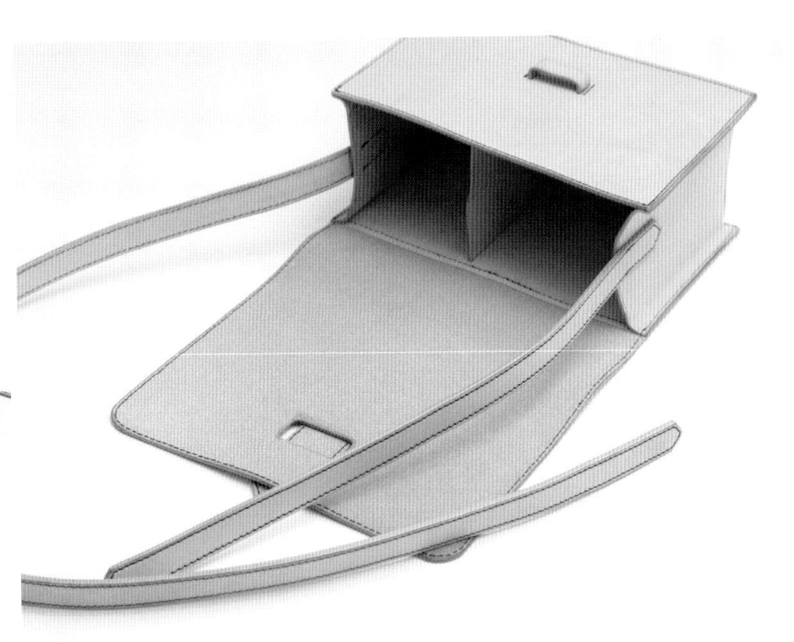

13 主體到此完成，最後要進行肩帶的處理。

肩帶的完成處理

START

最後將皮帶釦裝到肩帶上面，在切成V字的前端開出皮帶孔。皮帶孔的間隔為25mm，可以按照喜好來調整出自己覺得好用的間隔。

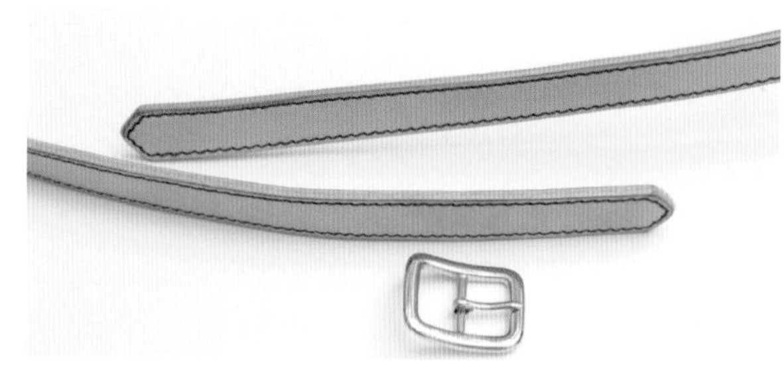

01 在比較短的那條肩帶裝上皮帶釦。

開出用來裝設固定釦的孔（紙型的位置無法對應所有種類的皮帶釦，必須進行調整）。

02

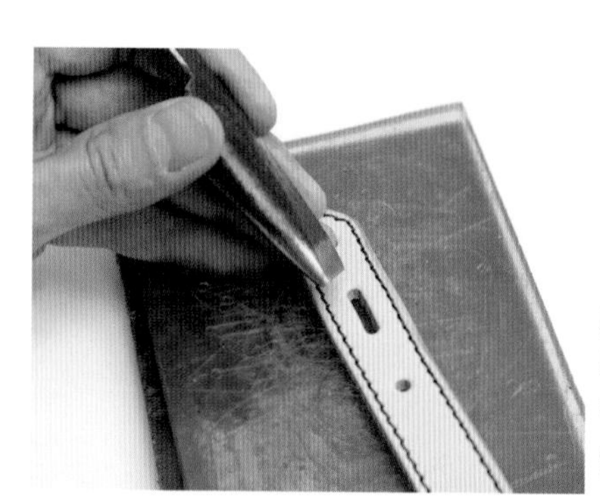

用皮帶斬來開出讓皮帶釦的針穿過的長孔。

03

POINT

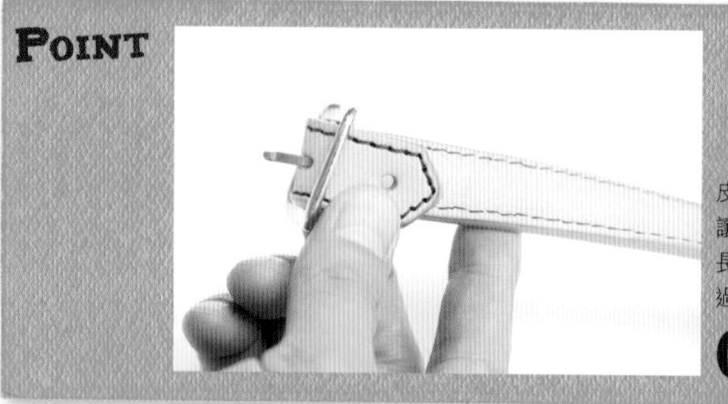

皮帶釦套進肩帶，讓皮帶釦的針穿過長孔之後將肩帶折過去。

04

將固定釦裝上，用固定釦工具敲打，來進行固定。

05

比較長的肩帶，用25mm的間隔開出直徑4mm左右的皮帶孔。

06

將皮帶釦固定到皮帶上面即可完成

試著背到肩膀上面，將肩帶調整到適當的長度。

SHOP INFORMATION

以訂購的方式完成滿意的作品

雨宮正季先生

自由自在的操作縫紉機，創造出各種不同造型，年輕一代之中數一數二的工匠。

新的店鋪是擁有時髦裝潢的5樓建築。2樓是店鋪兼工房。基本上最好是預約之後再前往造訪。

東京澀谷區的MASAKI & FACTORY，身為店主的雨宮先生會以特別訂購的方式來完成所有的作品。擅長的項目是皮包與背包，許多作品都是使用鞣製革等鞣質鞣製的皮革。充滿專業知識的皮革作品，不妨訂購一件來當作參考用的範例。

MASAKI & FACTORY

東京都澀谷區富谷2-3-7　Tel.050-1579-8667

營業時間 11：00～19：00（午休13：00～14：30）

公休日 每週禮拜三、第2、3、5個禮拜四

URL: http://masaki-factory.com/

FOLDED WALLET

兩折的皮夾

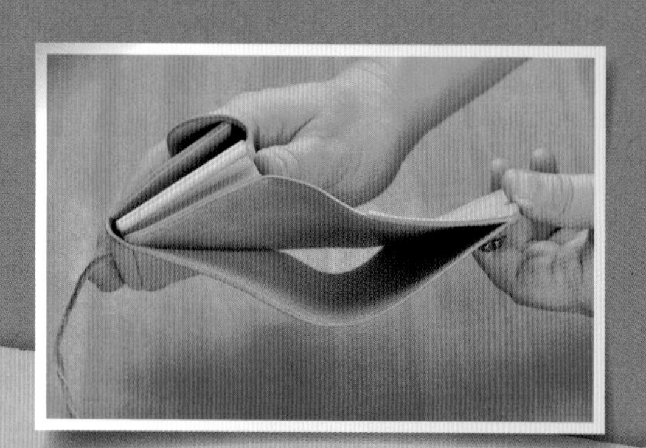

可以將零錢、紙鈔、卡片確實收納起來的小型的兩折皮夾。以鹿革繩與裝飾釦來當作固定用的構造，同時也散發出醫藥包的氣氛。是一件值得讓人長久使用的作品。

Tools 工具

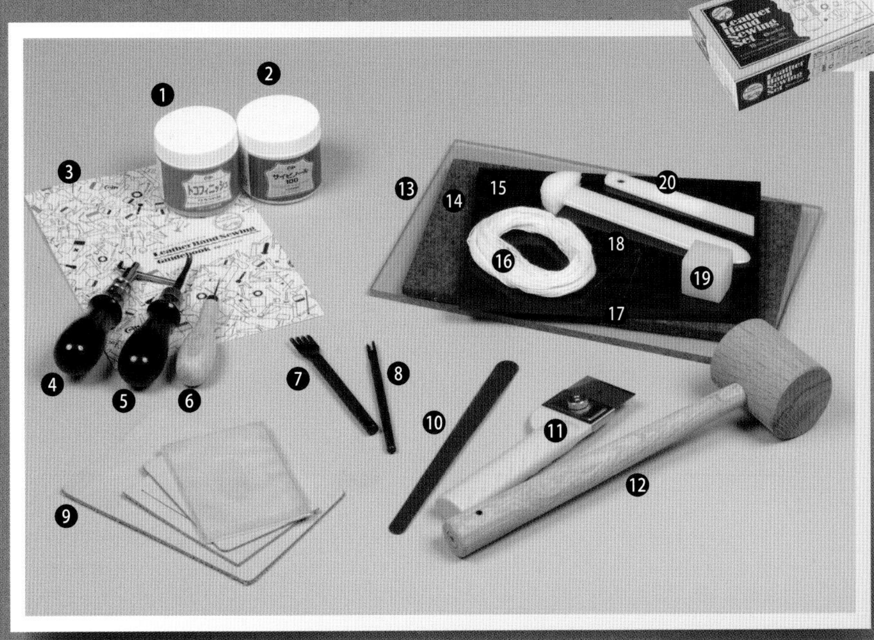

CRAFT社
LEATHER HAND SEWING SET
「Standard」 ￥12,000＋税

①床面完成劑
②濃度膠100號
③作業手冊
④邊線器
⑤削邊器 ⑥圓形鑽孔器
⑦4孔菱斬（2mm）
⑧2孔菱斬（2mm）
⑨卡片夾材料包
⑩研磨片 ⑪替刃式裁皮刀
⑫木槌 ⑬塑膠板
⑭毛氈墊 ⑮橡膠板
⑯麻線 ⑰手縫線
⑱三用磨緣器 ⑲線蠟
⑳上膠片

手縫蠟線。有各種顏色可供選擇的聚酯纖維製的手縫線。這次使用的是米色。

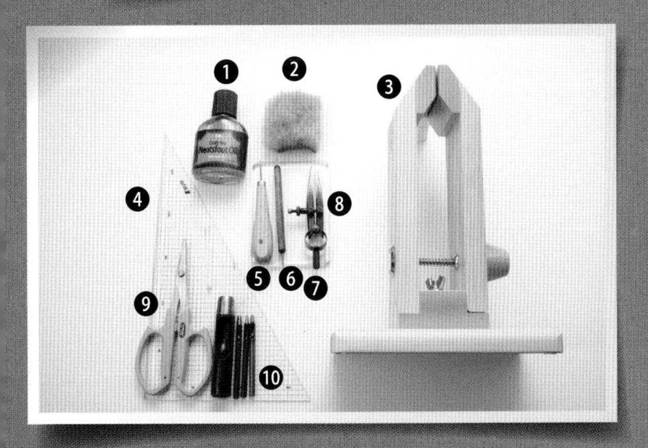

這件作品，是用Craft社所販賣的基本工具LEATHER HAND SEWING SET「Standard」加上下述的追加用品所製作而成。

①牛腳油 ②羊毛塊 ③桌上型手縫固定夾
④尺 ⑤菱形鑽孔器（細） ⑥DB雙頭鐵筆
⑦間距規 ⑧玻璃板 ⑨剪刀
⑩圓斬（6號、8號、12號、50號）

Parts 材料

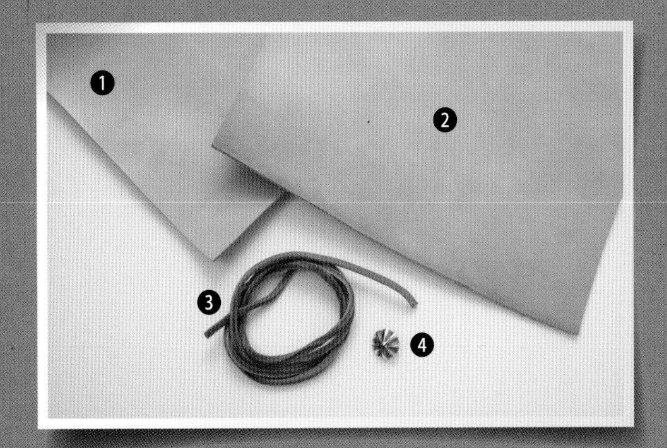

①馬鞍皮（各個零件用1.5mm厚）
②馬鞍皮（主體、零錢袋、環套用2.0mm厚）
③鹿革繩3mm寬 ④銀製飾釦（1180-02）

各個零件的裁切與前置作業

START

首先按照紙型將零件裁切下來。所有的床面用床面完成劑磨過，並將紙型的基準點與開孔的位置標示出來。正確的將零件裁切下來，才能製作出良好的作品。

用圓形鑽孔器將紙型的周圍畫在皮革的銀面上來當作裁切線。

01

紙型上面的基準點跟開孔位置，用圓形鑽孔器刺一下來當作記號。

02

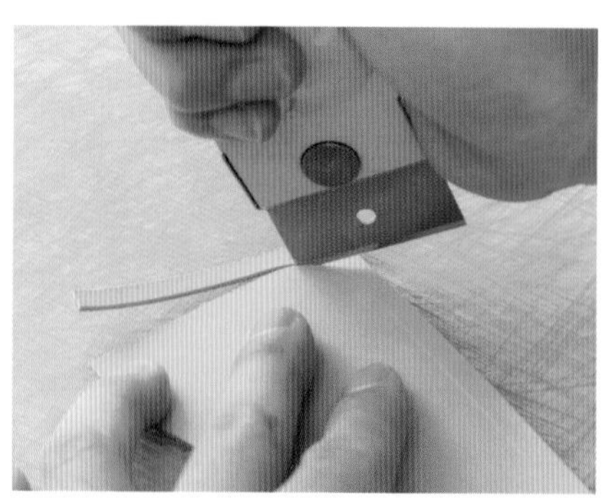
順著畫好的裁切線，用替刃式裁皮刀進行裁切。

03

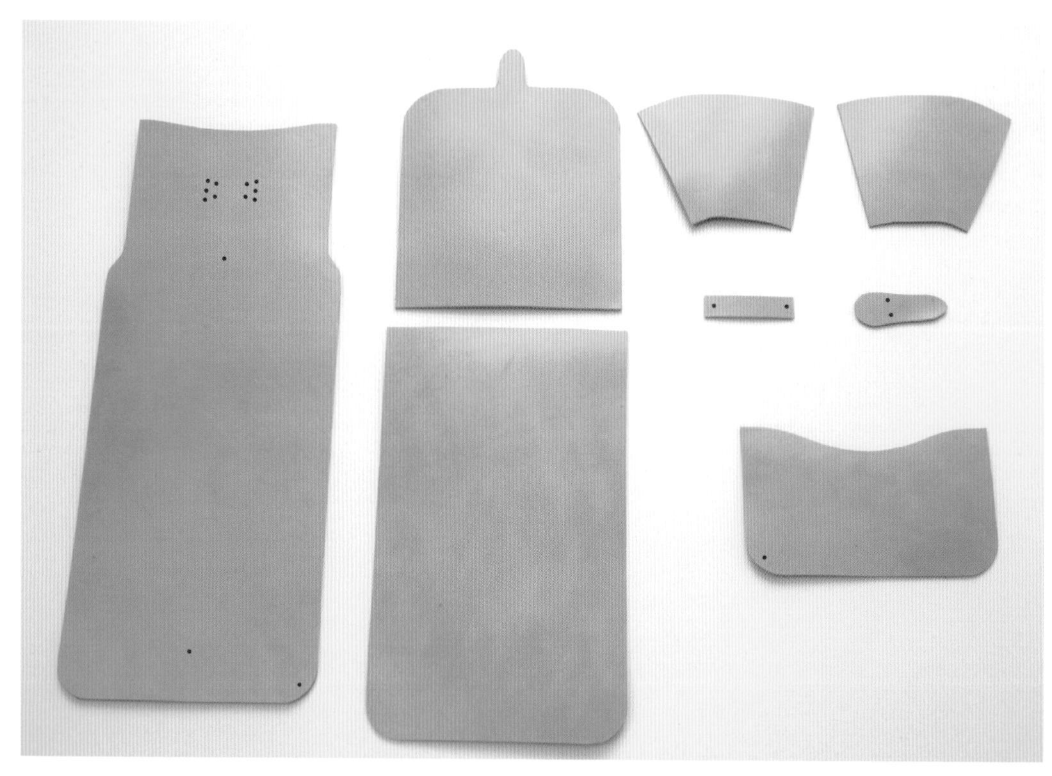
確認裁切下來的零件數量是否周全。標示用的圓點位置如圖內所顯示。

04

POINT

零錢袋跟環套的邊緣，用替刃式裁皮刀斜斜的將10mm左右的範圍削薄。

05

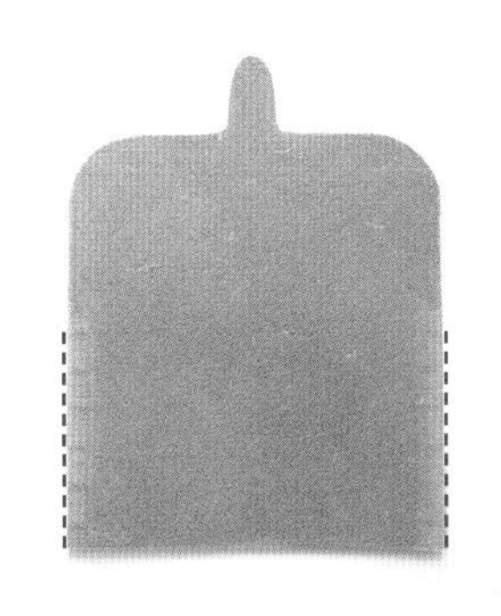

削薄的部位用紅色虛線標示。將邊緣的部分斜斜的削薄，完成之後才不會變得太厚。

06

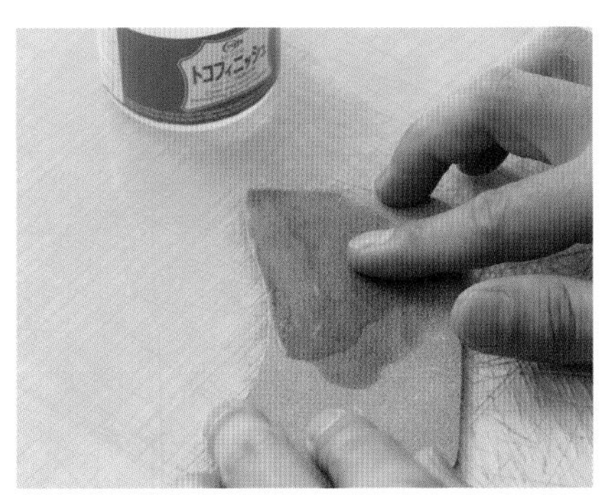

在所有零件的床面塗上床面完成劑。

07

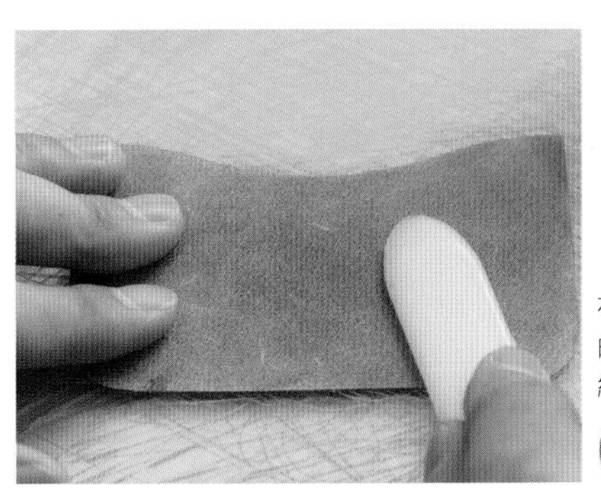

在床面完成劑半乾的狀態，以三用磨緣器將床面磨過。

08

比較大的面積可以用玻璃板研磨，作業起來比較有效率。

09

將各個零件疊到紙型上面，用圓形鑽孔器在貼合的位置標上記號。零錢袋在銀面、床面標上同樣的記號。

10

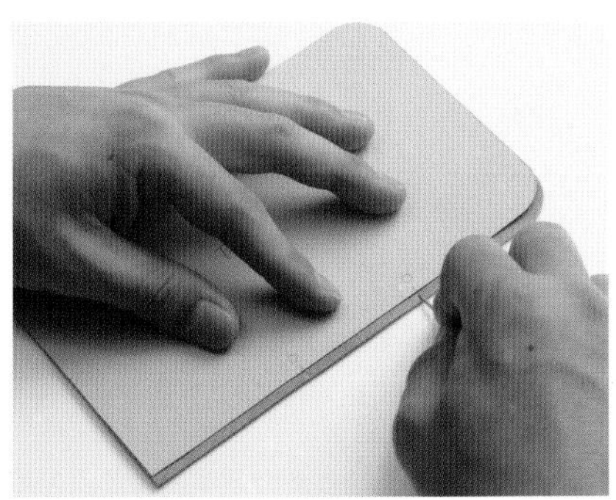

鈔票夾的銀面跟床面的記號位置不同，請多加注意。

11

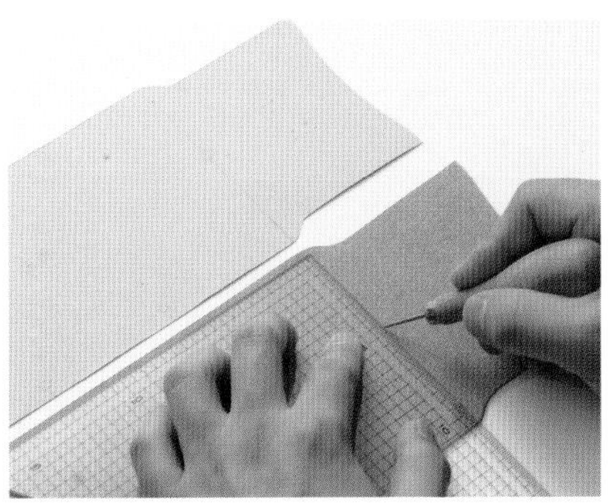

主體的床面，用尺在鈔票夾的貼合位置畫出線條。

12

將各個零件的切邊處理完成

START

零件裁切下來之後，要先將必須事先處理的切邊研磨完成。必須事先處理的切邊，是指縫合結束之後無法研磨或不容易研磨的部分。

從1.5mm厚的皮革裁切下來的零件的切邊，用研磨片輕輕的將菱角磨掉。

01

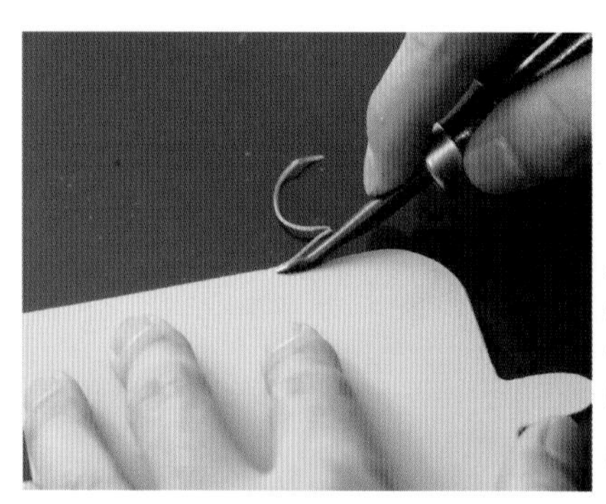

從2.0mm厚的皮革裁切下來的零件的切邊，用削邊器將菱角削掉。

02

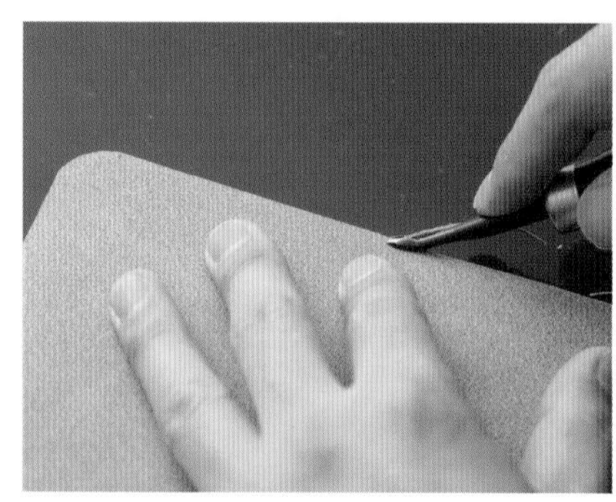

一樣的，從床面一方用削邊器將菱角削掉。

03

兩面都用削邊器將菱角切掉之後，用研磨片將形狀整理到位。

04

用棉花棒將床面完成劑塗到形狀整理好的切邊上面。

05

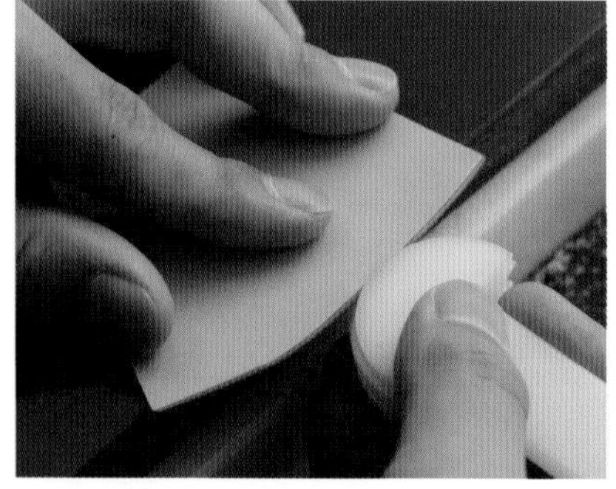

1.5mm厚的零件的切邊，以三用磨緣器的溝道來磨過。

06

2.0mm厚的零件，以三用磨緣器的抹刀部分，從床面一方斜斜的抵住來進行研磨。

07

08 床面一方磨過之後翻到銀面那邊，以傾斜的角度抵住，從銀面一方進行研磨。

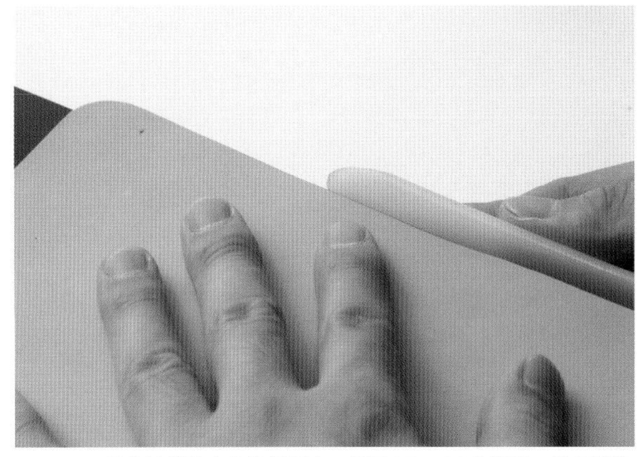

09 最後以橫的方向進行研磨。透過**07**～**09**的過程，將切邊整理成半圓形，這樣在完成之後可以得到美麗的外觀。

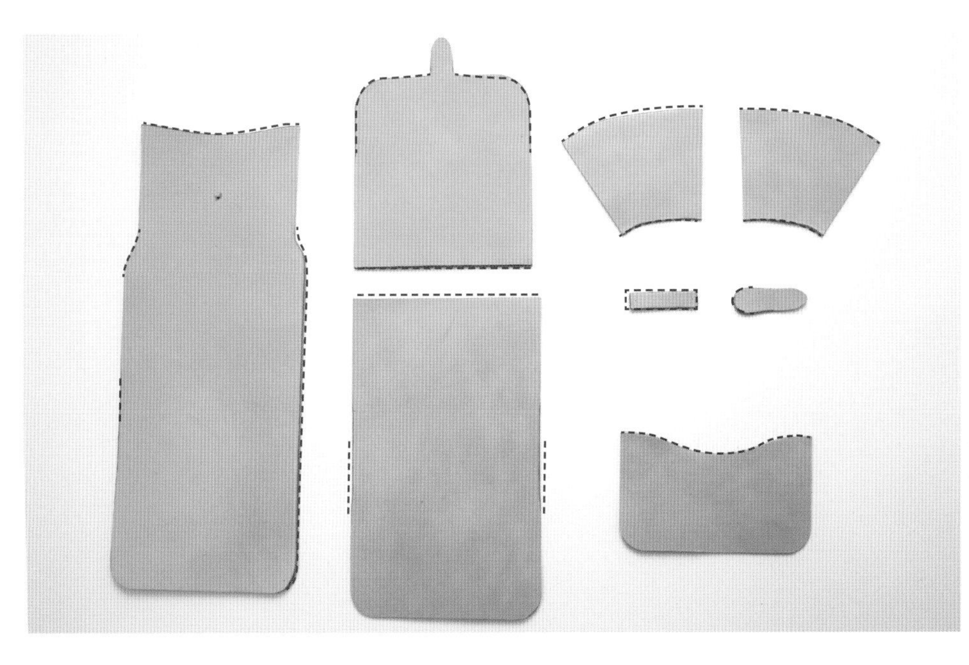

切邊處理完成的零件。紅色虛線所標示的部分，全都要在組合之前事先處理好。

10

找出屬於自己的處理切邊的方式

每個人處理切邊的方式都不同，研磨工具的種類也非常多元，請找出自己覺得最好用的工具，以及磨出來最滿意的作業方式。

鈔票夾跟卡片夾的縫合

START

將鈔票夾跟卡片夾縫合。在此縫合的只有頂邊的部分，剩下的兩邊會保留到主體跟鈔票夾縫合的時候再來處理。

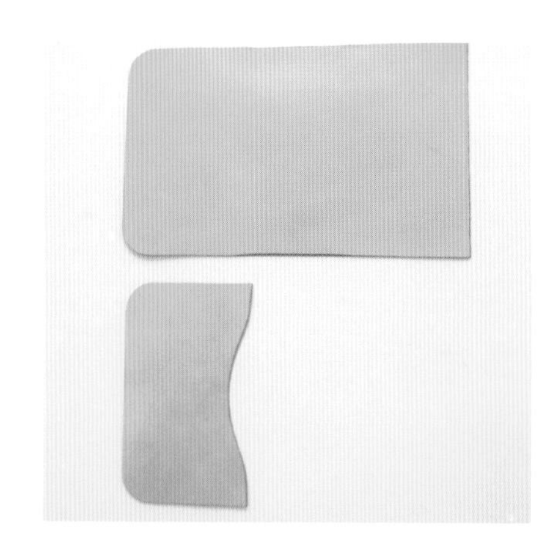

將鈔票夾跟卡片夾的零件準備好。

01

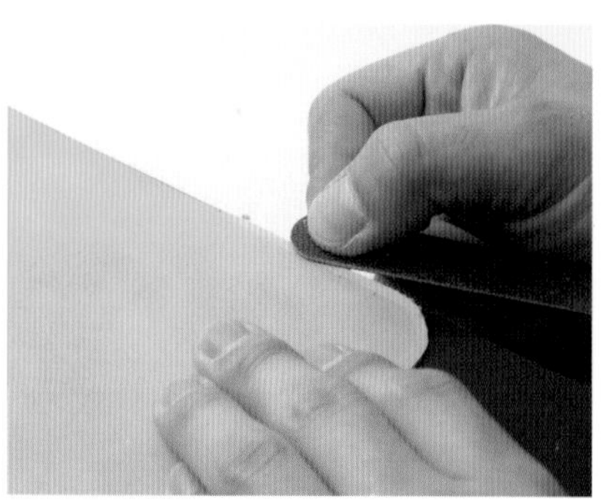

要將卡片夾貼到鈔票夾的銀面上，因此先按照貼合的記號，用研磨片將3mm左右的銀面刮亂。

02

刮亂的部分，用上膠片來塗上濃度膠。

03

也將卡片夾的床面刮亂，塗上濃度膠來跟鈔票夾進行貼合。

04

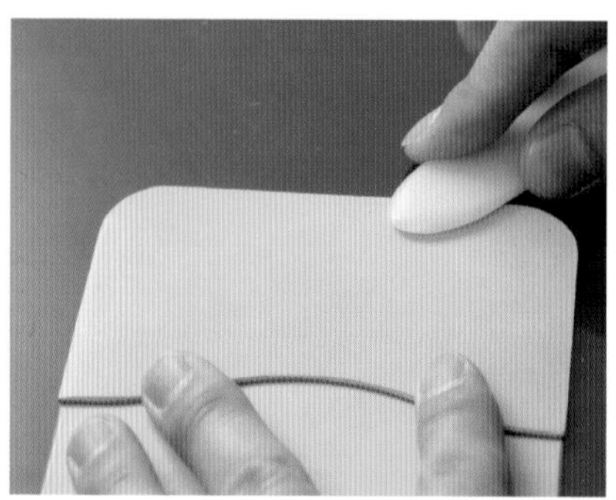

用上膠片將黏合的部位確實的壓在一起。

05

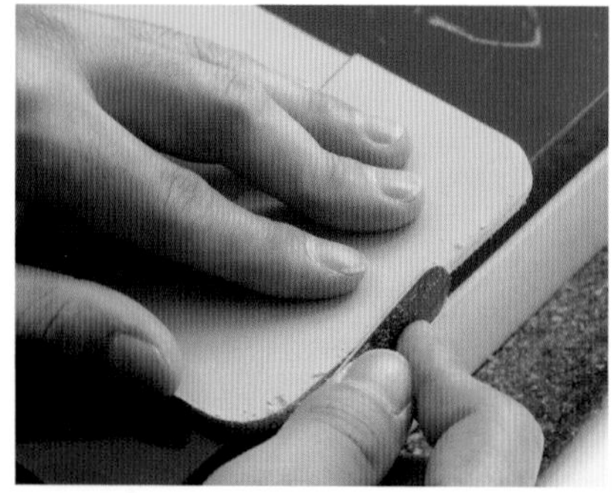

確實貼合之後，用研磨片將貼合部位的切邊削過來整平。

06

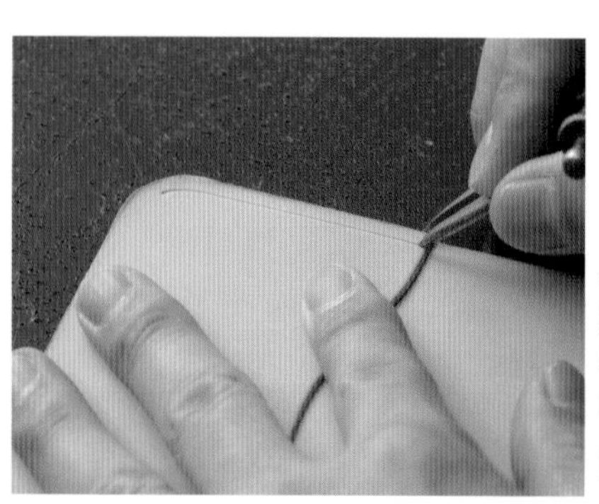

從頂邊縫合的基準點到卡片夾的邊緣為止，用間距規畫出縫線。

07

POINT

縫合的終點跟卡片夾邊緣的部分，要用圓形鑽孔器來開出縫孔。

08

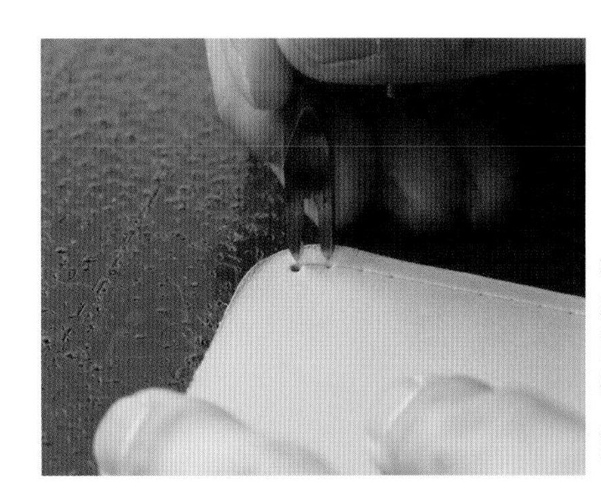

在圓形鑽孔器開出來的兩個縫孔之間，用菱斬壓出壓痕。

09

按照壓痕將菱斬敲入來開出縫孔。

10

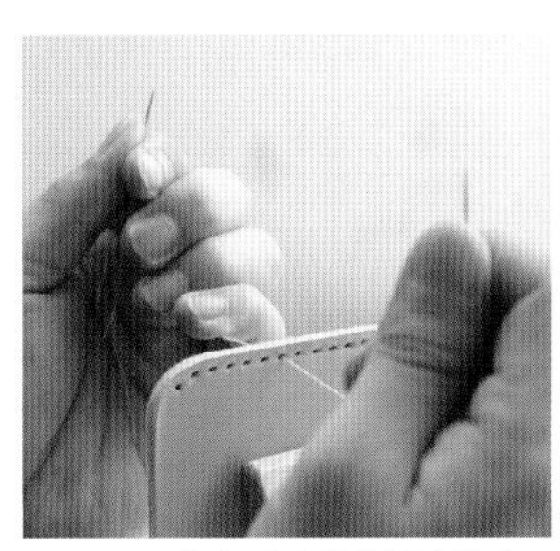

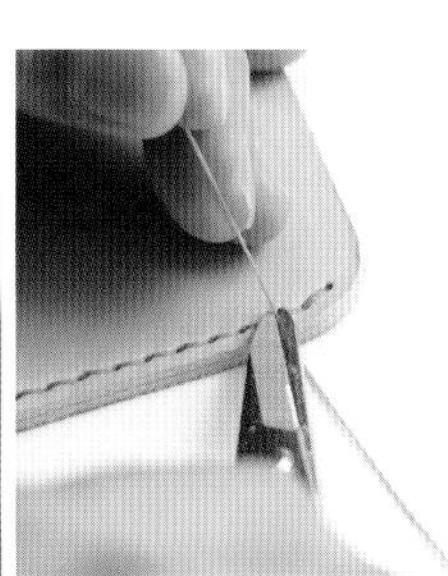

11 將卡片夾跟鈔票夾縫合。

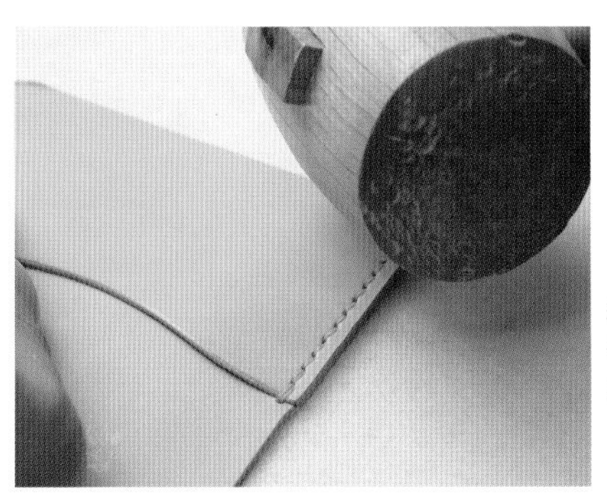

縫好之後用木槌的側面敲打，將線跡整平。

12

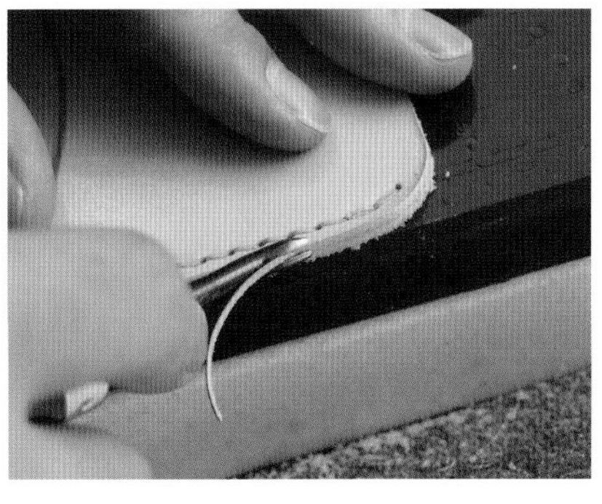

縫好的部分用削邊器將菱角切掉，然後用研磨片將切邊的形狀整理到位。

13

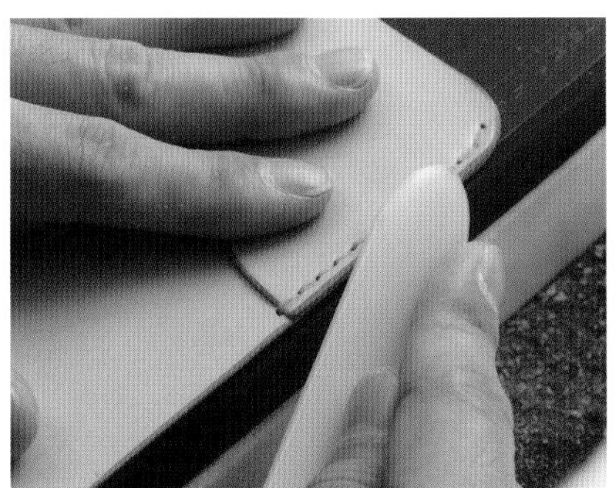

在切邊塗上床面完成劑，以三用磨緣器研磨之後完成。

14

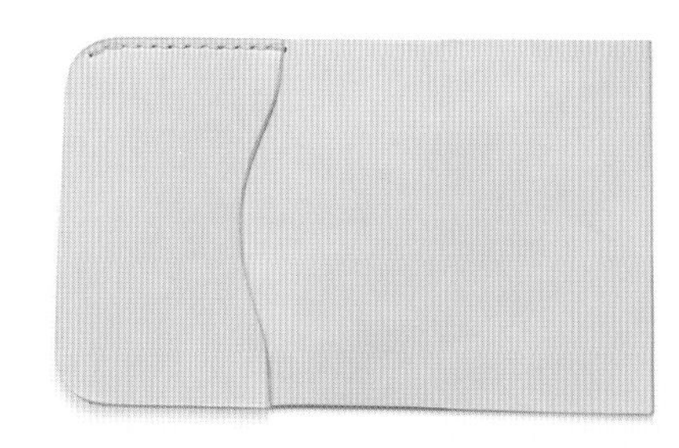

將鈔票夾跟卡片夾縫好的狀態。卡片夾雖然將三邊黏在一起，但只有頂邊進行縫合。

15

製作零錢袋

START

製作零錢袋。零錢袋在製作的時候會用主體來當作零件的一部分，可以說是這款皮夾最為關鍵的部位。

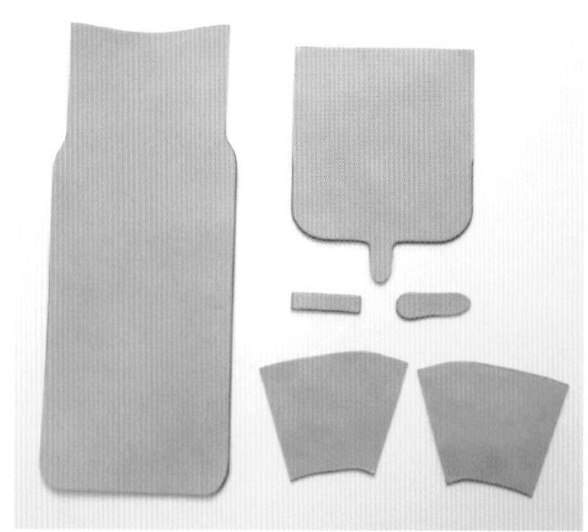

將組成零錢袋的各個零件準備好。

01

製作皮帶

皮帶的部分跟零錢袋的蓋子一體成型，首先將皮帶的銀面刮亂。

01

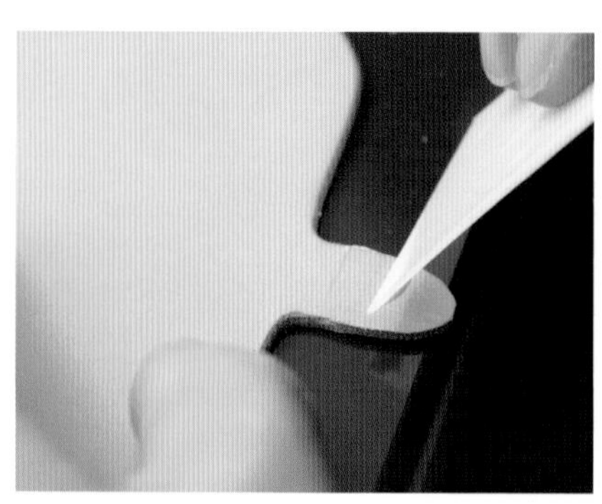

在皮帶刮亂的部分塗上濃度膠。

02

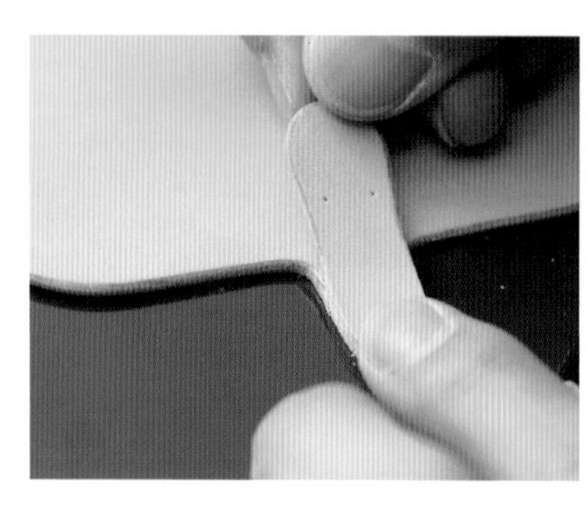

單獨的皮帶零件也在床面塗上濃度膠，跟蓋子一方貼合。

03

將皮帶貼合之後，貼合部位的切邊用研磨片削過，將形狀整理到位。

04

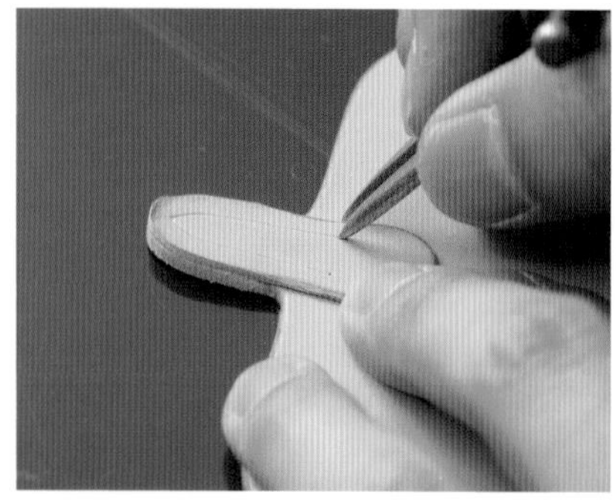

用間距規在皮帶的基準點之間畫出縫線。

05

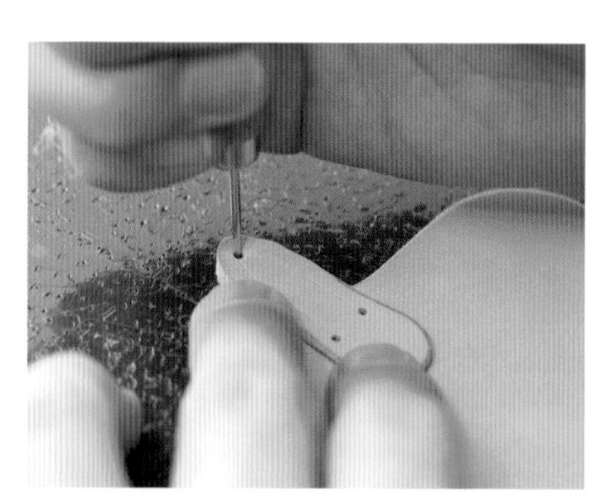

起點、終點、皮帶前端，都用圓形鑽孔器開出用來當作基準點的圓孔。

06

用菱斬在基準點之間壓出壓痕，然後開出縫孔。

07

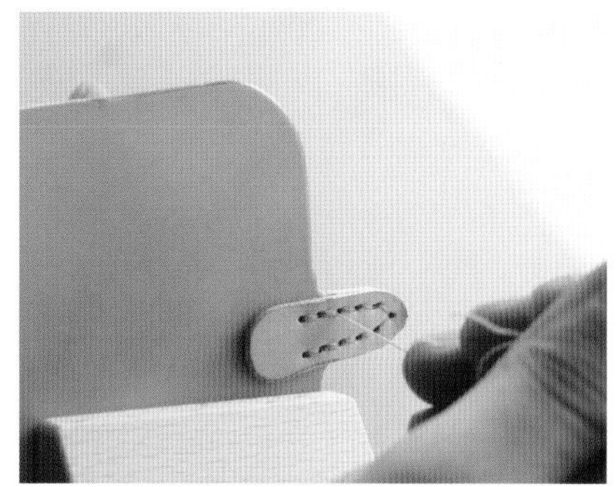

將皮帶縫合。

08

用木垂敲打縫合的部位，將線跡整平。

09

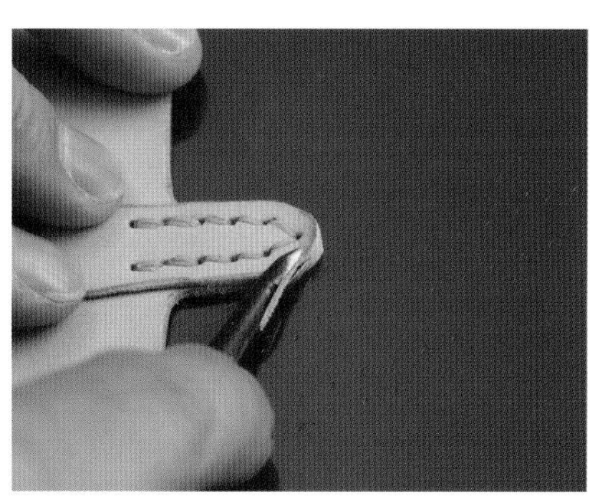

用削邊器將皮帶縫合部位的菱角削掉。

10

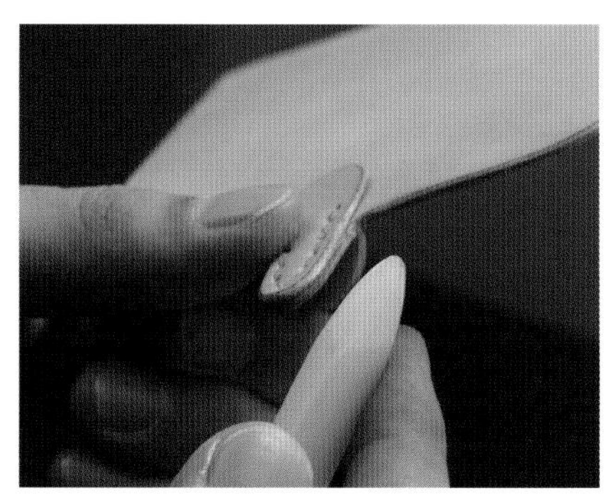

用研磨片將形狀整理到位，塗上床面完成劑來研磨完成。

11

● 製作主體前方的部分

用12號圓斬（直徑3.6mm）開出給裝飾釦使用的孔。

01

用6號圓斬（直徑1.8mm）開出讓鹿革繩穿過的孔。

02

裝設環套的孔的兩端，用8號圓斬（直徑2.4mm）壓出壓痕。

03

製作零錢袋

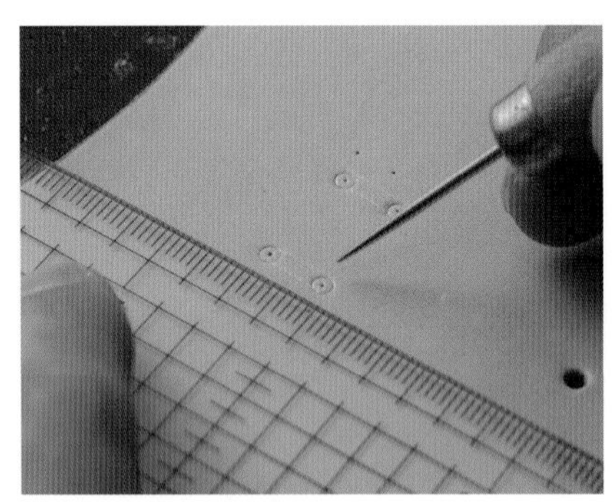

用圓形鑽孔器將壓痕的圓圈連起來，成為一個長方形的開孔。

04

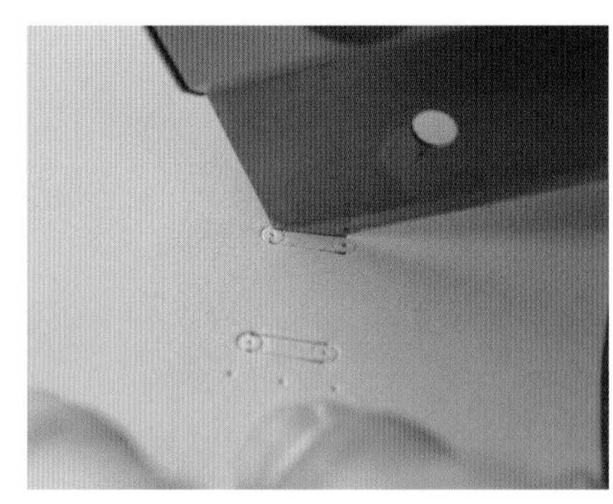

用替刃式裁皮刀將圓圈連起來的部分切開。

05

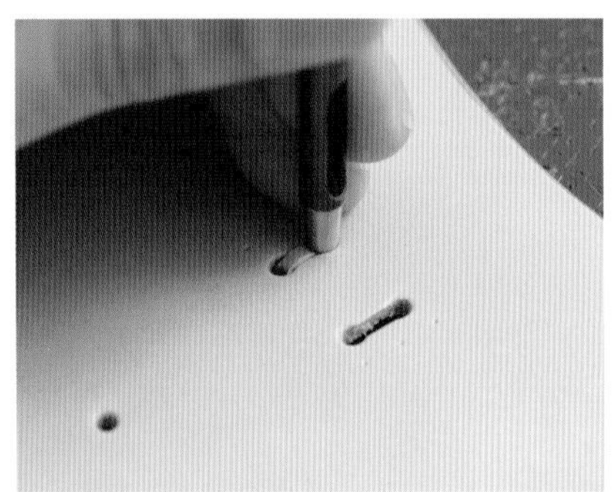

用圓斬在圓圈壓痕的部分開孔，將長方形的孔完成。

06

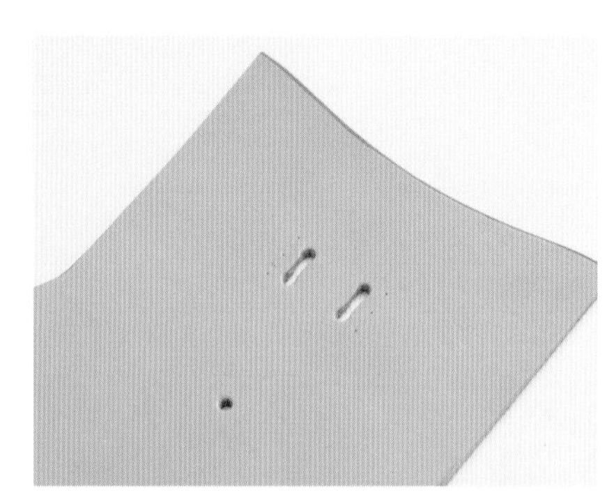

將環套裝上的孔，要開成這樣的狀態。

07

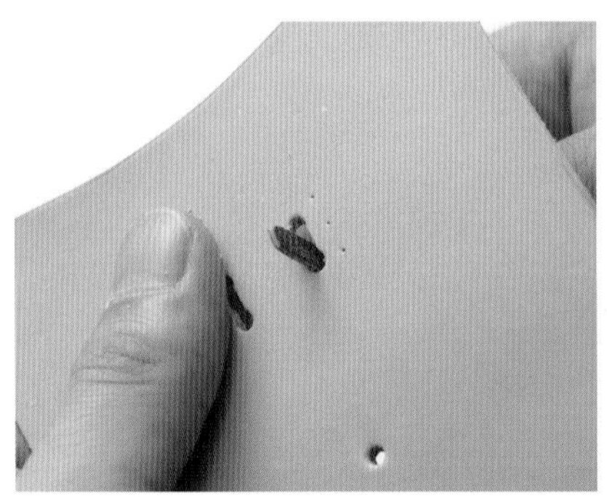

孔的內側的切邊，用研磨片來整平。

08

POINT

用雙頭鐵筆等工具將床面完成劑塗上，對孔的內側的切邊進行研磨。

09

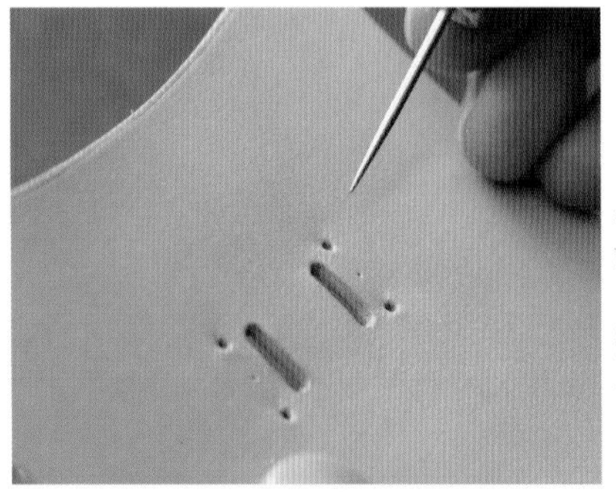

裝設環套的孔的旁邊，按照紙型來開出縫孔。上下兩點要使用圓形鑽孔器。

10

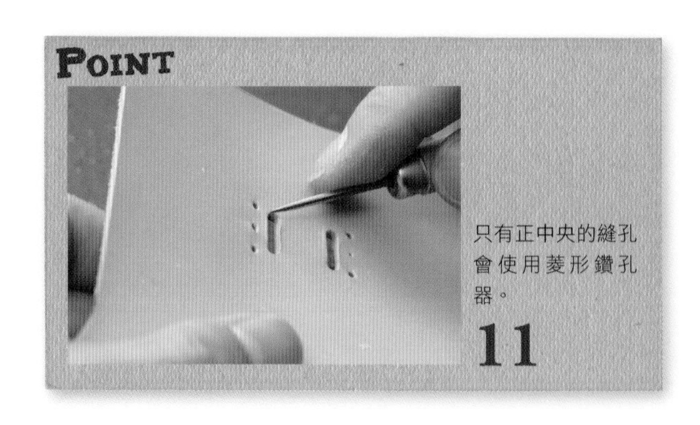

POINT

只有正中央的縫孔會使用菱形鑽孔器。

11

環套一方也用菱形鑽孔器來開孔。

12

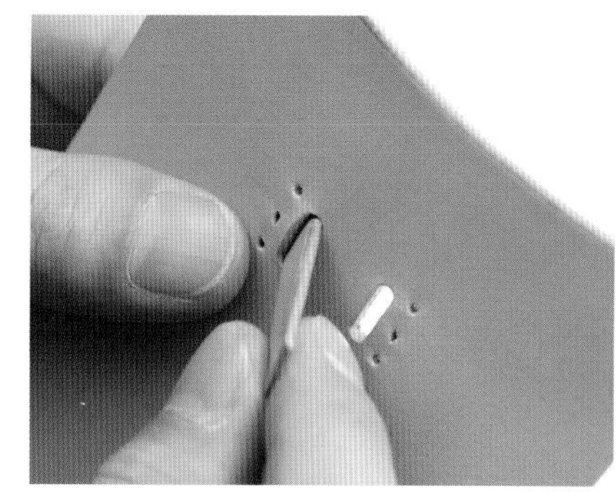

將環套裝到開好的孔上。

13

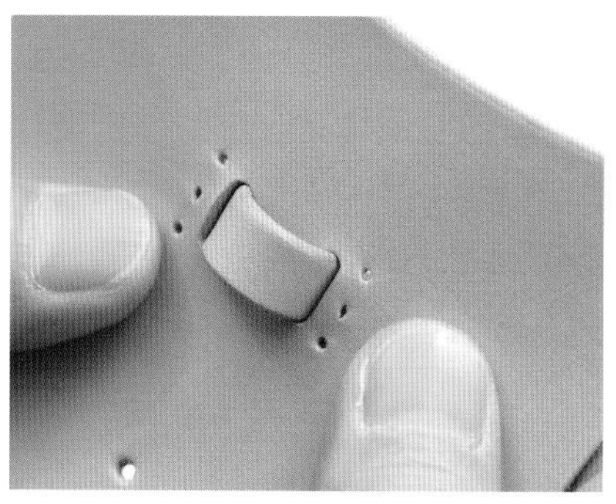

插進裝設環套用的孔，並且跟縫孔的位置對準的狀態。

14

背面看起來的樣子。要將環套彎曲來確實對準縫孔的位置。

15

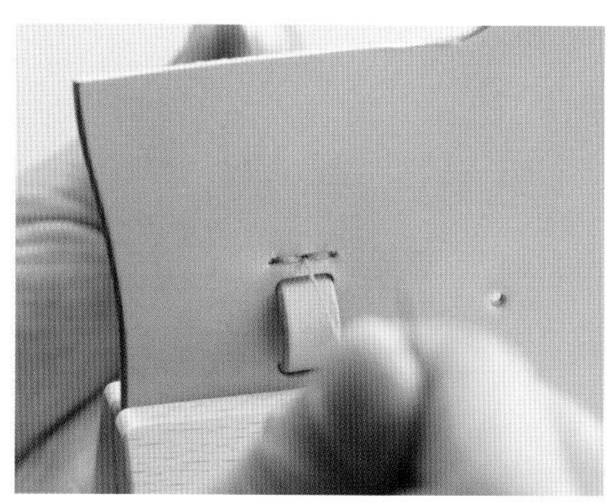

從中央將縫線穿過，縫的時候要在兩邊的孔都縫出雙重的縫線。

16

將環套的兩側都縫好的狀態。最後在中央收尾，讓每一個縫孔都縫上雙重的縫線。

17

製作襯料

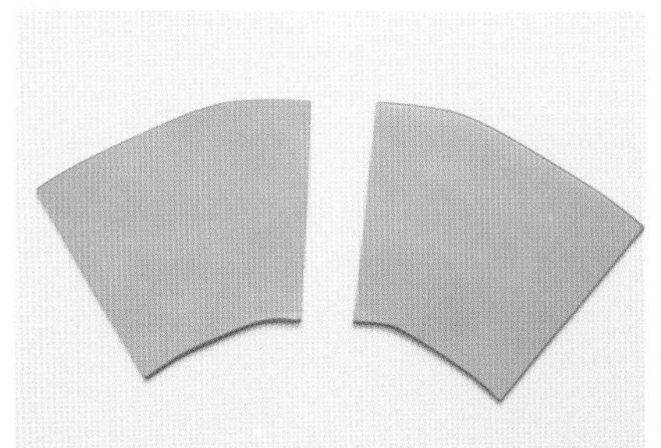

準備左右的襯料。

01

按照紙型上面所標示的折線的位置，在襯料的兩端輕輕標上記號。銀面與床面的位置不同，請小心不要搞錯。

02

製作零錢袋

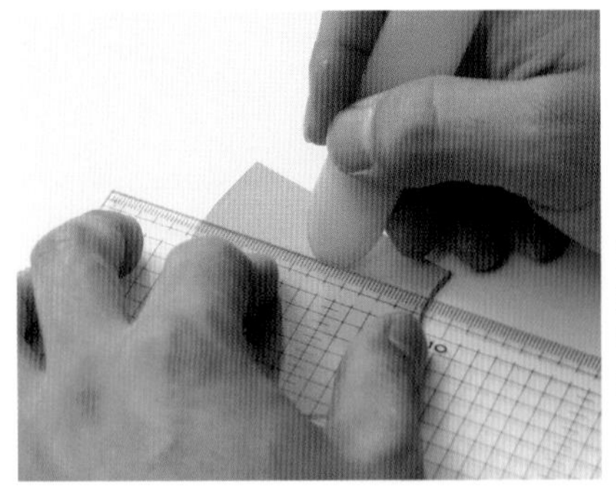

用尺將兩端的記號連起來，以三用磨緣器在銀面確實的畫出折線。

03

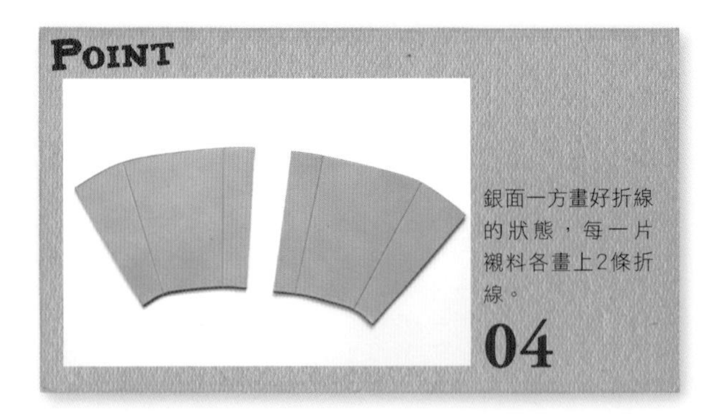

POINT

銀面一方畫好折線的狀態，每一片襯料各畫上2條折線。

04

床面也將記號連起來，確實的畫出折線。

05

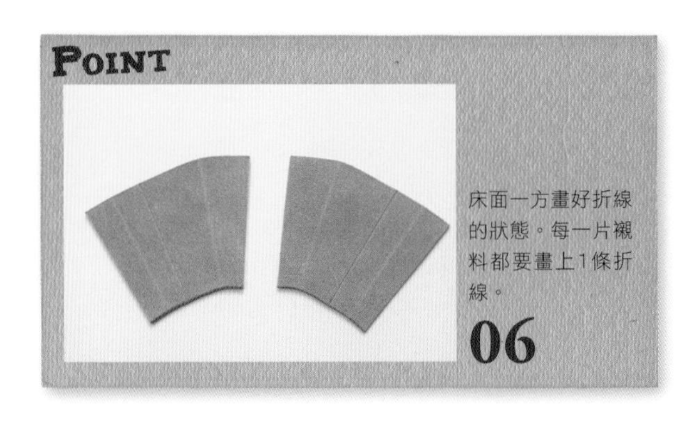

POINT

床面一方畫好折線的狀態。每一片襯料都要畫上1條折線。

06

順著折線，用手指將襯料折起來。

07

像這樣子，按照兩側的折線往表面一方折過去。

08

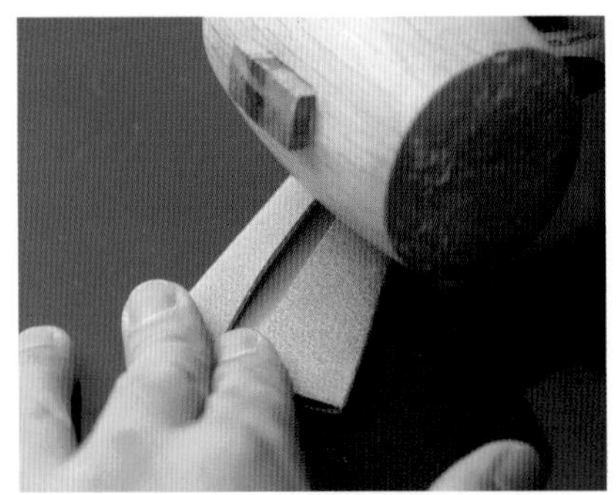

用木槌的側面敲過，確實的壓出折痕。

09

中央的折線要背面折過去。

10

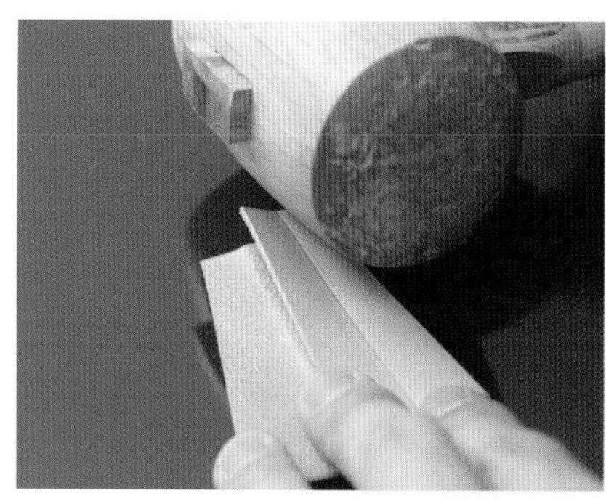

中央的部分用木槌敲過，確實的壓出折痕。

11

將兩側的襯料折好的狀態。

12

將各個零件組合

襯料床面的縫合部位，用研磨片將表面刮亂。

01

POINT

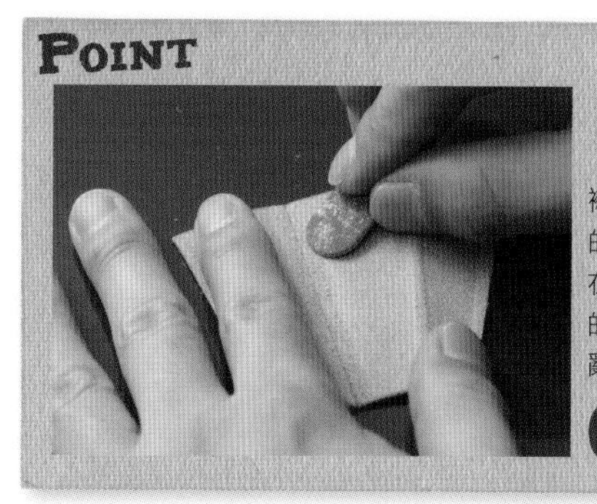

襯料往背面折過去的部分的床面，也在折線左右各4mm的範圍將表面刮亂。

02

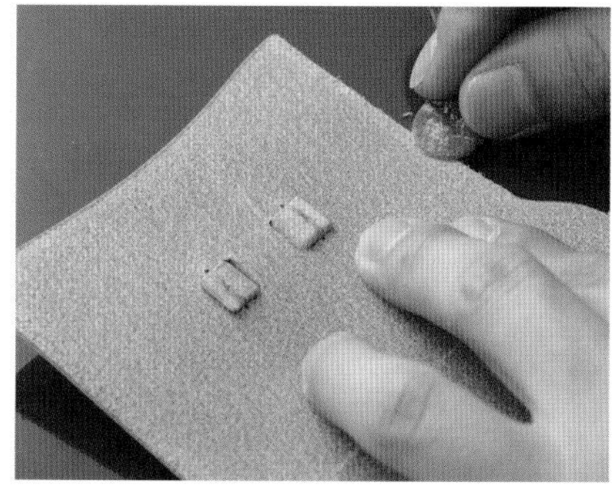

零錢袋的主體前方的部分，一樣按照貼合位置的記號，將與襯料縫合部分的床面刮亂。

03

按照貼合位置的記號，將零錢袋與襯料縫合部位的銀面刮亂。

04

零錢袋會夾在襯料之間，因此床面一方也要將縫合部位刮亂。

05

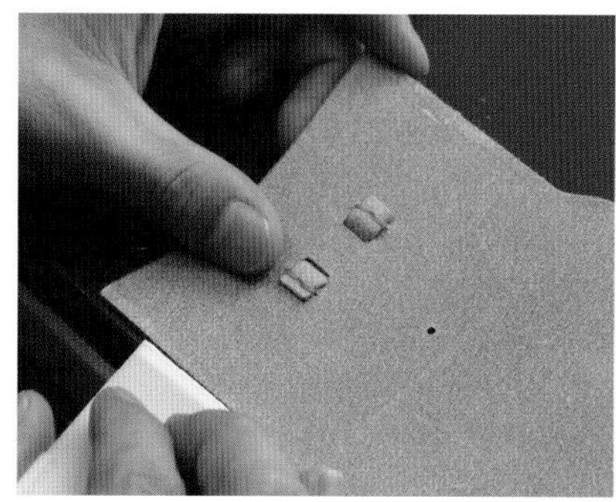

在主體前方刮亂的縫合部位塗上濃度膠。

06

製作零錢袋

確認襯料的方向，與主體前方貼合的縫合部位塗上濃度膠。距離中央折線比較長的那邊，要來到主體前方一方。

07

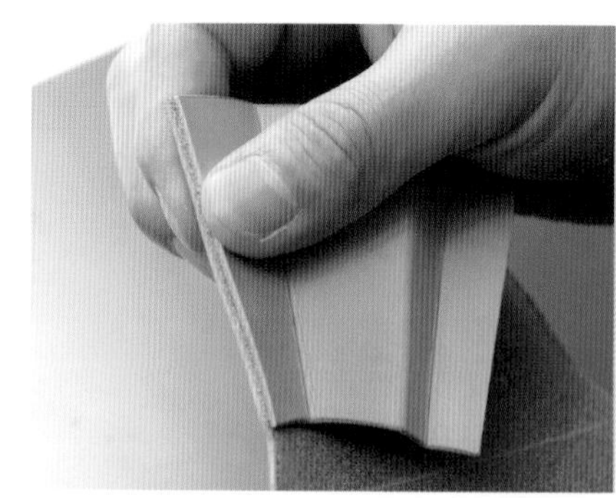

將襯料與主體前方的部分貼合。

08

將兩側的襯料貼合之後，以三用磨緣器壓住來進行壓合。

09

襯料邊緣的部分，從床面一方用圓形鑽孔器開出縫孔。

10

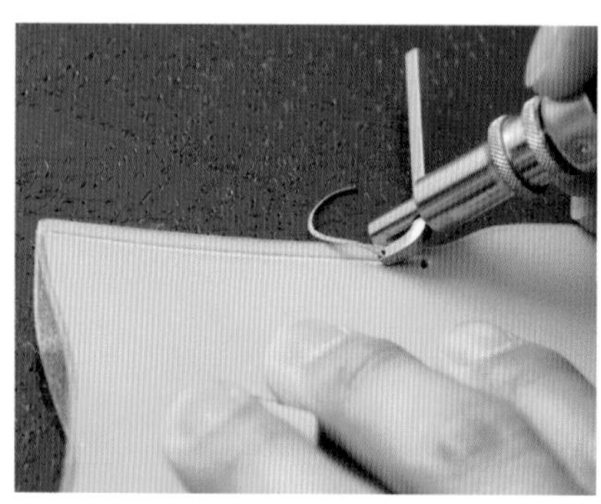

以**10**所開出的縫孔為基準點，在主體前方的銀面用邊線器刻出縫線。

11

從主體前方那面，用菱斬開出縫孔。

12

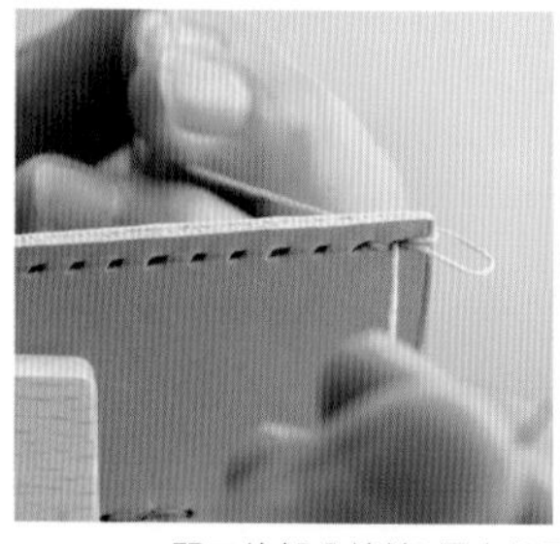

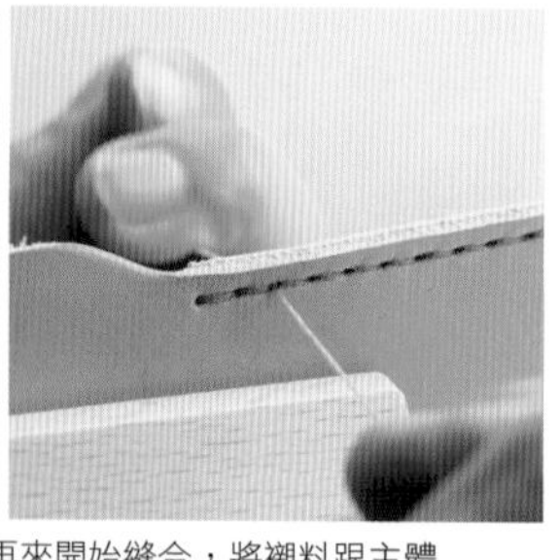

13 開口的部分繞縫2圈之後再來開始縫合，將襯料跟主體前方縫在一起。

用木槌的側面將線跡敲過，把線跡整平。

14

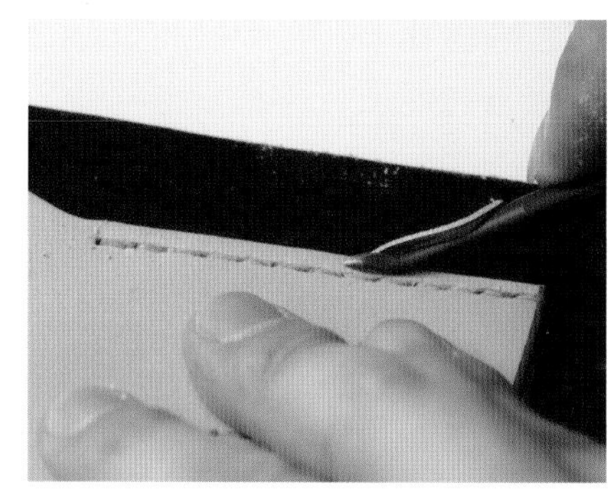

縫合部位的切邊，用削邊器將菱角切掉。

15

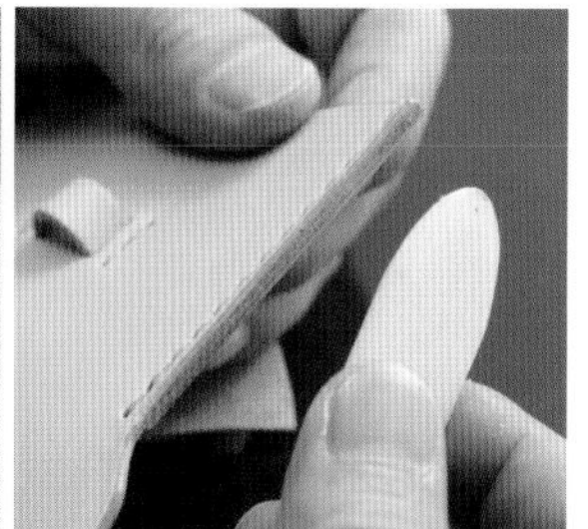

16 用研磨片將切邊的形狀整理好，塗上床面完成劑。以三用磨緣器進行研磨來完成。

在零錢袋床面刮亂的縫合部位塗上濃度膠。

17

POINT

襯料往背面折過去的部分，以及與主體前方縫合的部位，要塗上濃度膠。

18

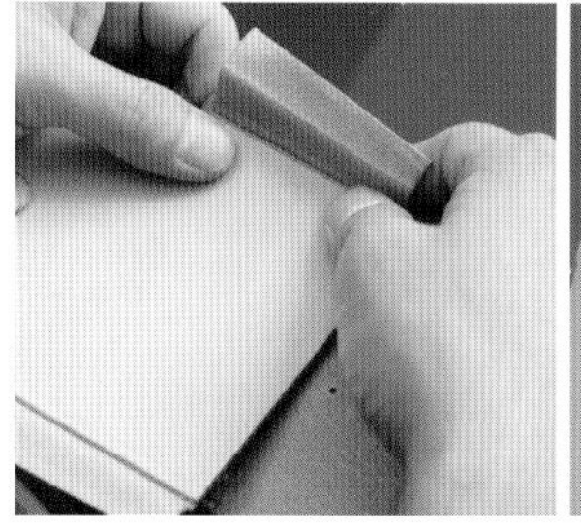

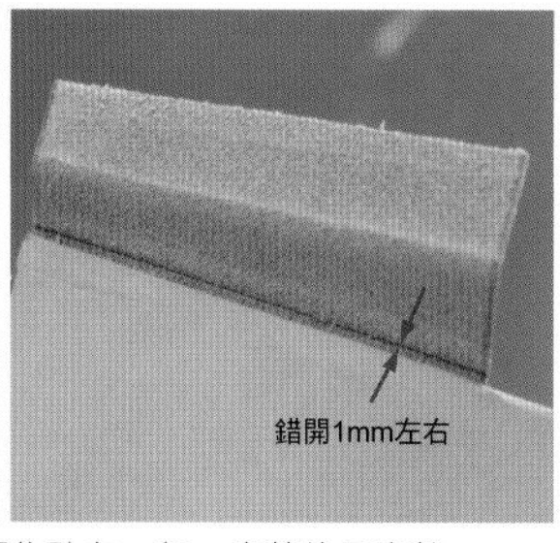

19 將襯料與零錢袋的縫合部位貼在一起。皮革的厚度較厚，要從折線錯開1mm左右來進行黏合。

POINT

襯料往背面折過去之部分的刮亂的位置，以及零錢袋銀面一方的縫合部位，要塗上濃度膠。

20

用讓零錢袋夾在襯料之間的方式，將襯料與零錢袋貼合。

21

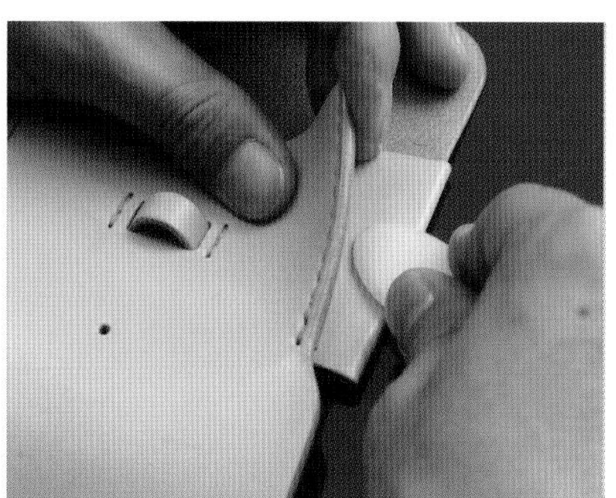

以三用磨緣器壓住，將黏合的部分確實的壓合。

22

製作零錢袋

貼好的襯料跟零錢袋，會成為這個狀態。

23

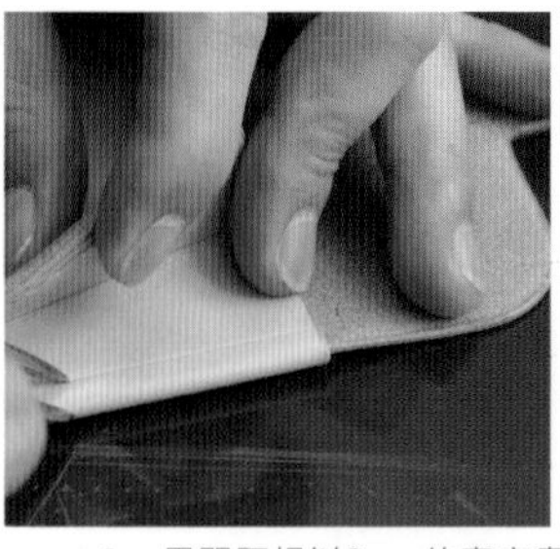

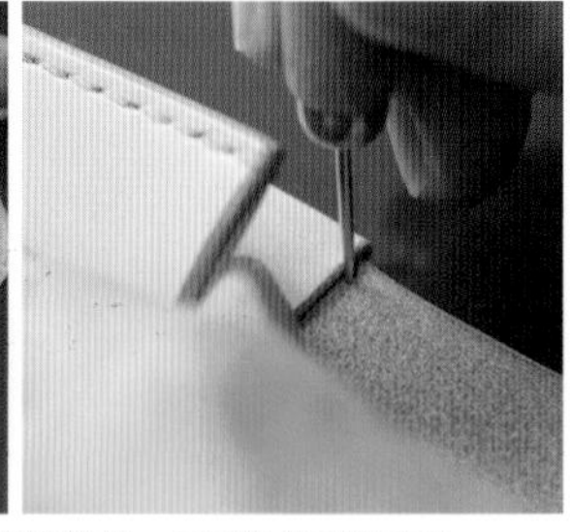

24 用間距規以6mm的寬度畫出縫線，最邊緣的部分要用圓形鑽孔器來開出縫孔。

在襯料的部分開出縫孔。三片皮革重疊的這個部位擁有相當的厚度，要確實的讓菱斬穿透，將縫孔開好。

25

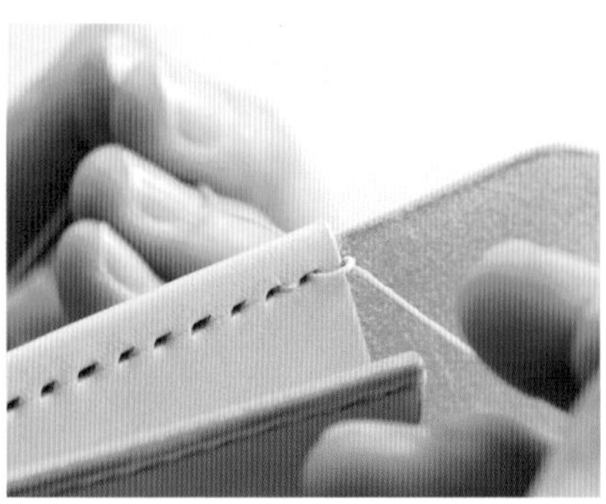

邊緣的部分讓縫線繞縫兩圈，將襯料跟零錢袋縫合。

26

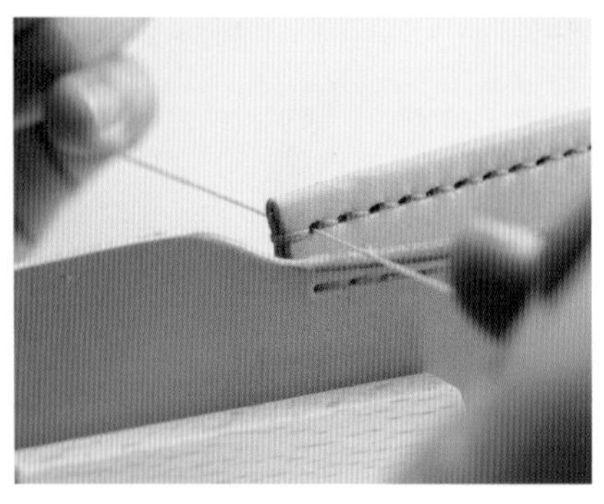

結束的部分在邊緣繞縫兩圈，然後回針兩孔。

27

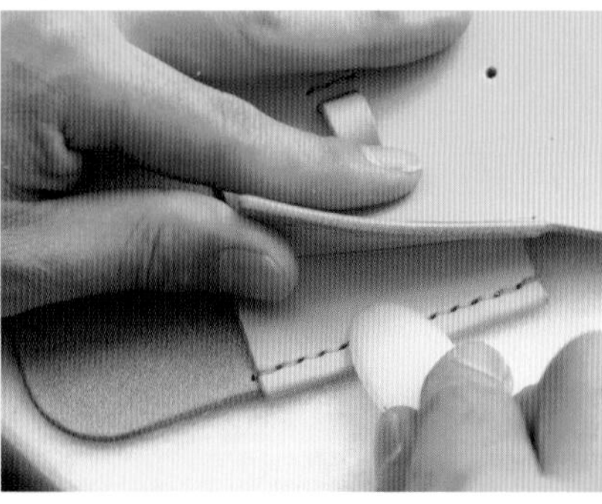

將縫線收尾之後，以三用磨緣器壓過將線跡整平。

28

零錢袋的部分到這裡完成。

29

各個零件的縫合與完成

START

跟卡片夾縫在一起的鈔票夾，以及將零錢袋的部分完成的主體，在此要將這兩個零件縫合，並裝上皮革繩與飾釦。在這一連串的作業之後，即可將皮夾完成。

主體跟鈔票夾的縫合1

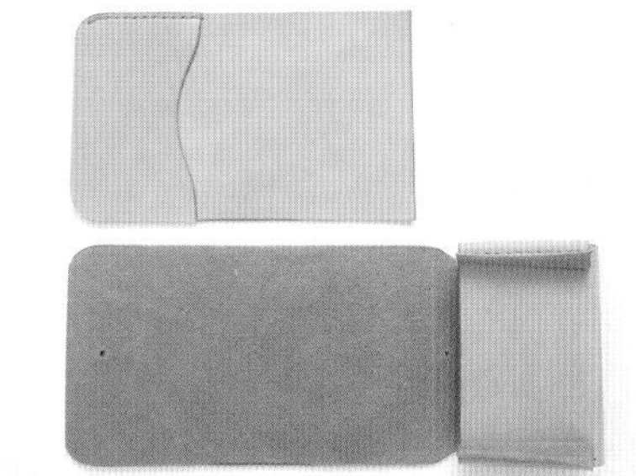

將完成到一半的主體跟鈔票夾的零件準備好。

01

POINT

將主體床面畫線的內側，以及底邊邊緣的縫合部位刮亂。距離紅色虛線所標示的頂邊10mm左右的部分不要刮亂。

02

主體跟鈔票夾都將縫合部位刮亂的狀態。

03

只在鈔票夾的縱向的縫合部位塗上濃度膠。

04

主體的縱向的縫合部位也塗上濃度膠。

05

將主體跟鈔票夾貼合。

06

主體跟鈔票夾要以這個狀態來進行貼合。

07

各個零件的縫合與完成

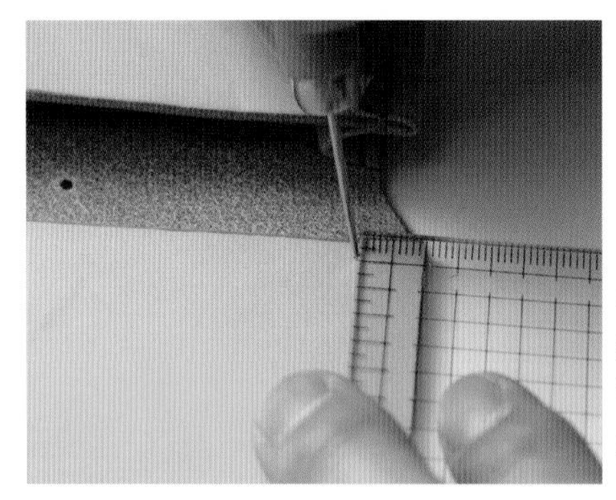

在貼合部位的上下邊緣10mm的位置標上記號。

08

將記號之間連起來，用間距規畫出縫線。

09

最初標上記號的部分，用圓形鑽孔器開孔。

10

用菱斬在**10**所開出來的兩個孔之間開出縫孔。

11

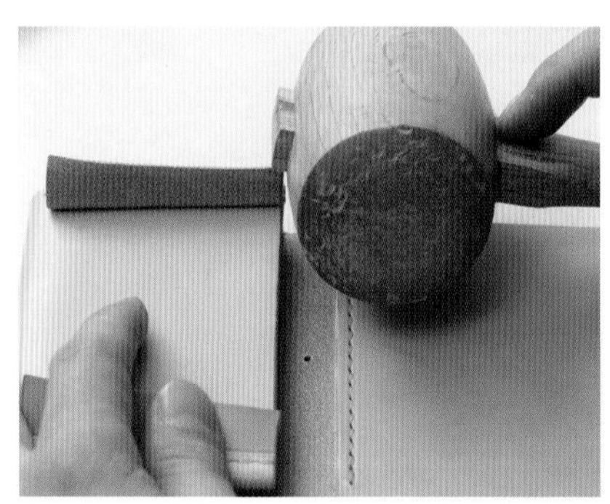

縫合之後用木槌的側面敲打，將線跡整平。

12

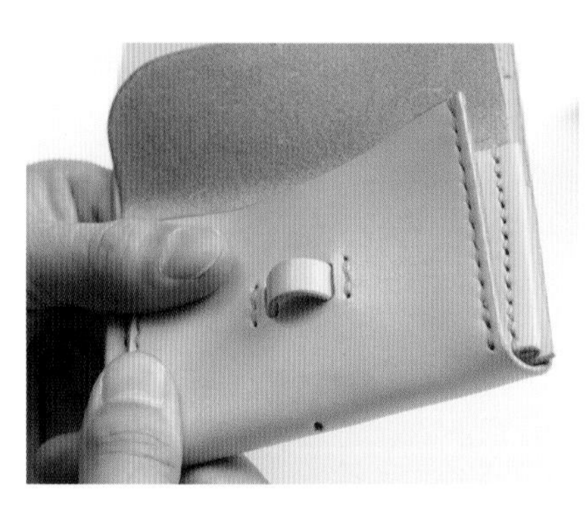

將零錢袋的部分折回去，在零錢袋的底部稍微壓出折痕。

13

跟鈔票夾的襯料縫合的部位，用研磨片將表面刮亂。

14

POINT

襯料床面的縫合部位也將表面刮亂，在鈔票夾跟襯料的縫合部位的兩側塗上濃度膠。

15

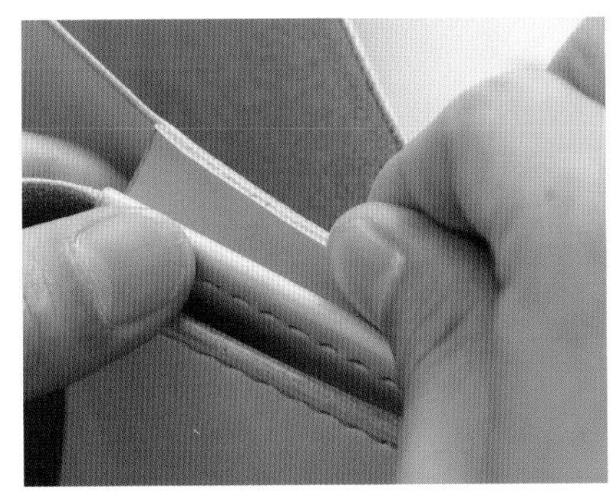

位置對準，將鈔票夾跟襯料貼在一起。

16

在 16貼合的部分，以三用磨緣器壓住來進行壓合。

17

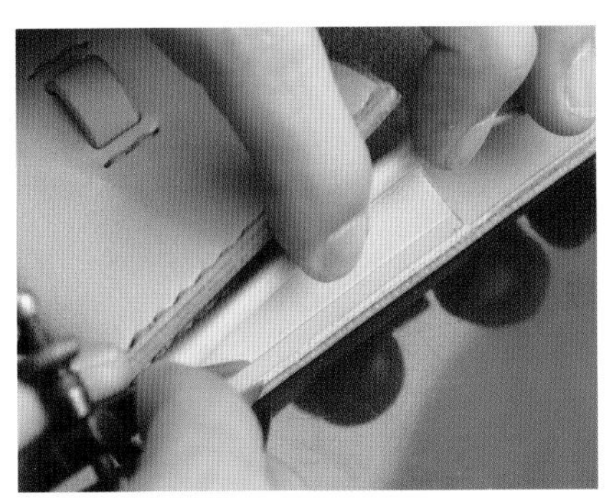

在貼合的襯料邊緣，用間距規畫出3mm寬的縫線。

18

避開主體，只在襯料邊緣部分的鈔票夾用圓形鑽孔器開孔。

19

POINT

避開主體，從襯料一方用菱斬開出縫孔。縫孔只開在鈔票夾一方，主體不會動到，請多加注意。

20

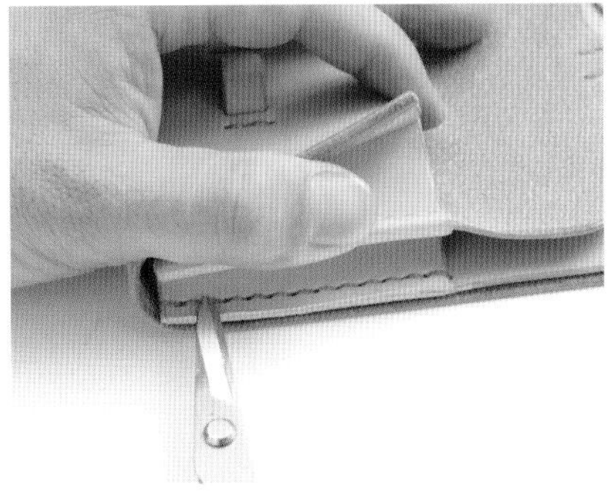

兩側的邊緣部分繞縫兩圈，將鈔票夾跟襯料縫在一起。

21

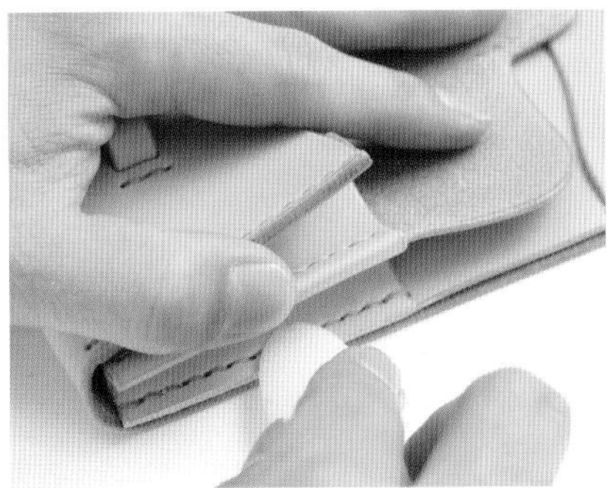

以三用磨緣器壓過，將線跡整平。

22

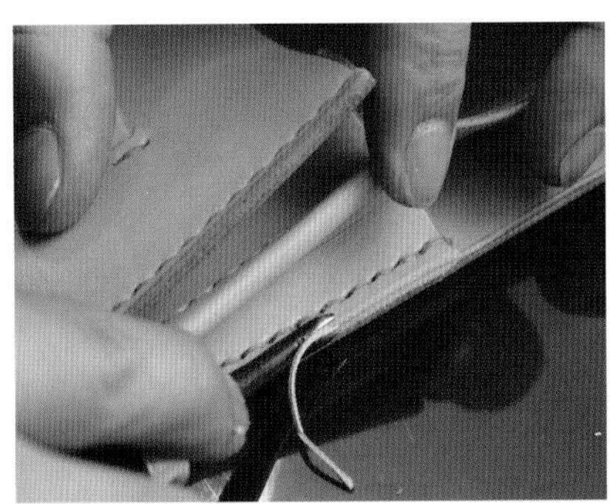

用削邊器將縫合部位的菱角切掉。

23

各個零件的縫合與完成

用研磨片將切邊的形狀整理到位，用床面完成劑研磨來處理完成。

24

將鈔票夾跟主體的底邊刮亂，塗上濃度膠。

25

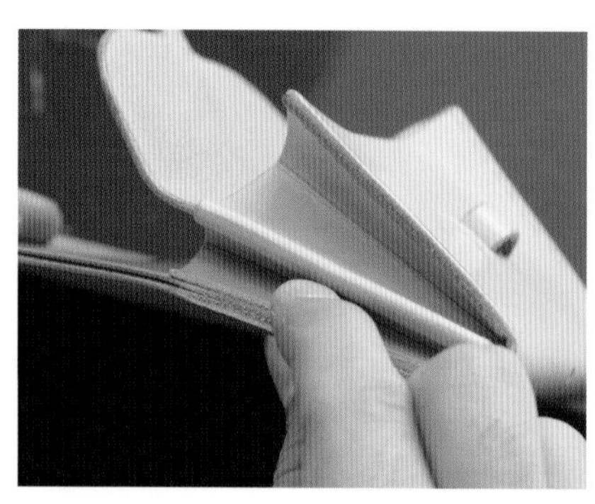

將主體跟鈔票夾貼在一起。這邊要將襯料、鈔票夾、主體這3片皮革縫合。

26

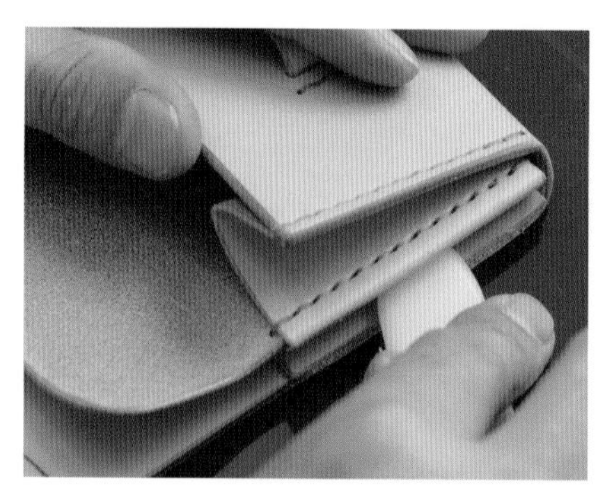

以三用磨緣器將貼合的部分壓合。

27

用間距規在襯料邊緣以3mm的寬度畫出縫線。

28

POINT

襯料的上下邊緣的部分，要用圓形鑽孔器來開孔。

29

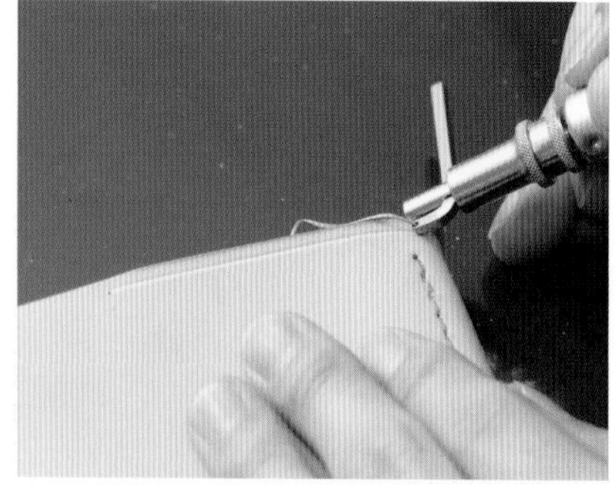

以**29**開出的孔為基準，用邊線器在主體銀面一方刻出縫線。

30

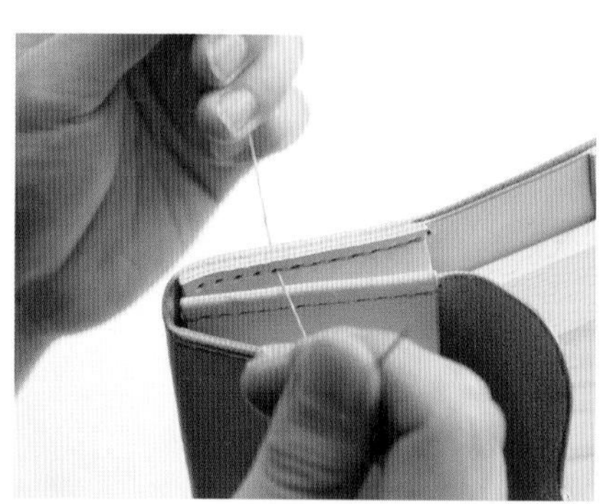

從襯料一方開出縫孔，以襯料一方為表面來進行縫合。

31

縫合部位的切邊，用削邊器將菱角切掉。

32

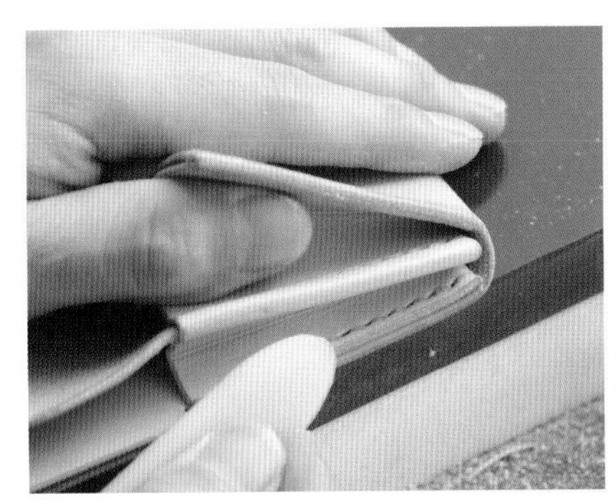

用研磨片將形狀整理到位，塗上床面處理劑，以三用磨緣器將切邊磨過。

33

將飾釦裝上

在1.5mm厚的皮革，用50號圓斬（直徑15mm）切出一片圓形。用刀具切割也沒問題。

01

在切下來的圓形皮革量出中心線，並且在直徑分成三等份的位置標出記號。

02

在標上記號的位置，用8號圓斬（直徑2.4mm）開孔。

03

把周圍的切邊磨過。這個零件將成為飾釦的固定革。

04

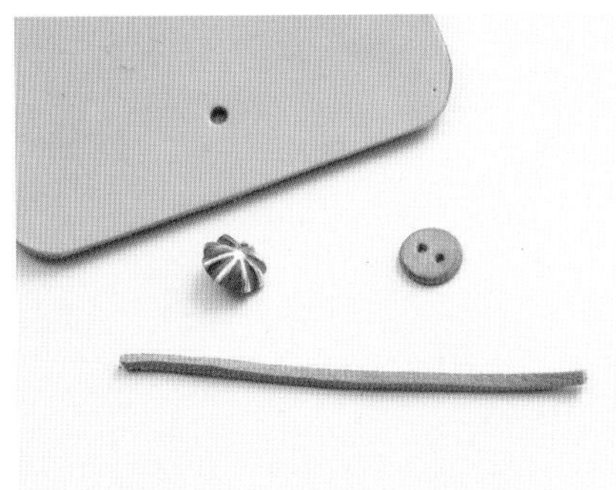

將飾釦、鹿革繩、**01～04**所製作的固定革準備好。

05

POINT

鹿革繩的前端，用剪刀斜斜的剪掉。

06

各個零件的縫合與完成

讓鹿革繩穿過飾釦，接著讓分成兩條的鹿革繩穿過用12號圓斬（直徑3.6mm）在主體開出來的孔。

07

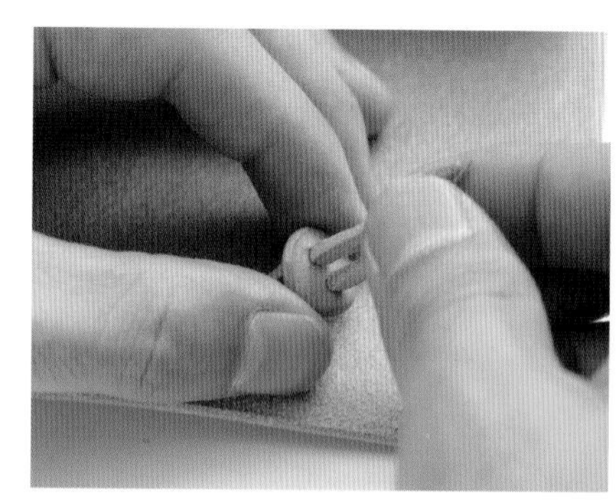

從主體床面穿出來的鹿革繩，要像這樣子穿過固定革。

08

POINT

將穿過固定革的鹿革繩輕輕打個結，在打結的部分塗上濃度膠。

09

塗上濃度膠之後，將鹿革繩的結拉緊。

10

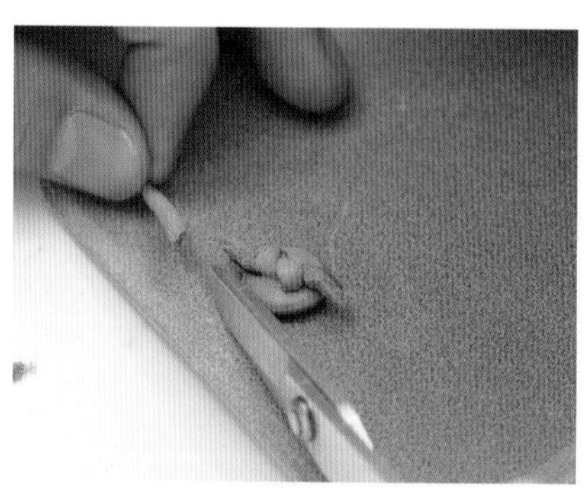

將鹿革繩確實的拉緊之後，把多餘的部分剪掉。

11

主體跟鈔票夾的縫合2

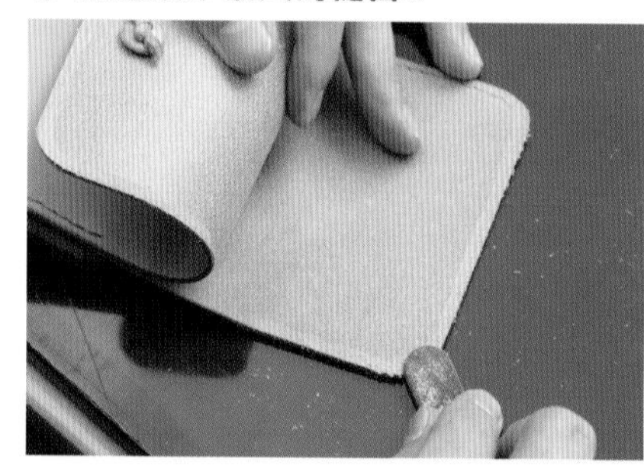

將卡片夾一方的主體跟鈔票夾床面一方的縫合部位刮亂。

01

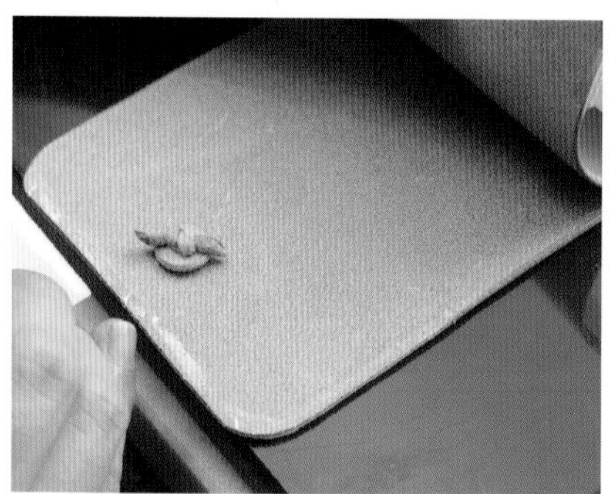

將濃度膠塗在刮亂的縫合部位上面。

02

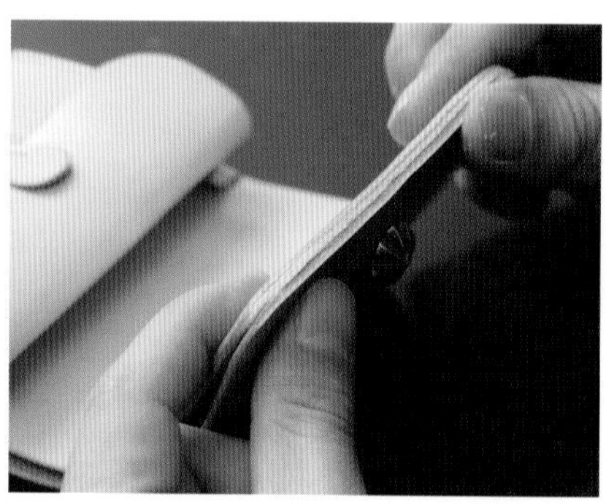

一邊將位置對準，一邊將主體跟鈔票夾貼在一起。

03

貼合部位的切邊，用研磨片將表面湊齊。

04

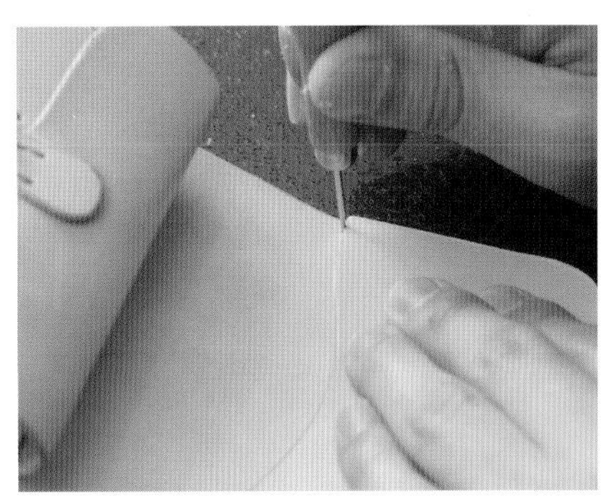

縫合結束的卡片夾的邊緣，用圓形鑽孔器開出成為基準點的孔。

05

POINT

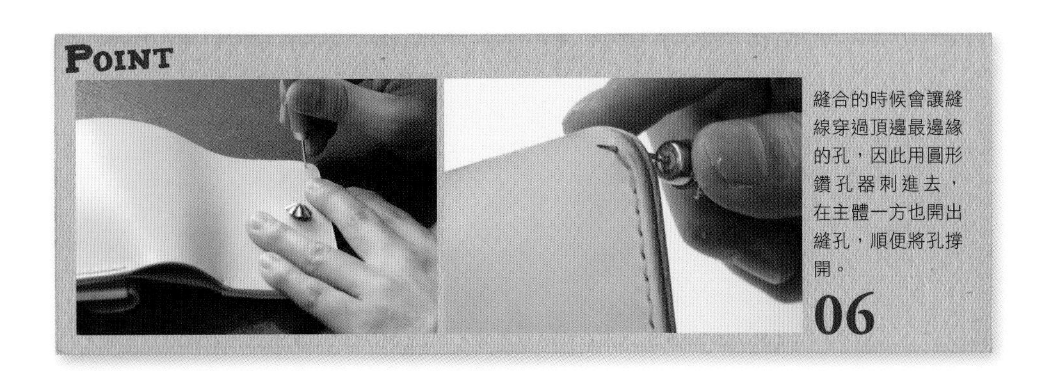

縫合的時候會讓縫線穿過頂邊最邊緣的孔，因此用圓形鑽孔器刺進去，在主體一方也開出縫孔，順便將孔撐開。

06

在**05**跟**06**開出來的基準點之間，用邊線器刻出縫線。

07

按照縫線，用菱斬開出縫孔。

08

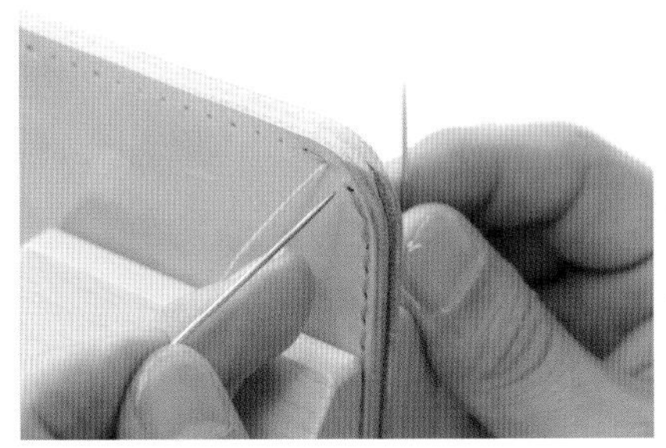

開始縫合的時候，先讓縫線穿過頂邊圓孔往前2孔的位置，然後回針縫到圓孔。

09

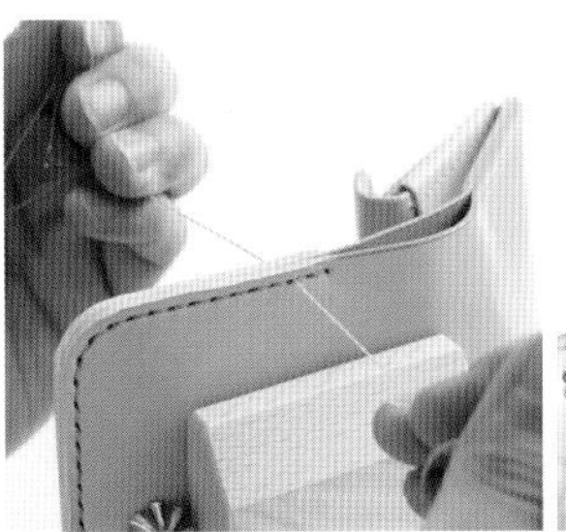

10 縫到最後一孔之後，回針2孔來進行收尾。用木槌的側面敲過，將線跡整平。

各個零件的縫合與完成

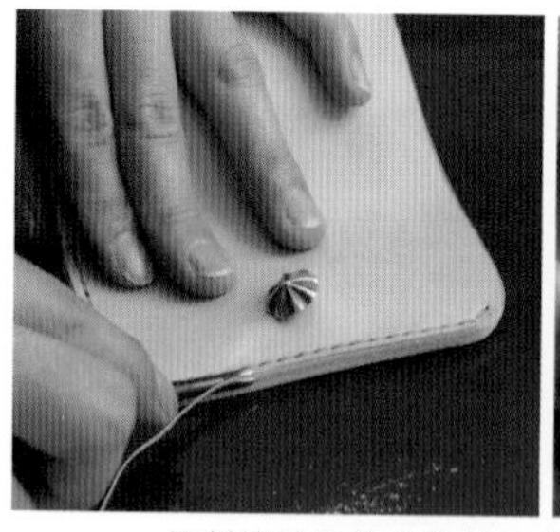

11 用削邊器將縫合部位的菱角切掉，用研磨片進行研磨，將形狀整理到位。

12 在形狀整理好的切邊塗上床面完成劑，以三用磨緣器進行研磨來完成。

將三用磨緣器插進縫合的部位，把多餘的黏合劑刮掉，並將皮革稍微的撐開。

13

皮夾的主體到此完成。

14

● 將固定用的繩子裝上

將鹿革繩的前端斜斜的剪掉之後，穿過零錢袋底部的孔。

01

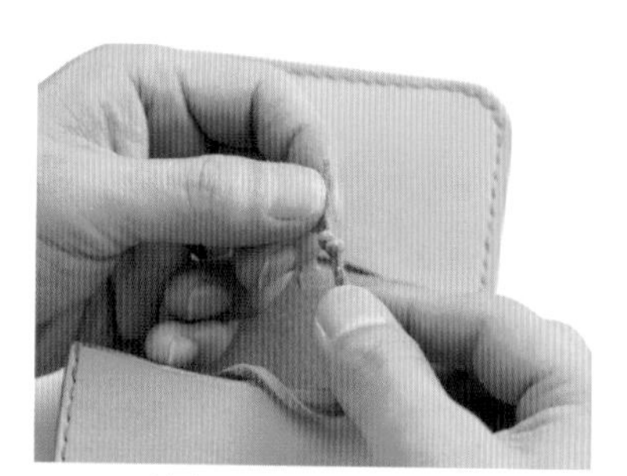

02 讓穿過去的鹿革繩在零錢袋內部一方打個結。

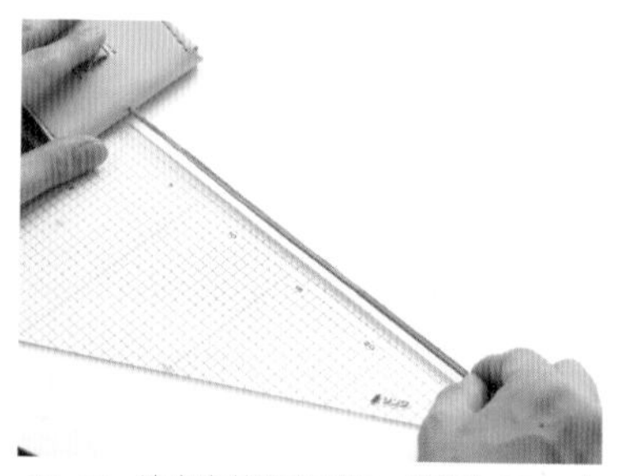

03 決定鹿革繩的長度，標準為20cm左右。

04 鹿革繩的長度調整好之後，以斜斜的角度將前端剪掉。

● 上油

塗上牛腳油，讓皮革得到完成的色澤。首先讓牛腳油滲透到羊毛塊之中。

01

以洋毛塊擦拭表面的感覺，將油均等的塗到皮革表面。

02

表面的色澤穩定下來之後就大功告成

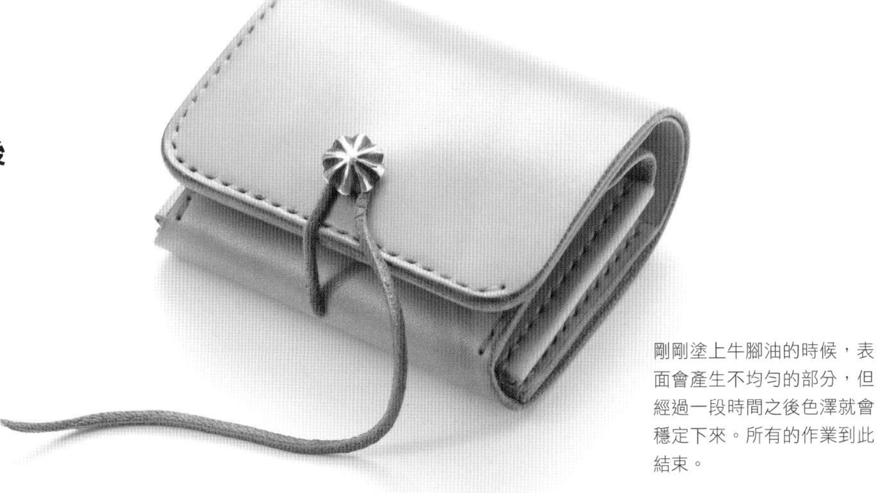

剛剛塗上牛腳油的時候，表面會產生不均勻的部分，但經過一段時間之後色澤就會穩定下來。所有的作業到此結束。

SHOP INFORMATION

皮革工藝之相關情報的發訊源

本山知輝先生

所屬於CRAFT社企劃部，同時也進行材料包等商品的研發。

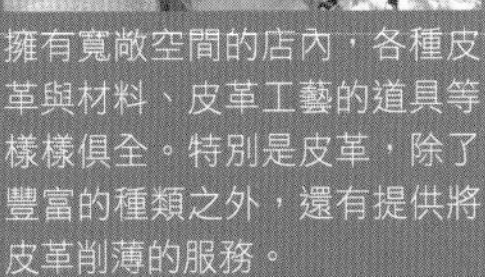

擁有寬敞空間的店內，各種皮革與材料、皮革工藝的道具等樣樣俱全。特別是皮革，除了豐富的種類之外，還有提供將皮革削薄的服務。

從材料的皮革到製作所需要的工具，CRAFT社準備有極為多元的皮革工藝用品，鞣製革的種類也非常豐富。CRAFT社的商品同時也可以從全國的代理店、直營店購買。另外還設有皮革工藝學校、手工藝學園，想要進修的任何人都可以參加。

CRAFT社　荻窪店

東京杉並區荻窪5-16-15　Tel. 03-3393-2229

營業時間 平日11：00～19：00　第2、4個週六10：00～18：00

公休日 週日、例假日、第1、3、5個週六

URL: http://www.craftsha.co.jp

TITLE

手縫男生皮革小物

STAFF

出版　三悅文化圖書事業有限公司
編者　STUDIO TAC CREATIVE
譯者　黃正由

總編輯　郭湘齡
責任編輯　黃思婷
文字編輯　黃美玉　莊薇熙
美術編輯　朱哲宏
排版　二次方數位設計
製版　明宏彩色照相製版股份有限公司
印刷　桂林彩色印刷股份有限公司

法律顧問　經兆國際法律事務所　黃沛聲律師

代理發行　瑞昇文化事業股份有限公司
地址　新北市中和區景平路464巷2弄1-4號
電話　(02)2945-3191
傳真　(02)2945-3190
網址　www.rising-books.com.tw
e-Mail　resing@ms34.hinet.net

劃撥帳號　19598343
戶名　瑞昇文化事業股份有限公司

初版日期　2017年1月
定價　400元

ORIGINAL JAPANESE EDITION STAFF

PHOTOGRAPHERS　小峰秀世　Hideyu Komine
梶原　崇　Takashi Kajiwara
柴田雅人　Masato Shibata
関根　統　Osamu Sekine

國家圖書館出版品預行編目資料

手縫男生皮革小物 / Studio tac creative作 ; 黃正由譯.
-- 初版. -- 新北市 : 三悅文化圖書, 2017.02
168　面 ; 25.7 x 20.2　公分
ISBN 978-986-93262-9-2(平裝)

1.皮革 2.手工藝

426.65　105023682

本書是以 2014 年 10 月 15 日以前的情報所編輯而成。因此本書所刊登的商品或服務的名稱、規格與價格等等，有可能會由製造商或代理商，在沒有告知的狀況之下進行變更，請對此多加注意。照片或內容可能與部分的實際物品有所出入。